# O MUNDO DOS ALIMENTOS EM TRANSFORMAÇÃO

Catalogação na Fonte
Elaborado por: Josefina A. S. Guedes
Bibliotecária CRB 9/870

W686m
2023

Wilkinson, John
O mundo dos alimentos em transformação / John Wilkinson.
– 1. ed. – Curitiba : Appris, 2023.
235 p. ; 23 cm.

Inclui referências.
ISBN 978-65-250-4061-5

1. Alimentos. 2. Tecnologia de alimentos. 3. Ecologia agrícola.
I. Título.

CDD – 641.3

Livro de acordo com a normalização técnica da ABNT

Appris editora

Editora e Livraria Appris Ltda.
Av. Manoel Ribas, 2265 – Mercês
Curitiba/PR – CEP: 80810-002
Tel. (41) 3156 - 4731
www.editoraappris.com.br

Printed in Brazil
Impresso no Brasil

John Wilkinson
Prefácio: Ricardo Abramovay

# O MUNDO DOS ALIMENTOS EM TRANSFORMAÇÃO

*Livia, este livro é sobre possíveis futuros. Assim dedico aos nossos netos: Betina, Sofia, Maya, Theo, Vavá , Clara, Carlos Eduardo, Laura, Celina, Andre, e Maria Joana que vão ter que escolher bem o melhor desses futuros.*

# AGRADECIMENTOS

Em primeiro lugar, agradeço a minha parceira na vida, Lívia, que leu e discutiu cada capítulo no momento da sua concepção e sofreu comigo todos os *"ups and downs"* da sua escrita.

Fico muito agradecido a David Goodman e a Bernardo Sorj, coautores de *From Farming to Biotechnology*, pelas suas leituras e comentários animadores.

A Ruth Rama, por rever comigo as transformações na indústria alimentar.

A Nelson Delgado, Renato Maluf, Sérgio Leite, Georges Flexor e Silvia Zimmerman, que me convidaram a participar da equipe de pesquisa da Fiocruz, onde desenvolvi a primeira formulação do que seria este livro.

A Ricardo Abramovay, que escreveu uma apreciação do meu texto da pesquisa da Fiocruz, um grande estímulo para avançar na empreitada mais desafiante deste livro.

A Zander Navarro, que me deu um retorno muito positivo ao texto da Fiocruz e promoveu a sua circulação, o que levou a vários convites para palestras que me ajudaram a refinar as minhas ideias.

A Sérgio Schneider e Jean Medaets, pelo convite de participar da Escola de Inverno do Gepade e falar sobre o tema de novas proteínas animais. Agradeço a Sérgio, também, pela leitura do meu texto da Fiocruz, pelos comentários animadores e, também, pelo desafio, ainda não cumprido, de repensar a agricultura familiar à luz das minhas considerações.

A Guilherme Cunha Malafaia e a Ana Flávia Abrahão, pelo convite de falar para os colegas de CiCarne Embrapa e pela discussão animada

A Eduardo Luis Casarotto, pelo convite de proferir a Aula Magna sobre estes temas no Programa do PPG Agronegócios da UF Grande Dourados

A Fabiano Escher, Ana Saggioro Garcia e Valdemar João Wesz Jnr, pelas parcerias em torno das relações Brasil-China, e a Fabricio Rodriguez pelo estímulo de escrever e publicar sobre o tema.

A Ana Celia Castro e Anna Jaguaribe, que me convidaram junto com o Fabiano e Paulo Pereira a participar no Instituto Brasil-China (Ibrach) e pesquisar a presença da China na fronteira da soja.

A Selena Herrera pelos trabalhos juntos sobre biocombustíveis que envolviam uma reflexão sobre a nova fronteira da soja, e a Sergio Leite e Claudia Schmitt do Gemap, e a Mary Backhouse e aos colegas da Universidade de

Jena, pelo convite de participar do seminário "Contradições da Bioeconomia", uma oportunidade de desenvolver minhas ideias sobre o novo padrão de inovação no sistema agroalimentar.

A Gilberto Mascarenhas e a equipe da pesquisa "Vertentes", e aos ex-alunos agora colegas, Paulo Pereira e Paulo Salviano, pelas pesquisas conjuntas da soja no Centro-Oeste. A Jorge Romano e a Vitoria Ramos, ambos na ActionAid nesses anos, que me apoiaram em pesquisas sobre biocombustíveis, e antes a Ana Toni, também na ActionAid, que viabilizou uma pesquisa das biotecnologias no Brasil.

Aos colegas dos Projetos Capes-Cofecub, em que exploramos a nova economia agroalimentar de qualidade, e especialmente a Paulo Niederle, Claire Cerdan e Clovis Dorigon. A várias turmas da minha disciplina de Agricultura Urbana no CPDA/UFRRJ, em que foi possível explorar temas novos sobre as relações cidade-campo, e especialmente a Anna Rosa Maria Lopane, coautora de uma primeira formulação deste tema. Agradeço também o convite da Simone de Faria Narciso Shiki para palestrar sobre o tema "Cidades e as suas estratégias alimentares numa perspectiva histórica" no Programa em Desenvolvimento, Planejamento e Território da Universidade Federal de São João del-Rei; bem como o convite da Cristina Macedo, colega dos tempos na Bahia quando pesquisava a minha tese de Doutorado, para proferir a aula inaugural, "Sistemas Alimentares Urbanos", no Programa de Pós, (PPGTAS) na Ucsal, Salvador.

A orientação de dissertações (43) e teses (31), tem sido uma fonte contínua de informações e reflexões, e sou muito grato a todas as alunas e todos os alunos que me ofereceram essa oportunidade de estar atualizando o meu olhar sobre a complexa e cambiante realidade do "agro" brasileiro com cada turma que entrava no CPDA.

Aos colegas do CPDA, onde criamos um ambiente interdisciplinar propicio ao desenvolvimento de um olhar que atravessa fronteiras. Já mencionei vários colegas, mas devo acrescentar a Regina Bruno, por não me deixar ignorar os componentes UDR dos agronegócios, a Leonilde Medeiros idem, para os movimentos sociais no campo, e a Peter May, pela insistência precoce da necessidade de integrar o meio ambiente. Lembro, também, com tristeza, os colegas que já se foram — Hector Alimonda, Raimundo Santos Eli de Fátima Lima e Luiz Flavio de Carvalho.

Tenho participado por mais de uma década dos Encontros Nacionais de Estudos de Consumo (Enec), uma participação que me ajudou muito a integrar a dinâmica da demanda na minha visão do sistema alimentar e, por isso, sou muito grato às colegas Fátima Portilho, Flavia Galinda, Verenise Dubeux e Silvia Borges que, junto a Lívia, têm animado essa rede durante duas décadas.

Tive o privilégio de pesquisar e publicar com muitos colegas ao longo dos anos, e muitas foram as suas influências no desenvolvimento da minha maneira de pensar. Outros, apenas pelos seus escritos, foram capazes de apontar pistas cujas pegadas têm me ajudado a acompanhar os "*twists and turns*" do sistema agroalimentar aqui e no mundo desde os já longínquos anos 1970, quando pisei pela primeira vez no Brasil. Aqui menciono individualmente apenas as pessoas que me ajudaram, mesmo sem saber, na elaboração deste livro e peço desculpas por qualquer omissão, que deve ser debitada aos acasos da memória, tão preciosa quanto traiçoeira.

Um obrigado especial devo a Sheila Durão que em tempo recorde fez uma revisão minuciosa e precisa do texto que certamente fará a sua leitura mais atraente. Agradeço o apoio do Projeto do CNPq 443196/2019-2, coordenado por Ana Luiza Neves de Holanda Barbosa: "Demanda de Produtos Alimentares por Nível de Processamento no Brasil", na publicação deste livro.

E finalmente, um muitíssimo obrigado à minha filha, Isadora, e à Tatiana Stanzini, pela belíssima capa.

# APRESENTAÇÃO

Com o passar das décadas eu e os meus colegas David Goodman e Bernardo Sorj pensamos várias vezes em retomar a análise desenvolvida no livro que escrevemos em 1987, *From Farming to Biotechnology* (FFBT), e que foi publicado no Brasil em 1990 com o título "Da Lavoura às Biotecnologias". Em pesquisas para a OCDE e para a ActionAid no Brasil, acompanhei a maneira em que os grandes grupos agroquímicos se apoderaram dos avanços da engenharia genética ao absorver as *startups* inovadoras tanto nos países do Norte como aqui no Brasil e fragilizar também o papel histórico da pesquisa pública por meio do seu controle das patentes sobre essa tecnologia.

Nessas pesquisas, aproximei a noção da excepcionalidade da inovação na agricultura que tinha norteada a nossa análise em FFTB às contribuições neo-schumpeterianas sobre inovação. O que mais surpreendeu, porém, foi a força dos movimentos sociais no campo e dos diversos interesses em torno da rejeição dos transgênicos que levou a medidas restritivas por parte do varejo e a políticas que limitaram o seu uso, sobretudo na União Europeia. Entendemos isso como o reflexo de uma mudança fundamental na dinâmica do sistema agroalimentar expressa num declínio dos mercados tradicionais de commodities e no surgimento de movimentos sociais para promover novos mercados — orgânicos, comércio justo, produtos artesanais, naturais.

Os nossos colegas franceses entenderam isso como sendo parte de uma mudança para "uma economia de qualidade" sinalizando o fim da expansão dos grandes mercados de commodities que tinha caracterizado o que eles chamaram "os 30 anos gloriosos" a partir da segunda guerra mundial. Nos anos 90 e na primeira década dos anos 2000, dediquei-me ao estudo dessas transformações, inclusive com dois períodos de estadia em instituições francesas. Foi nesse contexto que aprofundei os meus estudos de sociologia econômica e a abordagem francesa chamada a "teoria das convenções" ao focalizar a maneira em que os mercados são porosos aos interesses e valores expressos na sociedade e não podem ser analisados apenas a partir de dinâmicas internas. No livro que ora apresento, utilizo essa visão para identificar como mudanças de valores na sociedade podem promover transformações e rupturas na organização da indústria alimentar.

Essa mudança para mercados de qualidade, porém, foi em seguida atropelada por dois desenvolvimentos que renovaram os mercados globais de grandes commodities — a promoção de biocombustíveis para substituir fontes fósseis nos transportes e o extraordinário crescimento econômico da China que estava levando este país a depender seletivamente da importação de commodities agrícolas para matéria prima industrial e para rações ao atender a nova demanda de um país em transição para uma dieta de proteína animal. Assim, as implicações dessas duas tendências dominaram os meus estudos durante uma década, incluindo aí duas visitas a China que resultaram em várias publicações. A minha volta ao tema das biotecnologias e o seu impacto no sistema agroalimentar veio com o convite de coordenar um estudo sobre a indústria alimentar sob o impacto das tecnologias "disruptivas" numa perspectiva de dez anos 2017-2027. Para elaborar este estudo, pude contar com a colaboração da pesquisadora Ruth Rama, ela também é especialista na indústria alimentar e nas biotecnologias. No âmbito dessa pesquisa, foi possível apreciar o significado dos avanços nas biotecnologias no período desde a publicação do FFTB, sobretudo as técnicas de edição de genes e a biologia sintética.

O que mais impressionou, no entanto, foi a integração das biotecnologias na revolução digital, com a aplicação de algoritmos para rastrear e analisar bancos de *big data* e recorrendo também às tecnologias de *machine learning* (aprendizado de máquina) e de inteligência artificial. Depois desse reencontro com o tema das biotecnologias e da inovação no sistema agroalimentar, não foi difícil aceitar o convite dos meus colegas no CPDA da Universidade Federal Rural do Rio de Janeiro em 2021, em plena época da covid-19, para participar de uma pesquisa promovida pelo centro de pesquisa em saúde pública da Fiocruz (Rio de Janeiro), com o título convidativo, muito embora um pouco desajeitado: "O Sistema Agroalimentar Global e Brasileiro face à Nova Fronteira Tecnológica e às Novas Dinâmicas Geopolíticas e de Demanda" (!). No âmbito dessa pesquisa, foi possível apreciar a profundidade das transformações em curso no sistema agroalimentar no mundo e, para a minha surpresa, também no Brasil, onde os agronegócios monopolizam tanto as atenções. O estímulo desta pesquisa e a reação positiva ao texto que escrevi por pessoas cujas avaliações eu levo em alta consideração, animou-me a avançar na produção deste livro, em que foi possível sistematizar a minha visão das novas direções sendo desbravadas por diversos atores dentro e fora do sistema agroalimentar em diálogo com a nossa abordagem original elaborada em *From Farming to Biotechnology*.

BOA LEITURA!

# PREFÁCIO

A leitura deste livro não é obrigatória apenas para os especialistas em agricultura e alimentação. Escrito em linguagem totalmente acessível ao grande público, ele mostra que está em curso uma revolução até hoje pouco percebida não só pelos leigos, mas pela esmagadora maioria dos especialistas e que envolve o cotidiano de cada um de nós e, mais que isso, o epicentro da vida econômica brasileira. A alimentação está, globalmente, se emancipando de sua dependência milenar com relação ao uso do solo e à criação animal. O meio rural está deixando de ser o ambiente predominante de abastecimento alimentar. Proteínas artificiais e agricultura vertical ocupam hoje a fronteira científica e tecnológica do sistema alimentar, recebem investimentos gigantescos e fazem parte das políticas públicas das maiores potências globais. É um processo ainda incipiente, mas cujo vigor faz dele um vetor decisivo de transformações sociais.

Um alerta se impõe: não se trata, ao menos por enquanto, de julgar esse movimento, de se posicionar a favor ou contra, mas, antes de tudo, de compreendê-lo. E esta compreensão vai muito além das inovações tecnológicas do sistema alimentar e de seu impressionante ritmo de avanço, inclusive no Brasil. Ela envolve movimentos e representações sociais. Em vez de tratar os mercados como caixas pretas cujas regras de funcionamento são estabelecidas universalmente e de antemão, os novos padrões alimentares emergentes são abordados neste livro como construções sociais resultantes de um conjunto variado, e muitas vezes surpreendente, de forças não apenas econômicas, mas igualmente culturais e até políticas. Este é um exemplo emblemático de uma abordagem político-cultural dos mercados.

Os estudos anteriores de John Wilkinson e de tantos de seus alunos sobre mudanças tecnológicas que antecederam as atuais (como a que generalizou o uso de transgênicos na agricultura) já adotavam esse horizonte, ao mostrarem a inépcia das empresas que introduziam essa inovação em construir uma narrativa que a tornasse aceitável aos olhos dos consumidores. Os transgênicos foram marcados por uma reputação negativa que os caracterizava como "frankenfoods" e que conduziu a uma depreciação do próprio valor dos produtos dessa tecnologia e à exigência de que fossem diferenciados dos "não transgênicos". Da mesma forma, o colapso atual das tecnologias da revolução verde vai muito além de sua dimensão material e envolve temas de natureza ética, como o bem-estar animal e, de forma mais geral, a responsabilidade humana na relação entre sociedade e natureza.

John Wilkinson mostra, com dados de imensa atualidade, que a construção social dos mercados de carnes artificiais e de folhas e verduras produzidas verticalmente está conseguindo contornar as críticas que marcaram tanto a revolução verde como os organismos geneticamente modificados. Isso se relaciona não apenas às próprias tecnologias, mas também aos protagonistas e à sua capacidade de fundamentar o que oferecem em narrativas que incorporam a cultura dos movimentos sociais contestadores do sistema agroalimentar atual.

O livro mostra, no mundo todo, um montante impressionante de investimentos em *startups* voltadas às quatro modalidades de proteínas alternativas (a resultante da combinação de vegetais, a que vem da multiplicação celular, a fermentação de precisão e a que se apoia em insetos) e na agricultura de clima controlado em edificações urbanas. Tão importante quanto as tecnologias é que as empresas portadoras desses investimentos se apresentam ao público como defensoras de causas ambientais. São, para usar a expressão em inglês, *mission-oriented*. Seus fundadores aderem, na maior parte das vezes, ao vegetarianismo ou ao veganismo. Os novos produtos encontraram ferrenhos defensores no campo dos movimentos ambientalistas. George Monbiot, certamente o mais importante jornalista ambiental do mundo, colunista do The Guardian, e Ezra Klein, animador de um prestigioso podcast do New York Times, ambos veganos, estão entre eles. E os dados que o livro apresenta sobre a adesão ao vegetarianismo e ao veganismo mostram bem que não se trata de um movimento marginal ou irrelevante, inclusive no Brasil, onde, segundo pesquisas recentes, cerca de 30 milhões de pessoas são adeptas destas modalidades alimentares.

John Wilkinson mostra também que os próprios investidores nas *startups* vêm de ambientes empresariais bem distintos daqueles que marcam tradicionalmente a agricultura e seus setores a montante e a jusante. Na China, por exemplo, a Fujian Sanan Group, uma de suas maiores empresas de optoeletrônica, investe no setor de folhosas. As gigantes digitais tornaram-se protagonistas importantes em diferentes modalidades de proteínas artificiais. E os grandes frigoríficos globais, sem abandonar, claro, suas produções convencionais, voltam-se de forma muito significativa a esses novos produtos.

Talvez a imagem da revolução não seja a mais adequada para caracterizar esse processo. Os próprios investimentos chineses em infraestrutura voltada à exportação de soja têm um prazo de maturação, como mostra este livro, que embute a expectativa de um prazo longo em que a oferta de produtos animais no país dependerá ainda da soja que ele recebe do Brasil. Mas o empenho em reduzir esta dependência por meio de investimentos públicos e privados nas novas tecnologias é nítido. Mais que isso, John Wilkinson mostra que proteínas artificiais e cultivos em ambientes de clima controlado já formam uma espécie de ecossistema global que envolve os Estados Unidos, a União Europeia, *startups* de Israel e do Brasil, que se torna um protagonista de imensa relevância na América Latina e globalmente no campo dessas inovações.

Este livro abre caminho a discussões estratégicas para o Brasil. O descolamento entre a alimentação e a agropecuária, caso se aprofunde tem duas consequências centrais. A primeira é que o lugar da agropecuária, tal como ela está estruturada no Brasil, a centralidade econômica, política e cultural daquilo que se banalizou na expressão *agro* (e que envolve a potência exportadora, o lugar de destaque na formação da riqueza, mas igualmente a ameaça permanente sobre a biodiversidade e o sistema climático da agropecuária) está sob contestação.

É verdade que essa contestação vem também do esforço de movimentos sociais e de iniciativas empresariais que buscam uma agropecuária regenerativa, e cujos exemplos práticos de sucesso se multiplicam. A agroecologia tende a ver com desconfiança esse desacoplamento entre a alimentação e uso do solo (e entre proteínas e criações animais). Já há uma literatura crítica caracterizando as carnes vegetais como parte dos alimentos ultraprocessados, embora, ao menos até aqui, o mesmo não possa ser dito da fermentação de precisão, do cultivo celular e do uso de insetos como fontes de proteínas.

A agroecologia e as tecnologias apresentadas neste livro são, ao que tudo indica, as duas principais modalidades críticas ao sistema alimentar contemporâneo. O que John Wilkinson mostra é que não só os investimentos e as pesquisas nessas novas tecnologias são crescentes, mas que elas estão sendo ativamente legitimadas por um aparato cultural que as apresenta como a mais viável alternativa ao colapso do que tem sido o empenho em aumentar a oferta agropecuária pelos métodos até aqui predominantes.

A segunda consequência central dessas tecnologias é, de certa forma, geopolítica. A expansão da soja brasileira para o Centro-Oeste volta-se cada vez mais para suprir as necessidades em proteínas animais da população chinesa cuja velocidade de urbanização é superior ao que foi a do Brasil. Ao mesmo tempo, a China quer reduzir de forma substancial essa dependência, razão pela qual incluiu as tecnologias aqui estudadas em seu plano quinquenal. O perfil do sistema agroalimentar mundial vai-se alterando, e tanto as *startups* que promovem essas inovações como os pesados investimentos em sua difusão formam um sistema bem diferente daquele que se consolidou com a integração da soja nos mercados globais dos últimos 20 anos.

Esse é um movimento que ameaça o poder das forças que dominam a agricultura hoje e que seguem na expectativa de que aumentar a produtividade e melhorar as condições de infraestrutura para ampliar a competitividade da soja e da carne na China e no restante da Ásia são os melhores caminhos para o crescimento brasileiro. Tendo em vista o declínio da indústria e da competitividade industrial brasileiras, só pode inspirar preocupação a importância, na formação da riqueza e nas exportações, de atividades que a fronteira científica e tecnológica atual torna cada vez menos relevantes do ponto de vista global. E, no entanto, é essa irrelevância que ganha força e representação política: a tentativa do Ministério da Agricultura, em outubro de 2022, de impedir que os produtos destas novas tecnologias sejam denominados de carne, leite ou manteiga (termos que só poderiam aplicar-se aos obtidos por métodos convencionais) é um reflexo claro do poder dessas forças incumbentes.

A abordagem das inovações no sistema alimentar global não apenas com base em tecnologias disruptivas, mas em movimentos sociais e em seu repertório cultural permite a John Wilkinson apresentar um conjunto de iniciativas voltadas à produção alimentar nas cidades. Aí também a alimentação se emancipa das formas convencionais de agricultura. Os movimentos de fomento à agricultura urbana (como o Food Justice Movement) e o empenho para a emergência de cidades resilientes apoiadas em soluções baseadas na natureza são fundamentais não só para o abastecimento, mas para que o acesso à alimentação se torne vetor de fortalecimento político e cultural das populações urbanas, sobretudo as periféricas. As experiências e a história das relações entre campo e cidade apresentadas no livro são altamente inspiradoras para políticas de renovação urbana. Faz parte desta renovação um movimento que converte as "smart cities" em "green cities" e, mais recentemente, em "food cities".

Este é, portanto, um livro cujo interesse não se restringe aos especialistas em agricultura, em alimentação, em desenvolvimento rural ou em cidades. A maior virtude do trabalho de John Wilkinson é mobilizar uma vasta literatura teórica e histórica para pensar a relação orgânica entre esses elementos de forma profunda e didática, contribuindo assim para uma nova abordagem do próprio desenvolvimento brasileiro e de sua inserção global.

**Ricardo Abramovay**
*Professor da Cátedra Josué de Castro, Faculdade de Saúde Pública – USP*

# SUMÁRIO

# INTRODUÇÃO

Este livro nasce em torno de 35 anos depois da publicação de *From Farming to Biotechnology* (FFTB), escrito em parceria com David Goodman e Bernardo Sorj (1987, edição brasileira 1990). Aquele livro foi gestado sob o impacto das implicações da entrada dos transgênicos no sistema agroalimentar e levou a uma reinterpretação histórica da industrialização do agro a partir dos conceitos de "apropriacionismo" (A) e "substitucionismo" (S). Nessa ótica, não foi a agricultura que se industrializou, mas a indústria que, aos trancos e barrancos, dados os obstáculos da natureza e da biologia, transformou os processos e produtos da agricultura em atividades industriais. Hoje, volto a esse tema, diante da abertura de uma nova e mais abrangente fronteira de inovação, na qual avanços na biotecnologia são orquestrados por um *cluster* ainda mais radical de inovações, sob a batuta agora da digitalização. Nesse contexto, a "apropriação" industrial das atividades agrícolas, analisada no capítulo três, ganha contornos inéditos no avanço da agricultura vertical e do cultivo em ambientes controlados. As possibilidades da "substituição" industrial do produto agrícola, que analisamos no capítulo 4, foram identificadas em FFTB nas primeiras fábricas de proteína unicelular e na produção da proteína "Quorn" de fungi. Hoje, o universo inteiro dos produtos agrícolas, com destaque para as proteínas animais, tornou-se alvo de "substituição" com base em rotas tecnológica e matérias-primas variadas.

O livro FFTB foi elaborado a partir de um quadro analítico que misturava economia política, cuja influência na sociologia rural aumentava na época, com uma literatura de inovação de inspiração neo-schumpeteriana. Assim, mesmo que captemos a autonomia dos desenvolvimentos em torno do consumo, sobretudo na nossa análise do grande varejo, o livro se centrou no potencial de avanços na genética para redefinir as relações entre agricultura e a produção de alimentos. Para alguns leitores isso insinuou um certo determinismo tecnológico. A ausência de um capítulo sobre o Estado que não passou de um *draft*, depois suprimido, pode ter reforçado tal leitura. Mesmo informado por visões analíticas mais abrangentes, o FFTB focava a sua atenção na teorização da dinâmica específica de inovação no sistema agroalimentar a partir de uma abordagem histórica. O livro apresentado agora mantém essa mesma ambição, mas com a sua análise ancorada na literatura da sociologia de mercados, sobretudo ao destacar as complexas inter-relações entre mercados, movimentos sociais e políticas, bem como o caráter tanto endógeno quanto exógeno de contestações aos mercados dominantes. A ideia central aqui é a porosidade dos mercados aos variados interesses e valores da sociedade. Assim, o capítulo 1 é dedicado ao papel determinante de movimentos sociais e societais a partir dos anos 1970 na definição de agendas alimentares tanto para as empresas do *mainstream* quanto para as políticas. E se não tem um capítulo sobre o Estado, as políticas são mostradas como sendo fundamentais para a imposição de novas agendas e prioridades alimentares, bem como para a aprovação ou rejeição de rotas tecnológicas, tanto no que concerne à saúde pública quanto aos recursos naturais, ao clima e à segurança alimentar. Essas mudanças na agenda do sistema alimentar, que redefinem o que é aceitável nos processos e produtos alimentares, são vistas como tão decisivas quanto a manutenção e a clara acentuação dos graus de concentração econômica que atraem a maior parte da atenção das análises vindas do campo da economia política. À medida que os processos de "apropriacionismo" e "substitucionismo" avançam, torna-se pouco surpreendente que a concentração econômica do setor alimentar se aproxime do perfil das outras indústrias de ponta. Apesar disso, como destacaremos, os processos e produtos alimentares precisam ser negociados com as forças autônomas, cada vez mais organizadas e institucionalizadas, da sociedade civil e dos Estados. É esse embate permanente de interesses em conflito que determina como, e se, a fronteira da ciência e da tecnologia se transforma em processos e produtos aceitáveis no sistema alimentar.

Hoje, existe um amplo consenso sobre as práticas dominantes de produção e consumo alimentar serem insustentáveis. Não importa a perspectiva — biodiversidade, poluição, bem-estar animal, saúde individual e pública, mudança climática, justiça social — os vários movimentos sociais, a comunidade científica, as políticas e diretrizes de saúde pública, as convenções globais e as metas nacionais de sustentabilidade, todos apontam para a necessidade de uma modificação radical nos padrões de consumo alimentar, para conter o surto de doenças não transmissíveis diretamente ligadas à dieta dominante e para brecar a contribuição da produção agropecuária à destruição do meio ambiente, sobretudo às florestas tropicais, bem como às emissões de carbono.

Durante muitos anos foram os movimentos sociais em toda a sua diversidade que levantaram agendas alternativas e criaram mercados com base em valores que hoje são incorporados nos discursos *mainstream* — orgânicos, comércio justo, produtos artesanais, mercados de circuitos locais, *whole foods*, produtos frescos e naturais, *clean labels*. As diretrizes de instituições internacionais e as políticas nacionais de saúde pública incluíram esses valores nas suas recomendações de dietas, privilegiando produtos frescos e pregando uma diminuição radical no consumo de açúcar, de sódio, e de gorduras saturadas, associados aos alimentos industrializados. Muitos governos estabeleceram metas regulatórias obrigatórias nesse sentido, e as empresas líderes incumbentes estão sendo forçadas a se adequar. A primeira grande transformação em curso no sistema agroalimentar, portanto, resulta desse movimento defensivo de adaptação por parte das empresas líderes que tentam compatibilizar esse novo regime de baixos teores de açúcar, sódio, e gordura saturada, bem como a substituição de alternativas biológicas para os ingredientes e aditivos químicos, com a manutenção dos sabores, texturas e propriedades funcionais dos seus produtos. Para tanto, elas estão lançando mão da fronteira científica e tecnológica — *big data, machine learning*, inteligência artificial (AI), fermentação de precisão e biologia sintética — para rastrear milhões, se não bilhões, de proteínas em nível molecular na busca de alternativas. Os seus investimentos nessas rotas, por sua vez, aproximam as empresas líderes de uma nova geração de empresas *startups* que também se baseiam nesse *cluster* de tecnologias, não para adaptar os produtos existentes, mas para criar produtos substitutos.

Entre esses produtos substitutos, as proteínas animais se tornaram um alvo principal. As carnes, os peixes e os frutos do mar, os produtos lácteos e os ovos e os seus derivados têm se tornado um eixo central da contestação ao sistema agroalimentar dominante, unificando críticas ao seu consumo, como vilão principal de doenças cardiovasculares, com as múltiplas críticas às suas condições de produção — crueldade aos animais, riscos de doenças zoonóticas, destruição das florestas tropicais, emissões de efeito de estufa. Desde o romance *The Jungle* de *Upton Sinclair*, no início do século XX, existe uma linha de crítica centrada nos métodos industriais de criação e abate, renovada no início deste século na publicação do *Fast Food Nation*, de Eric Schlosser, em 2001, que virou filme em 2006, e que estende a crítica às práticas de consumo. Hoje a carne, na sua dobradinha com a soja em forma de ração, é vista, também, como uma das principais causas das emissões de gases de efeito estufa e das principais ameaças à sobrevivência das florestas tropicais, chaves na luta contra os efeitos das mudanças climáticas.

Quatro rotas principais estão sendo exploradas na busca por promover alternativas às carnes convencionais — combinações de proteínas vegetais para imitar carnes, a produção de carne via multiplicação de células, a fermentação de precisão de micro-organismos e fungi, e a confecção de alimentos e rações a partir de insetos. Todas essas rotas estão com produtos em fase de comercialização, mas com escala limitada no caso de carne celular.[1] As carnes são o foco central do livro porque se trata de avaliar, também, o impacto de um reposicionamento em relação a carnes sobre a dinâmica do sistema agroalimentar global, e especialmente as relações entre a China e o Brasil. No entanto, deve se levar em conta que o setor do leite está igualmente implicado, e calcula-se que, em 2020, em torno de 15% do mercado do leite fluido nos Estados Unidos foi composto por proteínas alternativas. A amplitude das inovações em curso é captada pela sua caracterização como uma "segunda domesticação", em que se trata agora da domesticação dos microrganismos e a sua transformação em alimentos, e não das plantas e animais inteiros como na primeira domesticação algo em torno de 10 mil anos atrás (Tubb; Seba, 2019).

Enquanto os movimentos em favor dos orgânicos, do comércio justo e dos produtos artesanais unificaram interesses rurais e urbanos, os novos movimentos essencialmente urbanos em torno do vegetarianismo e veganismo são vistos com desconfiança pelos grupos que se apoiam na agricultura familiar e/ou na economia camponesa e defendem um agropecuário sustentável como alternativa às carnes industriais. Como isso afetará a recepção de inovações na categoria de proteínas alternativas (*alt-proteins*), ainda não está claro, mas já se identifica uma linha de crítica, sobretudo de setores mobilizados em torno de saúde pública, que situa esses produtos como mais um desdobramento da categoria de *junk food* e de ultraprocessados. Atores mais identificados com o meio ambiente e o clima, por outro lado, adotam posições mais favoráveis ou cautelosas.

As transformações globais mais radicais em curso nos sistemas alimentares, diferentemente dos casos da revolução verde ou dos transgênicos, foram iniciadas, e estão sendo impulsionadas por atores privados e públicos a partir de uma ótica urbana. A inovação alimentar está sendo promovida e dirigida hoje por sistemas de financiamento do tipo *venture capital* que viabilizam a proliferação de empresas *startups*, acelerando a transformação de C&T em produtos no mercado e cientistas em empresários. No caso das inovações de proteínas alternativas, nota-se um sentimento generalizado de "missão" entre as *startups* com muitos dos seus iniciantes saindo diretamente dos ambientes vegano/vegetariano ou de bem-estar animal.

---

[1] Duas outras rotas experimentais podem ser mencionadas: i) a produção de proteínas a partir do ar onde o CO2 é captado e transformado em proteína via fermentação; ii) a inserção de genes para proteínas animais em plantas.

A segunda grande onda de inovações de que este livro trata é o que foi inicialmente descrito como agricultura vertical, mas que hoje abrange uma categoria mais ampla da produção de alimentos em ambientes de clima controlado. Como a nomenclatura indica, esse sistema de produção aplica nutrientes diretamente por hidroponia ou aeropônia dispensando, assim, o uso da terra, o que permite uma produção em colunas verticais e, portanto, em espaços muito menores que a agricultura tradicional. Ao serem produzidos em ambientes fechados, todos os aspectos do "clima" podem ser controlados — luz, umidade, temperatura — e o recurso da água reciclado. Trata-se, de forma majoritária (mas não exclusivamente, como veremos), da produção de folhosos e verduras que hoje ocupam cada vez mais espaço no prato principal da comida e um lugar privilegiado nos guias alimentares promulgados por governos e organismos internacionais. Se os vilões são as carnes, os heróis da nova dieta são os folhosos e as verduras. Assim, as inovações nessas duas categorias embutem a promessa de uma transformação radical dos sistemas alimentares, da agricultura e das relações campo-cidade. A agricultura vertical é associada aos trabalhos de Despommier (2010), que foi motivado por uma convicção do caráter destrutivo milenar da agricultura em relação ao meio ambiente. Hoje, está sendo promovida por atores privados e públicos respondendo à escassez de recursos naturais que agora se acentuam com as mudanças climáticas.

A inovação não se impõe pelo potencial intrínseco da tecnologia e pode até caminhar em sentido contrário. Como indicamos, inovações, como a introdução de orgânicos, a promoção de produtos artesanais, e em menor medida comércio justo, respaldadas por movimentos urbanos de veganismo/vegetarianismo e de *slow food*, transformaram as práticas alimentares e a agenda da indústria alimentar *mainstream*. Movimentos sociais, ao mesmo tempo, em contextos institucionais específicos, podem brecar inovações como no caso dos transgênicos na Europa. Nesse caso, a desconfiança do consumidor, cortejada pelas redes de varejo e a institucionalização da "voz" do consumidor nas deliberações da União Europeia, criaram um movimento suficiente para limitar severamente a aplicação da engenharia genética no setor agroalimentar contra as investidas das poderosas empresas globais de química, que são especialmente fortes na Europa.

Tão importante quanto os movimentos da sociedade civil para a dinâmica da inovação são as relações geopolíticas e geoeconômicas, cuja interação é responsável pela configuração do sistema agroalimentar global. Identificamos, aqui, uma mudança, cada vez mais evidente, do eixo dos fluxos de comércio, de investimentos, e de empresas líderes, do que coletivamente é chamado o Norte, para a Ásia e mais especificamente para a China. A segurança alimentar é notoriamente um compromisso fundamental do Estado chinês e uma das suas bases mais importantes de legitimidade. O componente mais vulnerável dessa segurança alimentar é precisamente a sua dependência de importações para a cadeia de proteína animal. Identificamos um conjunto de políticas sendo colocado em prática para diminuir essa dependência, entre as quais a promoção de proteínas alternativas. A China está igualmente atingida por fortes restrições de recursos naturais e condições climáticas extremas, agravadas pela rapidez e abrangência da sua transição para se tornar um país predominantemente urbano, um processo ainda em curso. Assim, a China investe, também, em agricultura vertical e em produção de alimentos de clima controlado, inclusive estendendo essa estratégia agora à produção de porcos.

O Brasil, como segundo e às vezes o primeiro país fornecedor de rações animais para o setor chinês de carnes, está umbilicalmente ligado ao futuro desenvolvimento dessa cadeia na China. A soja, o milho e as carnes já dominam a nova fronteira agrícola que se estende do Centro-Oeste do país e chega hoje aos cerrados do Nordeste e do Norte adentrando a região amazônica. Mais do que uma fronteira agrícola, trata-se da base de um desenvolvimento regional, que abrange grandes biomas do interior do Brasil, com fortes desdobramentos culturais e políticos, domésticos e internacionais. Os compromissos brasileiros com as metas do clima dependem em grande parte do desempenho desse setor, o que causa crescente preocupação entre os seus parceiros- chaves, sobretudo da Europa. Na sua maioria, as projeções para as próximas décadas preveem uma continuação da forte demanda para os componentes das cadeias de proteína animal na China e depois em outros países emergentes. A nossa análise aconselha cautela em relação a essas previsões e antevê um futuro menos alentador tanto para o modelo soja/milho quanto para a pecuária bovina, o que pode exacerbar estratégias de competitividade mais predatórias ou estimular uma reorientação a novos mercados com base em nova práticas, mais alinhadas com as metas do clima e da sustentabilidade.

O nosso intuito é analisar os atores impulsionando as inovações de processos e produtos identificadas ou se opondo a elas. Não se trata de defender ou de atacar, mas de entender melhor o seu alcance para estimar as suas implicações geopolíticas e econômicas e sobretudo, os desafios e as oportunidades que essas transformações constituem para o mundo e para o Brasil. Todas essas inovações implicam uma redefinição radical das relações campo-cidade. Para as carnes de proteínas vegetais, o fato de não precisar transformar proteína vegetal em animal já diminui drasticamente a demanda para soja, que, sendo transgênica, tampouco é bem-vista para consumo humano direto. Nesse universo, muitas outras fontes de proteína vegetal concorrem com a soja. A rota de fermentação recorre a carboidratos e a carne celular a nutrientes, de novo desbancando a primazia da soja. Burgers e produtos de carne moída serão os mais afetados pelos avanços de *alt-proteins*, podendo provocar uma reorientação da pecuária para a produção de carnes mais nobres em sistemas mais sustentáveis visando agora a mercados de nicho.

Ao longo do século XX, os abatedouros foram progressivamente afastados das cidades como parte da "desanimalização" da vida urbana (com a exceção de animais de estimação). Uma fábrica de proteína vegetal, porém, é indistinguível de qualquer outra fábrica alimentar. A agricultura vertical ou a produção de alimentos em clima controlado pode muito bem se tornar uma atividade plenamente urbana. A chamada "agritectura" já se constitui em um ramo da arquitetura dedicado à integração das atividades agrícolas no ambiente urbano, e políticas urbanas crescentemente incorporam diretrizes para a agricultura urbana.

O livro se divide em sete capítulos. No primeiro capítulo, propomos uma reinterpretação do desenvolvimento do sistema agroalimentar a partir dos anos 1970, que focaliza a maneira em que uma agenda "alternativa" promovida por movimentos sociais, ousando criar mercados com base nas suas reivindicações foi defensivamente encampada pelo *mainstream*, naturalmente à sua maneira. Essas forças, do lado da "demanda" — uma convergência conflituosa entre consumidores mais assertivos e reconhecidos institucionalmente, o grande varejo disposto a incorporar as novas pautas desses consumidores, e um setor público preocupado com uma nova geração de doenças associados a alimentos industrializados — foram capazes de impor um novo imaginário (produtos frescos, naturais), contra os "bens duráveis" (FRIEDMANN, 2005) da indústria alimentar, e, por tabela, de frustrar as expectativas dos proponentes da engenharia genética.

No segundo capítulo, situamos as inovações que atingem o sistema agroalimentar dentro do *cluster* de inovações sob a égide de digitalização que está redefinindo a dinâmica da vida econômica e social globalmente. Destacamos a originalidade das inovações atuais quando comparadas com as duas grandes ondas de inovações que transformaram o sistema agroalimentar no século XX — a revolução verde e a revolução dos transgênicos. Trata-se de inovações iniciadas hoje por atores e interesses externos a esse setor, que se motivam por objetivos urbanos e globais e buscam soluções pelo lado da demanda sem se pautar em considerações da oferta agrícola. As empresas líderes, as incumbentes, estão igualmente investindo nessas tecnologias para adequar os seus produtos às novas demandas e para acompanhar, imitar ou até incorporar as inovações da nova geração de empresas *startups*. Ao mesmo tempo, as empresas líderes respondem à necessidade de reajustar os seus processos e produtos às exigências de reduzir níveis de açúcar, sódio e gorduras saturadas e às pressões variadas de saudabilidade, meio ambiente e bem-estar animal. Muitos artigos e livros já tratam dos esforços dessas empresas de burlar essas regulamentações ou de exercer atividades de *lobby* para suavizar os seus impactos ou adiar os prazos de implementação. Mesmo reconhecendo a adoção dessas estratégias, a maior parte das empresas líderes já investe pesadamente na nova fronteira tecnológica, ou *in-house*, por acordos de P&D com instituições de pesquisa, por aquisições, ou por investimentos, estilo capital de risco, nas novas empresas.

Os capítulos 3 e 4 tratam, sucessivamente, da agricultura vertical ou da produção de alimentos em contextos de clima controlado e das inovações nos setores de proteínas alternativas. O intuito não é avaliar os debates sobre a viabilidade técnica de uma produção competitiva em escala, tanto da agricultura vertical (cujo ponto fraco são os custos de energia), ou de carnes celulares (aqui se discute as barreiras técnicas, e não apenas os custos de produção em escala). Em ambos os setores destacamos o papel central dos atores (tanto inovadores quanto investidores), que vêm de fora, não apenas da agricultura, mas dos setores a montante e a jusante do sistema agroalimentar.

Independentemente desses desafios, ou até de eventuais barreiras intransponíveis, ou que podemos identificar, são inovadores *mission driven*, saindo diretamente do mundo acadêmico e criando *startups* que captam inicialmente o apoio de "anjos" benfeitores, para depois atrair as empresas especializadas de capital de risco e fundos (inclusive soberanos) de investimento. Trata-se, globalmente, de milhares de empresas *startups*, e, muito embora os Estados Unidos ainda sejam o destaque tanto na origem quanto em número, elas já se constituem em um ecossistema global e interdependente, em que colaborações e participações cruzadas predominam.

Num segundo momento as empresas líderes de grãos/carnes começam a investir pesadamente nessas empresas de *alt-proteins*, para depois as adquirir ou desenvolver a sua produção própria. No segmento de agricultura de clima controlado, trata-se mais da entrada de novos *players* globais — da optoeletrônica e eletroeletrônica — com a adesão também de empresas como a Bayer e a Syngenta do setor genético. Políticas públicas já existem na União Europeia para promover esses setores que contam também com o envolvimento direto de Estados ricos em capital, mas pobres em recursos naturais, com destaque para cidades-Estados, como Cingapura.

A China, como vimos acima, já se tornou o novo eixo do sistema agroalimentar global, seja do ponto de vista do comércio internacional, seja do peso do seu mercado doméstico, ou da crescente pujança das suas empresas líderes no setor. No capítulo 5, analisamos o envolvimento da China nos setores da agricultura vertical e de proteínas alternativas à luz da centralidade dos objetivos de segurança alimentar para a própria legitimidade do Estado chinês. As suas iniciativas no desenvolvimento de sistemas de produção de clima controlado envolvem uma das suas maiores empresas de optoeletrônica, a *Fujian Sanan Group*, ativa na China e em outros países da Ásia nos segmentos de folhosas. Incluem, também, a aplicação de agricultura vertical à produção de suínos e aos sistemas de produção de clima controlado em regiões inóspitas, como no deserto de Gobi.

O envolvimento chinês em proteínas alternativas e carnes celulares faz parte da sua política sistêmica de diminuir a sua dependência externa nesse segmento decisivo da dieta urbana. Descrevemos o conjunto dessas políticas e mostramos como o segmento de carnes de proteína vegetal está expandindo na China, primeiro a partir de empresas norte-americanas com lançamentos nas redes de varejo também dominadas em grande parte por empresas dos Estados Unidos da América, e depois por uma geração de empresas chinesas com capital de risco também chinês. O Governo se envolve diretamente na promoção desse setor por meio de financiamentos para pesquisa em proteínas alternativas e acordos de cooperação com destaque para o acordo com empresas israelenses de carne celular no valor de US$ 300 milhões. A busca por substitutos da soja como insumos para os setores de carnes se inclui nos mesmos objetivos.

Entre todos os países, o Brasil, tema do capítulo 6, foi o que mais se integrou no realinhamento do sistema agroalimentar global em torno da demanda chinesa na gigantesca transição desse país para uma dieta de proteína animal, partindo de em torno de 15 quilos per capita em 1980 para algo na ordem de 45 quilos em 2020, para uma população que aumentou em torno de 400 milhões nesse intervalo. A fronteira de grãos/carnes no Centro-Oeste do país, criada para responder, a partir de década de 1970, à demanda do Japão por soja e para atender à rápida urbanização no Brasil com a sua consequente transição para uma dieta de proteína animal, orienta-se quase exclusivamente à demanda chinesa a partir dos anos 2000. O avanço continuado dessa fronteira, agora dominada por empresas agrícolas cotadas em bolsa e novas formas de financiamento, motivado por previsões oficiais de uma demanda aquecida cujo horizonte estende até meados do século, avança rapidamente por cima de biomas frágeis e em direção à floresta amazônica. Ao mesmo tempo, o setor de grãos-carnes se torna o centro de metas, nacionais e internacionais, para diminuir as emissões de efeito estufa, o que provoca reações defensivas e "patrióticas" nesse setor consciente da sua importância estratégica e estimulado pelas políticas antiambientalistas do Governo Federal a partir da eleição de Bolsonaro em 2018.

A nossa análise sugere que a China avança em todas as frentes para diminuir a sua dependência nos mercados oligopolizados globais da soja e das carnes. Assim, abre-se a possibilidade de um horizonte mais curto para esse modelo de produção de commodities dependente de agroquímicos e transgênicos para monoculturas de rações animais em megaescalas, pouco alinhado às tendências em ascensão do consumo alimentar. Tendências que o Brasil, com 85% da sua população urbanizada, já compartilha, como pode ser apreciado nos indicadores de consumidores vegetarianos e veganos. O Brasil tem as suas próprias empresas de carnes de proteína vegetal que, inclusive, já conquistam mercados internacionais. Ao mesmo tempo, o mercado doméstico brasileiro atrai a nova geração de empresas de proteínas vegetais surgindo nos países vizinhos para as quais o mercado brasileiro é o alvo principal. As empresas de carnes líderes brasileiras, elas mesmas líderes mundiais, também já lançaram as suas linhas de carnes vegetais, e o mercado brasileiro já atraiu até a líder global dessas *startups*, a Beyond Meat. Assim, o Brasil "rural" talvez enfrente não apenas sinais de arrefecimento dos mercados internacionais de grãos/carnes antes do previsto, mas um mundo urbano doméstico que também contesta os valores que apostam nos retornos da economia de proteína animal mesmo à custa de uma sustentabilidade de longo prazo dos seus biomas e das suas florestas.

A nossa caracterização dos atores liderando a inovação alimentar e dos novos padrões de demanda, bem como o seu papel na inovação, apontam para uma crescente autonomia do urbano em relação ao campo. As duas grandes inovações analisadas — carnes alternativas e a produção em ambientes de clima controlado — radicalizam essa autonomia e permitem vislumbrar um deslocamento da produção de alimentos para o meio urbano.

Desde a desindustrialização que atingia grandes cidades no Norte, a partir dos anos 1970, e o consequente desemprego estrutural, combinado com a disponibilidade de terrenos urbanos baldios, novos movimentos sociais têm reivindicado o direito de desenvolver uma agricultura urbana. Ao mesmo tempo, preocupações com a dieta e a saúde pública e os impactos do clima sobre a vida urbana levam à incorporação de políticas alimentares no âmbito das cidades, enquanto uma nova geração de planejadores urbanos e arquitetos tentam integrar o meio ambiente e os alimentos na fisionomia das cidades. A partir desse contexto, este livro conclui com um capítulo que revisita as discussões cidade-campo numa perspectiva histórica e ao mesmo tempo tenta identificar indicações de uma nova visão da vida urbana, em que valores, antes associados ao campo, são incorporados no dia a dia da vida urbana.

Na nossa conclusão discutimos os debates que colocam em questão o fôlego desses novos mercados de proteínas alternativas e de agricultura de clima controlada. Ao mesmo tempo passamos em revistas algumas das principais contribuições na literatura acadêmica e engajada sobre esse tema que começa a ganhar importância nas discussões em torno do futuro do sistema alimentar.

# CAPÍTULO 1

## O SISTEMA AGROALIMENTAR EM QUESTÃO A PARTIR DOS ANOS 1970

No nosso livro, *From Farming to Biotechnology*, mencionado na introdução, vislumbramos, nas técnicas de engenharia genética, o início de um processo de inovação radical no sistema agroalimentar, em que haveria uma substituição inédita da agricultura pelo biorreator industrial de fermentação, cujas referências mais avançadas eram a proteína unicelular, os aminoácidos e as micoproteínas, para substituir a proteína de carnes e de peixes. Isso seria acompanhado por uma implosão das grandes cadeias de commodities agrícolas, todas transformadas em simples biomassa em refinarias polivalentes, capazes de suprir várias finalidades — alimentos, matéria-prima e energia (GOODMAN; SORJ; WILKINSON, 1987). A cana-de-açúcar foi a primeira cadeia a sofrer os seus efeitos com o desenvolvimento de xarope de milho de alto teor de frutuosa (HFCS), a partir da hidrólise de milho, e o desenvolvimento de adoçantes sintéticos. Atraídas por essas possibilidades, empresas de fora do setor agroalimentar se empenharam em desenvolver esses mercados — Imperial Chemicals Industries (ICI) e a British Petroleum —, bem como a empresa alimentar líder do país cujos produtos mais dependem de fermentação, a Hakko Kogyo, do Japão. Novas *tradings* surgiram abraçando as biotecnologias no intuito de reestruturar as cadeias de commodities —Ferruzzi, na Itália, sendo a mais ousada. *Startups* de Silicon Valley despontaram com tecnologias para revolucionar as cadeias tradicionais, com a Calgene na liderança, prometendo eliminar os problemas de perecibilidade na cadeia de produtos frescos (WILKINSON, 2002, 1992).

Alguns desses avanços se tornaram permanentes, sobretudo na produção e uso de enzimas e leveduras geneticamente modificadas. Por outro lado, a crise que levou a quadruplicar os preços de petróleo nos anos 1970 e uma campanha contra as implicações para a saúde de proteínas unicelulares à base de petróleo e/ou gás natural minaram as perspectivas de alternativas competitivas na cadeia proteica. Mais importante, portanto, foi o surgimento de movimentos sociais tanto no lado da agricultura quanto no de consumo alimentar que se opuseram à utilização de engenharia genética no sistema agroalimentar, sobretudo na União Europeia, onde a sociedade civil tem forte representação. Isso, por sua vez, refletia as transformações fundamentais no próprio sistema agroalimentar, em que o poder econômico do setor do varejo estava se consolidando e se impondo em relação à indústria alimentar e às *tradings* com base numa articulação mais fina com a demanda. Em 1999, face à publicidade negativa, os supermercados ingleses, Sainsbury e Safeway, comprometeram-se a não vender produtos de engenharia genética (WILLIAMSON, 2002).

O duplo impedimento da evolução dos preços do petróleo e da forte oposição por parte dos movimentos sociais respaldados por setores do varejo levaram a regulações restritivas da União Europeia que reduziram as "promessas" das novas biotecnologias às sementes transgênicas, sobretudo da soja, do milho e do algodão. Assim, com os mercados de engenharia genética confinados aos setores a montante, as empresas agroquímicas se tornaram as principais beneficiadas e engoliram as *startups*, como Calgene e Agrigenetics (BIJMAN, 2001). A adoção e a rápida difusão de sementes transgênicas resistentes à utilização de herbicidas e pesticidas permitiram uma revolução nas práticas agrícolas ao acelerar a mecanização e diminuir a demanda pela mão de obra, simplificando, assim, o gerenciamento da atividade agrícola. Como resultado surgiu um novo padrão de agricultura de commodities na forma de *megafarms*, de milhares e até de dezenas de milhares de hectares, na expansão das fronteiras agrícolas dos países do Conesul, exacerbando tendências de monocultura, de expulsão de comunidades indígenas e de produtores familiares e de esvaziamento do campo. A rica biodiversidades desses biomas ficou radicalmente reduzida, e o desmatamento se tornou o responsável principal para o aumento das emissões de carbono (DOMINGUES; BERMANN; MANFREDINI, 2014; WESZ JÚNIOR, 2014).

A partir dos anos 1980, dois tipos de análise do sistema agroalimentar se tornaram dominantes. Por um lado, houve um foco nos processos de concentração econômica, em grande parte associado a estudos norte-americanos, sobretudo dos setores de sementes, de química e das *tradings*, mas, também da indústria alimentar, como resultado da onda de *mergers* e *hostile takeovers*, que fazia parte da transição mais geral de um modelo de capitalismo *stake holder* para *share holder*. A globalização, acompanhada pela crescente financeirização da economia, foi vista como aceleradora desse controle de oligopólio do sistema agroalimentar global (ETC GROUP: OLIGOPOLY..., 2005; MCMICHAEL, 2005). Uma análise recente do Ipes

(2017), *Too Big to Feed*, focaliza não apenas os processos de concentração, mas explora as suas implicações negativas para os produtores agrícolas, a inovação, a escalação de riscos e abusos sociais e ambientais, o controle de informação e a capacidade de estabelecer os termos dos debates. A nossa análise examina o grau em que as empresas líderes, mesmo com níveis de concentração comparáveis com os setores tidos como avançados da economia (eletroeletrônicos, automóveis), mantêm uma relação especial com a demanda que as tornam mais influenciadas por movimentos sociais e societais. Nesse sentido, os níveis de concentração e do poder econômico que decorre deles não excluem a capacidade de a sociedade impor transformações substanciais no conteúdo dos seus produtos e serviços. O grau em que as empresas líderes se limitam a adaptações defensivas ou estão abraçando a nova agenda alimentar à sua maneira será explorado ao longo desses capítulos. Embora reconheçam a importância crescente dos mercados chineses, os estudos mencionados focalizam, sobretudo, o fortalecimento das empresas líderes do Norte. Apenas a partir da segunda década dos anos 2000 surgiu uma nova geração de estudiosos que identificaram a importância não apenas dos mercados chineses, mas o poder econômico crescente das empresas chinesas no cenário mundial (ESCHER, 2020; OLIVEIRA, 2015; SCHNEIDER, 2017 WESZ JÚNIOR, 2014), ao qual acrescentaríamos o poder do Estado chinês e a centralidade da segurança alimentar como uma das bases fundamentais da sua legitimidade.

Uma segunda linha de estudos, liderada por analistas europeus, focou mais no impacto de transformações variadas na demanda alimentar (declínio no consumo per capita de commodities básicas nos países do Norte, envelhecimento da população, preocupação com questões de saúde e do meio ambiente) e identificou uma "virada em direção à qualidade", caracterizada por um esforço por parte da indústria alimentar de buscar crescimento via segmentação dos mercados e diferenciação dos produtos. O que tinha impulsionado o crescimento no pós-guerra — escala, padronização, custos unitários — agora cedeu a esforços de reativar a demanda apelando para qualidades diferenciadas (ALLAIRE; BOYER, 1995; VALCESCHINI; NICOLAS, 1995). Embora a indústria alimentar adotasse estratégias chamadas de *delayed innovation,* nas quais a diferenciação do produto se limita a modificações no final do processo produtivo (ingredientes, aditivos, embalagens), o apelo pela qualidade abriu uma caixa de pandora, que levou a questionar mais a fundo o padrão dominante do sistema agroalimentar (ALFRANCA; RAMA; TUNZELMANN, 2005).

Em ambas as interpretações das transformações no sistema agroalimentar, os atores dominantes simplesmente reforçaram o seu poder de oligopólio, primeiro num eixo atlântico e depois globalmente, ou mantiveram esse poder ao se adaptar a novas dinâmicas de demanda. Mas o sucesso dos movimentos contra os transgênicos, que mobilizaram atores tanto rurais quanto urbanos em limitar a difusão das novas biotecnologias, apontou para mudanças mais profundas na relação de forças agora operando no sistema agroalimentar como um todo. Hoje, olhando em retrospectiva, podemos interpretar a oposição aos transgênicos como um componente de movimentos mais abrangentes que exigiam "uma virada para qualidade" que não se limitava a mudanças cosméticas ao fim do processo produtivo, mas que levasse em conta preocupações mais a fundo — de saúde, de justiça, de meio ambiente, de tradições alimentares — que diziam respeito ao conteúdo dos alimentos e das suas condições de produção (GOODMAN; DUPUIS; GOODMAN, 2014; WILKINSON, 2002).

Assim, em vez de olhar as mudanças a partir da ótica dos atores dominantes, podemos interpretar os anos 1980 e 1990 como o início de uma contestação do sistema agroalimentar que toma a forma original de novos movimentos sociais econômicos visando à construção de mercados alternativos e que encontram eco nas preocupações sociais e políticas de outros setores da sociedade em torno da saúde individual e pública e do meio ambiente. Tudo isso sucede num período em que o eixo do poder econômico no sistema agroalimentar se desloca para o grande varejo. Diferentemente da indústria alimentar e mais ainda do setor agroindustrial das *tradings*, o setor de varejo não nasce a partir da oferta específica de um produto ou cadeia e, portanto, mostra-se mais flexível nas suas estratégias de potencializar a demanda. Por isso, setores do varejo podiam se comprometer contra os transgênicos e ver novas oportunidades nos mercados sendo criados pelos movimentos sociais (WILKINSON, 2000).

No seu trabalho, *O Novo Espírito do Capitalismo*, Boltanski e Chiapello (1999) identificam duas linhas de crítica social ao capitalismo que surgem a partir dos anos 1960 — a crítica estética e a crítica ética. Segundo esses autores, o novo espírito do capitalismo resulta dos esforços de endogenizar essas críticas, e o sistema agroalimentar exemplifica com clareza esse processo. No lado ético, a crise que atingiu o comércio das commodities agrícolas no final dos anos 1970 levou à promoção de uma concepção de comércio justo, primeiro no setor do café que mundialmente agrega o maior número de pequenos produtores, para depois se estender a outras cadeias — banana, laranja, cacau — incluindo também matérias-primas industriais (algodão) e os produtos artesanais de comunidades rurais. Uma articulação global de redes sociais conseguiu propulsionar os primeiros mercados alternativos, unindo organizações de camponeses no Sul a lojas dedicadas de comércio justo no Norte, para depois entrar no consumo *mainstream* a partir da adesão de empresas do varejo, sobretudo na Suíça e na Inglaterra. Durante décadas a indústria alimentar, com destaque para a Nestlé, insistiu na sua promoção de "qualidade" como alternativa para a geração de renda agrícola, mas finalmente se submeteu às pressões de promover produtos do comércio justo, iniciativa também assumida por Starbucks no setor de serviços alimentares (RAYNOLDS; MURRAY; WILKINSON, 2007).

Essa crítica ética não se limitou ao campo, e uma resposta ao desemprego industrial provocado pelo deslocamento global das indústrias para os países do Sul, que afetava sobretudo negros e latinos nos bairros pobres dos Estados Unidos, foi o desenvolvimento do *Food Justice Movement*, que reivindicava o direito de desenvolver a agricultura nas cidades como resposta à insegurança alimentar (GOTTLIEB; JOSHI, 2013; HOPE, A; AGYEMAN, J, 2011 HOPE; ALKON; AGYEMAN, 2011). Nos anos seguintes, a importância da agricultura urbana seria reconhecida e integrada nas políticas públicas visando à segurança alimentar e nutricional nas cidades onde se junta a políticas ambientais para ajustar a vida urbana aos tempos de mudanças climáticas (HEYNEN, 2012; LEVKOE, 2006).

No Brasil, os movimentos éticos, no contexto do fim da ditadura militar e do ressurgimento da democracia, abrangiam a reivindicação de direitos sobre a terra e sobre territórios visando à produção alimentar para consumo próprio e para os mercados domésticos (MEDEIROS, L. S. 2003). Mais de um milhão de famílias foram assentadas nas políticas de reforma agrária, e muitos territórios dos povos indígenas, de quilombolas e comunidades tradicionais foram reconhecidos (MARTINS, 2003). Os movimentos sociais que ampararam essas reivindicações incorporaram cada vez mais aspectos da crítica estética na promoção de produtos orgânicos e ecológicos, na valorização da sustentabilidade e no desenvolvimento de relações diretas com os consumidores nas feiras livres. Mesmo adentrando mercados do *mainstream*, esses produtos reivindicam os seus próprios critérios de "qualidade", com base em sistemas de certificação participativa (GOODMAN, 2003; WILKINSON, 2011).

A crítica estética assumiu uma importância fundamental no desenvolvimento de mercados alternativos. Uma das expressões mais bem-sucedidas dessa crítica foi a contestação da indústria de cerveja que tinha sofrido um processo extremo de concentração durante a segunda metade do século, levando à eliminação de muitas cervejarias locais e regionais e à estandardização e homogeneização da oferta em torno de poucos tipos de cerveja. Na Inglaterra, a campanha em torno de "*real Ale*", cerveja de verdade" (mais tarde a frase "comida de verdade" seria adotada nas campanhas contra alimentos ultraprocessados), tomou forma de um movimento social urbano organizado em 1971. Na segunda década dos anos 2000, o movimento contava com 160 mil membros na Grã-Bretanha em 200 organizações locais (CARAVAGLIA; SWINNEN, 2017). O movimento em torno de *craft beer*, cerveja artesanal, nos Estados Unidos foi muito influenciado pela Grã-Bretanha, mas foi deslanchado a partir da legalização da confecção doméstica de cerveja (*home brewing*), em 1978. Na segunda década dos anos 2000, os Estados Unidos já tinham 2.700 cervejarias artesanais em operação (e mais 1.500 em fase de planejamento), empregavam 100 mil pessoas e tinham vendas anuais em torno de US$ 10 bilhões (HINDY, 2014).

Os movimentos de promoção de cerveja artesanal (com desdobramentos para outras bebidas também), já presentes em muitos outros países, condensam o conjunto das características dos novos movimentos sociais econômicos baseados em críticas éticas e estéticas ao capitalismo. Trata-se de movimentos urbanos a partir do consumo e envolvem ativistas motivados (*mission oriented*), tornados empreendedores que mantêm o espírito de cooperação e inovação aberto, mas enfrentam, também, todos os desafios de uma contestação baseada na construção de mercados alternativos (HENDERSON, 2020). Na mesma forma do sistema agroalimentar como um todo, as empresas líderes são tomadas de surpresa e reduzidas a uma ação defensiva. Existem iniciativas tímidas de redefinir a cadeia agrícola em torno de práticas saudáveis, mas o impacto é sobretudo em relação à promoção de valores de comunidade e de localidade nas cidades. Mark Winne (2019), no livro *Food Cities USA*, mostra a importância dessas cervejarias, junto a outras iniciativas de pequenos empreendimentos, para reerguer bairros devastados pela desindustrialização. Nesse processo as críticas estéticas e éticas se convergem.

Na agricultura a mobilização em torno de novos critérios de qualidade se expressou inicialmente no movimento em torno de orgânicos, mas estende também a Indicações Geográficas, produtos e práticas sustentáveis de vários tipos, e ao movimento de *Slow Food*, de novo uma expressão eminentemente urbana em que é a busca de qualidade no consumo que promove a qualidade na produção. Um componente central da crítica estética foi a contraposição de mercados locais e da produção artesanal às cadeias globais priorizadas pelos atores dominantes do sistema agroalimentar (FONTE, 2006). Essa orientação recebe forte apoio hoje nas políticas e iniciativas que buscam diminuir a pegada de carbono. A integridade territorial na rejeição de monocultura e do uso de agrotóxicos complementa também essa convergência com preocupações sobre o meio ambiente e a biodiversidade (MAY; BOYD; CHANG; VEIGA, 2005).

Sob essa ótica, os elementos mais importantes nas transformações do sistema agroalimentar nas últimas décadas não foram as novas biotecnologias, as quais podemos juntar a difusão da informática, elemento decisivo no deslocamento do poder econômico em direção ao varejo. Tampouco foram a concentração em oligopólios globais das empresas líderes e a globalização e a financeirização das suas atividades. Mais importante tem sido o *mainstreaming* dos valores propagados pelos movimentos sociais nas suas críticas estéticas e éticas ao sistema agroalimentar dominante. Os mercados mais importantes hoje em dia, mesmo que seja a contragosto, refletem cada vez mais esses valores. Os *guidelines* de políticas alimentares em quase todos os países expressam esses valores em contraposição ao sistema ainda dominante assentado nas cadeias tradicionais e sobretudo nas cadeias de proteína animal (FOOD-BASED..., 2022). Hoje, a crítica iniciada nos movimentos sociais se tornou *mainstream*, cuja expressão mais clara foi a publicação em 2019 dos resultados da pesquisa coletiva publicada no Lancet que concluiu que o sistema alimentar atual é inviável tanto do ponto de vista da saúde quanto do meio ambiente e do clima (WILLETT *et al.*, 2019).

As novas biotecnologias — na forma de engenharia genética, cultura de tecidos e inovações nas técnicas de fermentação —, sendo promovidas a partir dos anos 1970, abriram o caminho para processos e produtos radicalmente novos. Elas levaram a absorção da indústria de sementes pelos oligopólios químicos globais e, mesmo sendo em grande parte limitadas ao setor de sementes, viabilizaram novas práticas agrícolas (plantio direto), acelerando a mecanização e a emergência do novo modelo de *megafarms* na produção de grãos (DEININGER; NIZALOV; SINGH, 2013; ETC GROUP: OLIGOPOLY..., 2005). Por outro lado, os movimentos e as tendências sociais, que frearam a sua maior difusão, foram portadores de forças mais fortes que afetaram diversos aspectos da demanda alimentar e dos atores mais articulados com essa demanda. Os novos padrões de demanda, que uniam o varejo, setores chaves da indústria alimentar, os atores em torno da saúde pública (políticos, cientistas) e movimentos sociais, convergiram em torno da valorização de produtos naturais, frescos, saudáveis e com conexões diretas com a agricultura e os agricultores, valores tidos como incompatíveis com os "transgênicos", sendo lançados por Monsanto e outras empresas agroquímicas (GOODMAN; DUPUIS; GOODMAN, 2014).

Enquanto esses movimentos sociais investiram na construção de circuitos alternativos que foram penetrando o *mainstream*, outros movimentos surgindo dos campos da nutrição e da engenharia de alimentação atacaram os males identificados como intrínsecos ao modelo da indústria alimentar e visível no aumento exponencial de doenças não transmissíveis, cardiovasculares, obesidade, diabetes e hipertensão (MONTEIRO; CANNON, 2012). Assim, confronta-se com um aparente paradoxo entre uma crescente reflexividade do consumidor e os efeitos das práticas cotidianos que favorecem *snacks* e pratos prontos. Em grande parte, isso traduz, também, numa polarização de dietas por renda e por padrões de vida cotidiana (OTERO; PECHLANER; GÜRCAN, 2015). A partir dos anos 1970, um consenso surge no campo nutricional sobre os efeitos maléficos dos principais ingredientes utilizados pela indústria alimentar tanto por razões funcionais quanto por questões de sabor — açúcar, sódio e óleos saturados. Órgãos internacionais — a FAO e a OMS — e Estados Nacionais do Norte e do Sul encampam essas conclusões e lançam diretrizes de dieta para orientar o consumo alimentar na direção dos valores preconizados pelos movimentos sociais — produtos frescos, naturais, orgânicos (FOOD-BASED..., 2022). E, importante, muitos países estabeleceram regulações incentivando uma redução no uso desses ingredientes — rotulagem de informação nutricional nos produtos — e estabeleceram metas e prazos legais para a sua redução (MOZAFFARIAN; ANGELL; LANG; RIVERA, 2018).

As grandes empresas alimentares e as suas organizações de classe gastam milhões de dólares em atividades de *lobby* para influenciar as políticas públicas de nutrição (IPES, 2017), mas, mesmo que tenham tido algumas vitórias, o teor das diretrizes alimentares, tanto das organizações internacionais quanto dos estados individuais, mantém-se hostil às práticas tradicionais da indústria.

Ao passar os olhos nos sites das empresas líderes, não importando o seu lugar predominante nas cadeias globais, pode-se captar a profundidade do reposicionamento linguístico. As empresas agroquímicas se apresentam como empresas das "ciências da vida"; as *tradings*, como empresas de insumos nutricionais, as empresas alimentares, como empresas de nutrição e saúde, e o setor de varejo, como empresas a serviço do consumidor. Compromissos com a sustentabilidade, o clima, produtos frescos, cadeias curtas, "*clean labels*" e condições dignas de trabalho perpassam todos os setores. Carrefour, a segunda maior empresa global do varejo, apresenta-se até como líder da "transição alimentar":

> Porque prestando atenção ao que está nos nossos pratos, além de questões de saúde e de bem-estar, tem um impacto direto sobre a saúde do nosso meio ambiente, água, ar, terra, animais e plantas também. Ao escolher alimentos saudáveis, produzidos localmente e com sustentabilidade, se torna possível combater o aquecimento global e promover a economia local. (WHAT..., 2018, s/p).

Como mencionado, "a virada da qualidade" como resposta à crise nos padrões de demanda a partir dos anos 1970 por parte das empresas alimentares, visava à segmentação de mercados e a diferenciação de produtos com base em estratégias de "inovação protelada", limitadas a modificações no final do processo produtivo. Em contraste, as noções de qualidade promovidas pelos movimentos sociais, respaldadas por regulações públicas e convenções globais, incluíam modificações mais a fundo no conteúdo dos produtos e igualmente nos processos produtivos, nos seus aspectos econômicos, sociais e ambientais ao longo da cadeia. A citação do Carrefour mostra como a agenda empresarial de qualidade foi atropelada pela combinação dessas pressões societais.

Para muitos estudiosos e organizações da sociedade civil, esse reposicionamento não passa de uma adaptação linguística sem efeitos reais nas práticas das empresas dominantes. Sem minimizar a inercia que a acumulação de competências organizacionais, mercadológicas e científico-tecnológicas exerce, nem as mudanças a partir dos anos 1980, que colocam muitas empresas sob a pressão maior dos acionistas, é importante avaliar em que medida a acolhida verbal desses valores se traduziu em novas práticas que podem ser identificadas nas prioridades de pesquisa, no organograma da empresa, em metas de sustentabilidade calculáveis, no conteúdo de produtos estabelecidos e no lançamento de novos produtos e serviços (HENDERSON, 2020).

Na questão da sustentabilidade e do clima, as pressões advindas da sociedade civil foram reforçadas por sucessivas metas de convenções globais — o Acordo de Kyoto, as Metas do Milênio, as ODGs, as COPs de Paris e Glasgow — cujo cumprimento exige novas capacidades em estudos, avaliações, na formulação de indicadores e de sistemas de monitoria, capacidades que se encontravam fundamentalmente no mundo das ONGs. Podemos ver aqui a endogenização dos valores éticos e estéticos que Boltanski e Chiapello identificam como característica do "novo espírito do capitalismo", na medida em que as empresas líderes criam departamentos de sustentabilidade e contratam quadros das ONGs ou do "mundo" de captação desses quadros. As empresas cotadas em bolsa agora precisam produzir Relatórios Anuais de Sustentabilidade que, para a sua credibilidade, exigem uma transição de discursos para metas. As grandes ONGs internacionais (Greenpeace, World Wildlife Fund, Forestry Stewardship Council, Oxfam) são contratadas para trabalhos específicos de elaboração de indicadores, de monitoria e de avaliação (PEREZ-ALEMAN; SANDILANDS, 2008). Assim, as relações entre empresas e sociedade civil em períodos anteriores caracterizadas apenas por conflito, se complexificam com a adição de colaborações como no Moratório da Soja entre as grandes *tradings* globais e a Greenpeace e os Amigos da Terra para controlar desmatamento na cadeia da soja (WILKINSON, 2011).

Mesmo sendo componentes frágeis e os primeiros alvos de cortes em tempos de contenção, os setores de sustentabilidade das empresas progressivamente deixaram de ser apêndices impostas, sendo possível identificar um processo de colonização por meio do qual as metas de sustentabilidade gradativamente permeiam o conjunto das atividades das empresas. Trata-se, naturalmente, de um processo desigual com destaque para empresas cotadas em bolsa e de grande visibilidade em relação ao consumidor final. Várias empresas globais ainda são de capital fechado (Mars, Cargill) e sujeito a menos regras de transparência; outras, situadas a montante nas cadeias, podem apostar mais na retórica do discurso e na sua menor visibilidade. Por outro lado, como indicamos, é notável como atores líderes em todos os elos da cadeia hoje destacam as suas credenciais de sustentabilidade. A chave aqui, talvez, seja a centralidade hoje do comprometimento em forma de metas que exigem sistemas de monitoria, viabilizada pelas técnicas cada vez mais sofisticadas de rastreamento de todos os elos das cadeias (PONTE, 2019).

Seria um erro, portanto, reduzir a posição das empresas líderes a respostas de tipo *green washing*. Mesmo respondendo cada uma à sua maneira, não se trata apenas de discursos nem de ações sociais desconectadas do dia a dia da empresa. Noções de sustentabilidade formatam as práticas das empresas e os seus sistemas de responsabilização. É importante, por outro lado, entender que as empresas estão, ou estavam, respondendo a uma agenda imposta. Assim, trata-se em grande medida de posições defensivas e sempre aquém das reivindicações advindas de diferentes segmentos da sociedade. Existe uma tensão entre os valores, os objetos e os atores que constituem um mercado e aqueles que se encontram excluídos desse mercado, ou negativamente afetados por ele. O conflito, nesse sentido, é intrínseco à formação de espaços econômicos e é central à sua dinâmica ao longo do tempo, e embora possam existir tréguas e acordos, os espaços permanecem antagônicos para o bem das duas arenas (CALLON, 1998; FLIGSTEIN, 2001).

Nem sempre as empresas se posicionam na defensiva e, sobretudo em momentos de avanços radicais na fronteira cientifica e tecnológica, agendas são recapturadas, como pode estar acontecendo no caso das inovações afetando as cadeias de proteína animal e a agricultura de clima controlado que serão examinados em mais detalhes em capítulos seguintes. Aqui, porém, queremos nos ater ao impacto das variadas pressões societais no desenvolvimento de produtos e nas prioridades de pesquisa sendo adotadas pelas empresas líderes.

Em termos de impactos sobre as suas linhas de produtos, a resposta inicial das empresas foi lançar linhas adicionais, do tipo, "livre de" (*free from*) ou "baixos níveis de" (*low*) focalizando os três ingredientes vistos como os grandes vilões da saúde individual e pública — açúcar, sódio e gorduras saturadas — e mais genericamente, também, visando à promoção de produtos mais baixos em calorias. Alergias ligadas a alimentos se tornaram igualmente uma preocupação chave, reforçada por regulamentações mais rigorosas, e a mesma estratégia "livre de" foi estendida a glúten nos cereais e a lactose na cadeia de lácteos. Em grande parte, essa resposta da indústria alimentar às críticas se encaixava na estratégia mais geral identificada anteriormente de limitar inovações às fases finais do processo produtivo (RAMA, 2008).

As desconfianças e críticas ligadas ao uso de aditivos incluem tanto ingredientes naturais sujeitos a processos industriais considerados danosos (hidrólise, hidrogenação) quanto a aditivos químicos (aos quais são associados, também, os resíduos químicos advindos de práticas agrícolas que dependem cada vez mais de defensivos, batizados como agrotóxicos pelos movimentos sociais). Mesmo sendo aprovados pela OMS, vários desses aditivos foram crescentemente vistos como fontes de doenças intestinais e de alergias, senão de doenças mais graves.

Quando a essas críticas foram acrescentadas reivindicações em torno do meio ambiente, do clima e da valorização do "natural", "fresco" e "local", respostas dentro dos limites das estratégias de inovação nas fases finais do processo produtivo se tornaram cada vez mais difíceis para as empresas líderes alimentares. Na segunda década do novo milênio essas noções mais abrangentes foram condensadas nas ideias de "*clean labels*" e "*whole foods*" (que se tornou o nome de uma cadeia nova de varejo nos Estados Unidos), amplamente acolhidas pelas empresas líderes (WILLIAMS, 2018).

Se as primeiras respostas foram limitadas à eliminação ou redução no uso dos ingredientes alvos de críticas, a abrangência das críticas e a aceitação da designação de *clean labels* levaram as empresas líderes à busca de substitutos naturais para os ingredientes e aditivos tidos como nocivos. As grandes *traders,* ADM, Bunge, Cargill, Dreyfus e novas empresas, como Ingredion, são também as principais fornecedoras de ingredientes para a indústria alimentar. Iniciou-se, assim, uma cooperação em pesquisa e na promoção de *joint ventures* entre as empresas alimentares e as *traders*, muitas vezes em parceria com as *startups* de *big data* e a biologia molecular e a biologia sintética na busca de ingredientes e aditivos alternativos. Como exemplo, a ADM, a Cargill e a Bayer, todas têm parceria com a Ginko Bioworks, empresa de biologia sintética, recém-lançada na bolsa e avaliada em US$ 15 bilhões, especializada na identificação de novas moléculas e que pretende ser a plataforma para o desenvolvimento desses produtos (REGALADO, 2021).

Quando falamos genericamente da indústria alimentar, incluímos o setor de bebidas, em que os "*soft drinks*" têm sido o alvo mais visado. A substituição do açúcar por HFCS, um xarope de milho de alto teor de frutose, foi a primeira resposta. Mais recentemente a Coca-Cola entrou em parceria com a Cargill e a empresa *high tech* Evolva Holding para aperfeiçoar o uso do adoçante natural Stevia (STANFORD, 2015).

Enquanto isso, pela primeira vez desde a consolidação da indústria alimentar nas primeiras décadas do século XX, uma nova geração de empresas começou a surgir contestando nichos, como a Ben & Jerry no segmento de sorvetes fundada em 1978, ou como a Hain Celestial, criada em 1993, contestando o conjunto das marcas líderes com base num amplo portfólio de produtos orgânicos e "naturais". A transformação da relação entre as empresas líderes e as pequenas concorrentes inovadoras pode ser apreciada a partir de uma comparação entre quatro gerações de empresas atuando nos segmentos de sorvetes e iogurtes — a Häagen Dazs, Ben & Gerry, Chobani, e Snow Monkey.[2] A Häagen Dazs surgiu, no bairro do Bronx, Nova York,

[2] As informações nesta seção foram conseguidas com base numa pesquisa de várias fontes na internet, incluindo as homepages das empresas e entradas na Wikipédia. A interpretação do seu significado é do autor.

em 1959, como estratégia para sobreviver à guerra de preços dos grandes players nos anos 1950 por parte de uma pequena empresa tradicional, Senator Frozen Products, criada por imigrantes da Europa Central nos anos 1920. Tratava-se de um produto "super premium", um sorvete denso com maior uso de *butter fats*, mas sem o uso de emulsificantes ou estabilizantes, com três sabores tradicionais — baunilha, chocolate e café. O nome, inventado e sem sentido, foi escolhido por sua evocação exótica da Escandinávia e especialmente da Dinamarca, país *par excellence* do leite. A Häagen Dazs conquistou o seu mercado loja por loja sendo vendida numa gôndola separada logo na entrada, e nos anos 1980 foi comprada pela Pillsbury (HÄAGEN-DAZS, 2021). Nesse intervalo, uma nova *startup*, Ben & Jerry, criado por *outsiders* ao setor estava concorrendo com a Häagen Dazs na categoria prêmio. Lançada numa loja própria, a marca foi promovida por *publicity stunts*, compromissos sociais (contra o uso do hormônio de crescimento, rBGH, apoio aos veteranos de guerra e às crianças) e uma forte identificação com os seus consumidores. A Pillsbury tinha tentado barrar a sua entrada na grande distribuição, mas recuou face à mobilização da base dos consumidores da Ben & Jerry. Em 2000, a Ben & Jerry foi comprada pela Unilever, mas com o compromisso de manter a sua identidade por meio de um Conselho Diretor independente. A General Mills, por sua vez, comprou a Pillsbury, e depois fundiu as suas operações na América do Norte com a Nestlé, que se tornou dona da Häagen Dazs. Por mais de uma década, o foco da Häagen Dazs foi na inovação do produto (sorvetes em barras, sabor "dulche de leche", o gelato). Crescentemente, porém, ela incorporou questões mais abrangentes — proteção às abelhas, eliminação progressiva de transgênicos, eliminação de colheres plásticas, bem como a proposta de reciclagem total até 2025. Unilever, em contraste, mantinha o perfil original da Ben & Jerry desde o início — alinhamento com o mundo do "Rock", campanhas para votar nas eleições, criação de marcas políticas, recusa de vender nos territórios palestinos ocupados, apoio a comércio justo e lançamento de opções "*non-dairy*" (BEN..., 2022). Tanto a Häagen Dazs quanto a Ben & Jerry foram criadas a partir de fundos próprios ou de família/amigos (o que chamaríamos hoje de *angel funds*), e o seu sucesso foi alcançado também com base em esforços próprios, sendo compradas por empresas líderes quando já tinham consolidado as suas marcas. As inovações foram introduzidas por *outsiders* e envolviam concepções de produto radicalmente novas bem como inovações em marketing, mas sem se basear em novos conhecimentos e tecnologias.

A Chobani, criada em 2005, também por um *outsider*, Hamdi Ulukay, um imigrante turco nos Estados Unidos, fez para o segmento de iogurtes o que Häagen Dazs e Ben & Jerry tinham feito para sorvetes. Baseado em conhecimentos próprios dos iogurtes da sua infância em Anatólia, mas agora com um financiamento formal da Small Business Administration Loan, Ulukay ocupou uma fábrica fechada da Kraft, incorporou seus antigos empregados, e lançou o seu iogurte grego, com textura e sabor radicalmente novos. O sucesso foi fulminante e o iogurte grego passou de 1% para 50% do segmento como um todo nos Estados Unidos entre 2007 e 2013. Depois de ter expandido para Australia e a Ásia, a Chobani conseguiu um aporte de US$ 700 milhões do Texas Pacífico Group (TPG), de *private equity* para construir uma nova fábrica, a maior do mundo, em Idaho. Em 2017, a Chobani já tinha superado Yoplait, a segunda maior produtora mundial de iogurtes (CHOBANI, 2022).

A Chobani se destaca por ter se tornado uma empresa líder global sem precisar ser adquirida por uma empresa líder estabelecida, uma possibilidade, dadas as novas formas de financiamento. Destaca-se, também, e nesse sentido segue uma trajetória iniciada por Ben & Jerry, por seu compromisso com causas sociais — apoio aos veteranos, emprego preferencial para refugiados, garantia de seis semanas de licença de maternidade, distribuição de ações aos empregados, publicidade em favor da comunidade gay — e o desenvolvimento de produtos *non-dairy* e vegan.

Em 2016, Chobani criou a Chobani Food Incubator, para ajudar novos entrantes no setor alimentar com financiamento não acionário e em 2018 acrescentou a Chobani Incubator Food Tecnology Residence, um programa que já ajudou uma série de *startups* (CHOBANI, 2022). Assim, nasce uma quarta geração de *startups*, mas agora debaixo do guarda-chuva de uma empresa que conseguiu uma posição de liderança por conta própria. Um exemplo é a *Snow Monkey* a *startup* criada no Centro Empresarial da Universidade de Boston e que foi considerada pelo CEO da Chobani de ter "o potencial de ser tão disruptiva para a categoria de sorvetes como Chobani foi para iogurtes" (CHOBANI, 2022, s/p). No âmbito da universidade, o produto, inventado artesanalmente pela atleta Rachel Geicke para compatibilizar indulgência com saúde e energia, beneficiou-se também dos *inputs* de *food scientists*. Na Universidade, a *startup* ganhou dois apoios no valor de US$ 21.000 e depois levantou uns US$ 40.000 num *Kickstarter* de *Crowdfunding* num prazo de 24 horas. Depois, foi acolhida pela Chobani no seu segundo programa de incubador. Em 2017, ela iniciou vendas em 10 lojas tipo "Mamas & Papas" que rapidamente aumentou para 250. Quatro anos mais tarde estava à venda em 3.500 lojas de Krogers, Albertsons, e Whole Foods. O futuro da Snow Monkey ainda está incerto e o período de covid-19 dificultou a consolidação da marca. Como nas outras gerações, a Snow Monkey foi criada por *outsiders* ao mundo corporativo das empresas líderes, mas muito integrada na nova infraestrutura tecnológica e financeira de apoio à inovação que inclui novas empresas líderes como Chobani (STENGEL, 2018).

Assim, nos segmentos de iogurtes e sorvetes, novas empresas, internalizando em várias combinações os valores estéticos e éticos que identificamos, conseguiram desafiar as líderes do setor e transformar tanto o perfil dos produtos quanto do comportamento empresarial. Outras firmas surgiram para desafiar os atores e os produtos dominantes tanto dentro do setor de lácteos quanto em outras categorias. Muitas delas foram adquiridas pelas empresas líderes, mas agora com o reconhecimento que a marca original e a sua imagem precisavam ser mantidas. Esse movimento acelerou a partir da segunda década dos anos 2000, com o surgimento da White Wave Foods no setor de lácteos em 2013, comprada em 2016 pela Danone (WATROUS, 2017). Outras *startups* compradas por empresas líderes incluíam a Bolthouse, que iniciou uma nova categoria de produtos *fresh packaged* (frescos embalados) bem como a Plum Organics pela Campbell famosa para as suas sopas; Annies, uma empresa de orgânicos e produtos naturais, junto com a Should Taste Good e Epic Provisions por General Mills; a Boulder Brands, uma empresa de comida natural, por Conagra; a Brookside e a Krave Jerkey por Hershey e Enjoy Life por Mondelez. Em todos esses casos, a proposta inovadora das empresas adquiridas foi reconhecida na manutenção em separado do gerenciamento e das marcas (LORIA, 2017).

A mais emblemática dessas firmas foi a Hampton Creek (e que permanece independente até hoje com o novo nome de Eat Just), que será discutida mais detidamente no capítulo 4. Fundada em 2011 com a apoio de Khosla Ventures e Founders Fund, a sua meta inicial foi desenvolver alternativas vegetais a alimentos que usavam ovos, com o alvo principal sendo o mercado de maionese dominado por Unilever. Os seus primeiros produtos foram lançados em 2013, *Beyond Eggs* e *Just Mayo*, levando a Unilever a contestar judicialmente o uso da palavra "*Mayo*". Subsequentemente, a Unilever desistiu do processo e lançou o seu próprio produto de maionese sem ovos.[3] Depois disso, a empresa centrou o seu foco em alternativas vegetais a carnes a serem analisadas no capítulo 4 (EAT..., 2022).

[3] Uma resposta irônica dada a origem da Unilever na inovação radical do produto margarina em substituição à manteiga.

A mais ambiciosa de todas essas firmas desafiadoras (*challenger firms*) foi a Hain Celestial criada em 1993 com o objetivo de oferecer uma alternativa "natural" e "orgânica" aos produtos das empresas líderes. Sem concorrentes, a Hein Celestial teve um crescimento fulminante de 12% ao ano com base numa estratégia da aquisição de empresas novas em cada nicho. Em poucos anos tinha um portfólio de 60 aquisições e um faturamento de US$ 2 bilhões, com 40% dessas vendas sendo internacionais. Foi nesse contexto que as empresas líderes começaram a reagir ao comprar as *startups* em vários nichos como indicado anteriormente. A entrada das empresas líderes nesses segmentos de "natural" e "orgânico", bem com as suas estratégias, que serão analisadas mais detidamente no próximo capítulo, de incubar *startups*, começou a minar as vendas e a rentabilidade da Hain Celestial, cujo futuro, agora com uma nova liderança, permanece incerto (HAIN..., 2022).

O sucesso das *startups*, e sobretudo da Hain Celestial, não teria sido possível sem as grandes transformações no varejo nesse mesmo período, com o surgimento de redes de supermercados, como Whole Foods nos Estados Unidos, pautadas nas novas tendências de consumo, identificadas pelas grandes consultorias de mercado, Neilson e Euromonitor e um sem-número de outras pesquisas no mesmo sentido.

Como exemplificado no caso dos transgênicos, as competências do varejo se concentram na sua capacidade de acompanhar a demanda e de articular a logística entre oferta e demanda, sem compromisso com cadeias de ofertas específicas. Ao mesmo tempo, existe um conflito permanente com o poder de oligopólio que as empresas líderes da indústria alimentar exercem sobre a oferta. A entrada de novos produtos que contestam as marcas dominantes abre uma oportunidade para o varejo reverter essa pressão. Por sua vez, o ecossistema de financiamento permite que as *startups* alcancem uma escala de operações e tenham fôlego financeiro para ocupar as gôndolas de redes de varejo nacionais e globais até emplacar as suas marcas. O *Just Mayo*, da Hampton Creek, nos Estados Unidos, discutido anteriormente, e a Fazenda Futuro, no Brasil, cujas carnes e peixes de proteína vegetal foram presentes em 12 mil pontos de venda em 2021, apenas dois anos após a sua criação, são apenas duas de centenas de outras empresas, tema a ser analisado no próximo capítulo. As plataformas virtuais estão também permitindo que as *startups* entrem em contato direto com o consumidor na forma de vendas online. Nessa modalidade, as *startups* podem evitar as negociações com o varejo, lançar a marca mais rapidamente, calibrar a oferta e fazer uma monitoria fina e dinâmica da evolução da demanda com oportunidades de *feedback* e ajustes *just-in-time*. Por outro lado, existem fortes barreiras financeiras para aparecer em posição de destaque nos sites de busca (PRICE, 2021).

Analistas apontam corretamente para a grande concentração do sistema agroalimentar que nitidamente foi se acelerando com a globalização. Chamam atenção também para a maneira em que as empresas líderes têm se adaptado a novas pautas de consumo ao modificar superficialmente os seus produtos e ao alinhar os seus discursos em conformidade com demandas de saudabilidade e/ou do meio ambiente. Apontam também para o aumento de doenças não contagiosas associadas a dietas pouco saudáveis decorrentes do consumo dos produtos da indústria alimentar. Mesmo assim, a nossa análise sugere que o conjunto das pressões advindas de movimentos sociais, ONGs, regulações e diretrizes governamentais, convenções internacionais, bem como o surgimento de uma nova geração de empresas pautadas nessas mesmas reivindicações, estão forçando transformações reais nas práticas das empresas líderes. Nesse sentido, podemos entender as novas estratégias das empresas líderes, pelo menos no início, como sendo reações defensivas levando-as a assumir essas diversas agendas mesmo a contragosto. Mas é possível também que, a partir das oportunidades abertas pelas novas fronteiras de inovação, essas empresas agora vislumbrem a possibilidade de apropriar essa agenda à sua maneira. Um indício disso é a construção de uma infraestrutura de capital de risco e de incubadoras/aceleradoras por parte das empresas líderes que será analisada no próximo capítulo. Por outro lado, vimos como a adoção dos transgênicos nos anos 1990 foi contestada, e a sua apropriação, limitada em grande parte ao setor de sementes e leveduras/enzimas. O futuro da onda atual de inovações e o grau em que elas serão incorporadas nos produtos e serviços do sistema alimentar são incertos e ainda não passaram pelo crivo de uma demanda cada vez mais criteriosa e mobilizada.

# CAPÍTULO 2

## UM NOVO PADRÃO DE INOVAÇÃO NO SISTEMA AGROALIMENTAR

No primeiro capítulo, concluímos que a nova agenda que se impõe no sistema agroalimentar nasceu de uma combinação de pressões advindas da sociedade civil, da comunidade científica, de regulamentações governamentais e de novas empresas entrantes na indústria alimentar. As empresas dominantes inicialmente se limitavam a pequenas adaptações e à incorporação de aspectos do discurso dessa agenda. Hoje, porém essas empresas estão abraçando inovações mais radicais de produtos com base no conjunto dos novos avanços científicos e tecnológicos e apropriando a agenda agroalimentar à sua maneira.

Podemos apreciar a originalidade da atual onda de inovação se a comparamos com as duas grandes inovações que sacudiram o sistema agroalimentar no século XX. É importante reconhecer, no entanto, que existe uma continuidade entre as três ondas no controle crescente de processos biológicos e genéticos. Na primeira onda tratava-se de uma combinação de técnicas de melhoramento de plantas e animais com a crescente influência do enfoque mendeliano na identificação de genes individuais como responsáveis para características especificas. A partir dessa base, o Governo dos Estados Unidos, junto com a Fundação Rockefeller, desenvolveu programas de cooperação com o México nos anos 1940 para o desenvolvimento de variedades de alto rendimento de milho e de trigo quando plantadas com irrigação, fertilizante sintético, e defensivos químicos. As mesmas técnicas foram aplicadas na Ásia nos anos 1960, agora no contexto da Guerra Fria, tornando países como Índia e Paquistão autossuficientes e até exportadores desses grãos, na mesma forma do México uma década e meia antes. Os resultados no continente africano foram menos exitosos devido à má adaptação das variedades e à falta de infraestrutura e de capacidades humanas. Só a partir dos anos 1970 foram desenvolvidas variedades de arroz mais adaptadas. A difusão dessas inovações exigia infraestrutura física (irrigação, estradas, eletricidade), melhoristas e extensionistas, e sistemas de crédito para a compra dos insumos. Para essa finalidade criou-se o International Maize and Wheat Advancement Center (CIMMYT), no México, e o International Rice Research Center (IRRI), nas Filipinas. Essas iniciativas foram promovidas pelos setores públicos dos diferentes países liderados pelos Estados Unidos e agindo em parceria com as Fundações Ford e Rockefeller. Como subproduto, porém, surgiu um setor privado de sementes baseado no sigilo industrial das técnicas de hibridização — a Pioneer, nos Estados Unidos, a Limagrain, na França e a Agroceres, no Brasil —, todas dedicadas à produção e comercialização de híbridos de milho (BRINEY, 2020; GLAESER, 2013).

Existe muita discussão sobre o grau em que o enfoque genético de Mendel substituía ou combinava com as práticas dos melhoristas de plantas, mas na comunidade acadêmica a abordagem genética se impôs definitivamente com a decifração do DNA nos anos 1950 e mais ainda com a identificação das funções de genes individuais, bem como a capacidade nos anos 1970 de transferir e expressar genes de uma espécie para outra (CHARNLEY; RADICK, 2012). Os eixos da inovação a partir daí foram as universidades e as empresas *startups* de acadêmicos se tornando empresários com o apoio de capital de risco. Patentes dos processos de engenharia genética substituíram o sigilo industrial em relação às sementes híbridas e à proteção das variedades outorgada aos melhoristas (Upov). Por um breve período, parecia que essas *startups* podiam se tornar as vedetes da nova geração de sementes e produtos agrícolas transgênicos, mas os problemas de escala e as limitações do novo ecossistema financeiro de capital de risco levaram à sua aquisição pelas grandes empresas do setor de sementes e do agroquímico. O seu domínio das técnicas de engenharia genética e o fato de as aplicações mais promissoras baseadas na capacidade de transferir e expressar apenas genes individuais serem resistência a ervas daninhas e pestes levaram à aquisição também das empresas independentes de sementes, mesmo as líderes nacionais como a Pioneer e a Dekalb, nos Estados Unidos, e a Agroceres, no Brasil, pelas grandes do agroquímico, a Monsanto, a Dupont, a Bayer e a Basf. Em contraste com a Revolução Verde capitaneada pelo setor público, são essas empresas privados que definiram as prioridades da era dos transgênicos (FUKUDA-PARR, 2007; JUMA, 1989; KENNEY, 1988; SHURMAN; KELSO, 2003).

Face às enormes transformações em produtividade trazidas pela Revolução Verde na América Latina e na Ásia, as críticas iniciais focalizaram mais nos seus impactos sobre a concentração da produção agrícola em grandes monoculturas a consequente concentração agrária e a expulsão de pequenos produtores. Com a sua consolidação, os efeitos negativos da integração da agricultura nos circuitos de crédito/débito e mais tarde os impactos nocivos dos insumos químicos para os produtores agrícolas e para o meio ambiente foram destacados. Hoje o termo "Revolução Verde" virou a marca de tudo que é criticável na modernização agrícola. A oposição à Revolução Verde veio de forças ligadas ao meio rural e focalizou os impactos sobre a agricultura, em forte contraste com a oposição dos transgênicos, que mesmo envolvendo forças "rurais" foi e continua sendo fundamentalmente um movimento urbano focalizando a sua inaceitabilidade do ponto de vista do consumidor (PATEL, 2012).

Essas duas ondas de inovação tinham, como protagonistas, atores, públicos no primeiro caso e privados no segundo, ligados ao mundo rural e empenhados em transformar as condições da oferta agrícola sem colocar em questão o conteúdo dessa oferta. Ambas as ondas continuam, com a extensão da Revolução Verde à África por um lado e propostas de estender os benefícios dos transgênicos para questões de segurança alimentar, como no caso do arroz dourado que insere um gene para combater a deficiência em vitamina A (DUMALAON, 2015). Nos anos 2000, em continuidade com a tradição da Revolução Verde, é a Gates Foundation que substitui a Fundação Rockefeller como a grande financiadora (MALKAN, 2020). Um artigo recente, publicado por pesquisadores chineses da Academia Chinesa de Ciências, propõe a extensão da Revolução Verde à soja com base nos novos avanços em genômica e edição genética (LIU *et al.*, 2020). Não se deve ignorar que a rápida resposta da China às reformas de Deng Xiaoping, a partir de 1978, foi em grande parte viabilizada por uma "revolução verde" doméstica promovida pela China ao longo da década anterior (AGLIETTA; BAO, 2013).

A onda de inovação que surge na virada do milênio, por outro lado, mesmo que transborde para o rural, é fundamentalmente urbana. Não é a transformação da agricultura que está em questão, mas do alimento cujas ligações com a agricultura, aí incluída a pecuária, apresentam-se como o problema principal. Nos termos do nosso livro *From Farming to Biotechnology*, estamos face a uma radicalização sem precedentes dos processos tanto de apropriacionismo (produção de alimentos em clima controlado) quanto de substitucionismo industrial (proteína celular e fermentação de precisão). O novo ecossistema de inovação, em fase apenas embrionária nos anos 1970, agora está plenamente institucionalizado, composto de *startups* de acadêmicos/empresários, apoiadas por capital de risco e *corporate capital*, com financiamento de fundos de investimentos, fundos de *private equity* e fundos soberanos no valor de bilhões de dólares, capazes de levar uma *startup* por todas as etapas de *funding* até alcançar uma escala comercial de operações em tempo recorde (SEXTON, 2020; ZIMBEROFF, 2021).

Ao mesmo tempo, essa onda de inovação disruptiva no sistema agroalimentar faz parte de um novo ciclo tecnológico, transformando a economia como um todo, liderado pela digitalização de *big data, machine learning,* robotização e inteligência artificial (KNELL, 2021). Desde a introdução dos transgênicos, a genética se tornou cada vez mais integrada na tecnologia de *big data* que permitiu a decifragem do genoma tratado agora como mais um código sujeito às técnicas da digitalização. Assim, surgiram novas técnicas para editar o código genético (CRISPR), e identificar e expressar características genéticas específicas com maior precisão do que as técnicas dos anos 1970, podendo, também, prescindir da introdução de material genético exógeno (ISAKSON, 2014). No limite, abre-se para a construção de componentes do DNA a partir da biologia sintética. A digitalização da biologia molecular permite o rastreamento de bilhões de microrganismos e proteínas na busca de propriedades funcionais, gustativas, aromáticas e nutritivas para os novos produtos que concorrem com a proteína animal e marinha de todos os tipos (TAO *et al.*, 2021).

Inovações dessa envergadura, sobretudo quando lideradas pela digitalização, não deixam de atingir todos os aspectos do atual sistema agroalimentar e incentivam a criação de uma miríade de *startups* que prometem revolucionar as práticas agrícolas, os sistemas de logística e na outra ponta os serviços alimentares de restauração e entregas ao domicílio.

No caso da agricultura, trata-se de uma nova geração de instrumentos e máquinas — sensores, drones, tratores inteligentes — para captar informações de todos os tipos — preços, produtividade, clima, níveis de infestação, umidade e condições do solo — e processá-las com software da *big data* e inteligência artificial em tempo real. Nessa maneira, as *mega farms* que surgiram a partir dos transgênicos podem ser gerenciadas agora com a precisão e a intimidade que antes era a vantagem de pequeno produtor. Assim, a chamada agricultura de precisão é *tailor-made* para o gerenciamento mais eficiente de grandes propriedades e oferece a perspectiva imediata de maior eficiência e uma baixa nos custos de produção. Podemos esperar, portanto, um processo rápido de adoção a depender da disponibilidade de infraestrutura de conectividade. Não é de surpreender que grande parte das *startups*, e crescentemente as grandes empresas do setor de insumos e maquinaria agrícola, bem como as grandes empresas de *big data*, dedicam-se à produção de software visando a essas inovações de processo que tendem a reforçar o modelo dominante (MAGNIN, 2016; TANTALAKI; SOURAVLAS; ROOMELIOTIS, 2019; WOLFERT *et al.*, 2017).

Mesmo assim, existem grandes conflitos a serem negociados em torno da propriedade e do uso dos dados. Nesse processo, o segmento de tratores inteligentes transformados em escritórios móveis, bem como as suas empresas líderes, com destaque para a Deere, assume uma posição estratégica na digitalização da agricultura ao orquestrar o conjunto de máquinas e instrumentos agrícolas num futuro internet das coisas (IoT). Na Inglaterra, uma safra amostra de cevada foi plantada e colhida sem o uso de mão de obra (FEINGOLD, 2017).

Médios e grandes produtores que podem até acumular capital em tempos de bons preços, ressentem o poder econômico do setor de insumos químicos e genéticos e a sua capacidade de reapropriar esses ganhos em aumentos de preços. Ao mesmo tempo, muitos desses produtores estão mais conscientes dos estragos decorrentes do uso de agrotóxicos. Pesquisas recentes identificam esforços de aumentar a autonomia da atividade agrícola por meio do desenvolvimento de alternativos na forma de bioinsumos, produzidos nas próprias propriedades ou por associações de produtores (SALVIANO, 2021; WILKINSON; PEREIRA, 2018). Nisso são apoiados por sistemas públicos de extensão rural, de cooperação com entidades de pesquisa pública e de *startups* com software de gerenciamento. Em resposta, as empresas líderes, além de produzir novas gerações de transgênicos, avançam na produção de pacotes de bioinsumos e de software para viabilizar o mercado de sequestro de carbono e práticas sustentáveis (BAYER..., 2021). Assim, mesmo as grandes empresas a montante da agricultura se sentem pressionadas pelas mobilizações sobretudo ambientais contra o modelo agrícola dominante e não podem mais se limitar a discursos de eficiência e produtividade.

Numa onda de inovações tão abrangente quanto a atual não é de surpreender que todos os elos da cadeia sejam profundamente afetados. Onde essas tecnologias de alguma forma já estão sendo difundidas e onde as suas aplicações diretamente afetam a eficiência, elas são rapidamente adotadas pelos líderes incumbentes, como na incorporação de sistemas de *blockchain* na logística da comercialização e rastreamento de commodities agrícolas por parte de todas as *traders* (BERMAN, 2018).

Já caracterizamos as transformações no agroalimentar como uma segunda domesticação, em que não são mais os macrorganismos — sejam plantas ou animais — que estão em jogo, mas os microrganismos — genes e moléculas —, portadores das qualidades variadas pleiteadas por demandas sociais, e indicadas por diretrizes dietéticas. A demanda de ingredientes e aditivos, mesmo sendo o alvo também das indústrias de primeiro processamento, que por sua vez se confundem com as *traders*, já levou ao surgimento de um setor especializado de empresas, como International Flavour & Fragrances, Roquette e Ingredion (INGREDION, 2021). Agora, as técnicas de rastreamento e prospecção molecular estão viabilizando a criação de uma nova geração de *startups high tech*, como Ginko Bioworks e Evolva Holding, já mencionadas, especializadas na prospecção de moléculas, ou das dezenas de *startups* de fermentação de precisão, ou ainda das *startups* de biologia sintética capazes de criar proteínas e enzimas, todas se tornando o objeto privilegiado de *joint-ventures* e de cooperação por parte dos atores líderes nos elos da cadeia que vão desde as *traders* até a indústria alimentar.

O setor do varejo foi o mais revolucionado pela difusão da informática que, como já vimos, estabeleceu a grande distribuição como o novo ator hegemônico no sistema como um todo (LAWRENCE; DIXON, 2015). Com o advento da internet, esse setor viu a entrada na distribuição alimentar dos grandes *players* de vendas online — Amazon, Alibaba, 3D (PRAUSE; HACKFORT; LINDGREN, 2021). No período mais recente, o grande varejo teve que enfrentar outro desafio estrutural — o aumento no consumo de alimentos fora da casa ou de alimentos consumidos, mas não feitos, em casa e a expansão do setor de serviços alimentares. A covid-19 atingiu em cheio o segmento de restauração e acelerou uma reorientação para *home delivery*, tanto de restaurantes individuais quanto de cadeias de fast-food. Inspirado nos modelos de plataformas como Uber, todo um novo setor de *startups* de entrega doméstica tem surgido e rapidamente passa por um processo de concentração. Ao mesmo tempo, *startups* e restaurantes, muitas vezes em parceria com chefes conhecidos, criam modalidades de serviços envolvendo receitas e kits de comidas semiprontas. A própria fragmentação desse setor abre oportunidades para o surgimento de todo um ecossistema de *startups* (LEE; HAM, 2021; REARDON *et al.*, 2021).

Assim, todos os segmentos do sistema agroalimentar estão sendo profundamente transformados pelo encontro entre as demandas sociais pressionando para mudanças e as oportunidades/ameaças que o conjunto das novas tecnologias apresenta. No entanto, o que destaca a onda atual de inovação são os esforços de modificar radicalmente o conteúdo dos alimentos bem como as suas condições de produção. Portanto, concentramos a nossa atenção nas transformações na indústria alimentar, tanto no surgimento de uma geração de empresas dedicada à criação de uma base alimentar radicalmente nova quanto nos esforços das empresas líderes de se apoderarem desse movimento.

Se, nas décadas de 1970 e 1980, o sistema de apoio financeiro à consolidação de *startups*, como Calgene e Agrigenetics, foi frágil e embrionário, permitindo a sua rápida incorporação pelas empresas líderes do setor, hoje existe um ecossistema maduro de financiamento na forma de capital de risco capaz de sustentar uma *startup* durante todo o seu ciclo de vida até se lançar como empresa na bolsa. Embora existam políticas públicas em muitos países para apoiar a criação de *startups*, ou "pequenas e médias empresas", hoje predomina dinheiro próprio, sistemas de *crowdfunding*, mas, acima de tudo, o que se chama investidores "angel", indivíduos que se dedicam a fornecer um apoio financeiro inicial, com ou sem contrapartida acionária (BERNARDI; AZUCAR, 2020). A Food Tech, consultoria que rastreia globalmente todo esse ecossistema de inovação no *agrifood*, calcula que, no fim de 2019, havia em torno de 980 desses investidores *angel* apoiando *startups* no setor. Outro mecanismo institucional desse ecossistema que assume cada vez mais importância são as entidades, muitas vezes *corporate players*, calculadas pela Food Tech em 240, que assumem o papel de aceleradores de *startups*, um tipo específico de incubador, que se dedica à produção de um plano de negócios a ser apresentado em fases subsequentes de financiamento. As empresas de capital de risco, por sua vez, especializam-se na identificação de *startups* promissoras, na mobilização do apoio de fundos de investimentos e no seu subsequente acompanhamento nas fases sucessivas de financiamento. Juntos, calcula-se que havia 3.260 dessas empresas/fundos operando no *agrifood*. E finalmente foram identificadas até o final de 2019, algo em torno de 260 corporações investindo nesse ecossistema (THE FORTUNE..., [2021]).

Todos esses dados estão em permanente revisão na plataforma interativa desenvolvida pela Food Tech, e o número de *startups* no *agrifood* já tinha chegada a 8,6 mil quando consultado em fevereiro de 2022, com aumentos similares também para os outros atores. Outra plataforma, Tracxn, que serve mais de 850 investidores (por subscrição), e se declara uma das maiores do mundo, contava com 10.909 *startups* também em fevereiro de 2022. O ecossistema tem sido dominado pelos Estados Unidos, como é o caso das *startups* em geral, mas hoje se tornou global, com um crescimento, sobretudo na Ásia, que é certamente subestimado (EMERGING..., 2022).

O sistema de financiamento via capital de risco prevê um ciclo de vida de em torno de sete/oito anos desde a inicial rodada de *seed money* até o lançamento público da empresa via IPO ou aquisição. A sequência de rodadas, cada uma visando às metas e aos prazos claros, condicionada, também, no cumprimento das metas e prazos da rodada anterior, amarra o financiamento numa forma que permita a rápida identificação de fracassos e garanta um "exit", via IPO ou aquisição, para as bem-sucedidas no tempo previsto para remunerar o capital internalizado na forma de *equity* (LERNER; NANDA, 2020).

A indústria alimentar é tratada na literatura econômica como um setor de baixa intensidade tecnológica e de inovação apenas incremental. Mesmo as empresas líderes gastam muito pouco em P&D (2% do faturamento), mas muito mais em marketing (15%), o inverso sendo o caso para empresas de alta tecnologia (RAMA; WILKINSON, 2019). No ano 2018, as empresas alimentares líderes norte-americanas gastaram US$ 6,8 bilhões em P&D enquanto a média anual de investimento que as *food tech startups* receberam entre 2010-2019 foi em torno de US$ 6,5 bilhões (Forward Fooding, 2021). (FOODTECH REPORT, 2021) (https://assets.website-files.com/6230ef177f605541ad130549/62313d13b7b0b53772e6e24d_FoodTech-2021.pdf). Calcula-se que apenas um terço dos lançamentos de produtos por parte das empresas líderes podem ser considerados inovações e não simplesmente um reposicionamento de produtos existentes. Isso explica o surgimento de uma nova geração de empresas que analisamos no capítulo anterior apostando no poder disruptivo de inovações numa série de categorias alimentares. Por outro lado, os estudos de Ruth Rama *et al.* têm mostrado que a indústria alimentar é uma grande usuária de inovações vindas de outros setores — enzimas e leveduras das empresas de biotecnologia, ingredientes e aditivos da indústria química, embalagens da petroquímica, bem como de um leque de processos industriais (RAMA, 2008). Assim, mesmo não sendo uma grande geradora de inovação, a indústria alimentar sempre se mostrou sensível às possibilidades de inovação e se tornou também uma grande usuária dela. É nesse contexto que podemos avaliar continuidades e rupturas no posicionamento das empresas líderes alimentares frente ao novo fenômeno das *food tech startups.*

O Relatório da FoodTech para o período de 2014-2019 (REPORTS..., 2020) divide as *food techs* em oito categorias que são discriminadas na Tabela 1, que segue por número de empresas e por porcentagem relativa de investimentos:

Tabela 1 – Categoria, número e porcentagem do valor das *food techs*, 2014-2019

| Categoria | Nº de empresas | % do valor |
|---|---|---|
| Ag Tech | 1.521 | 21% |
| Food Delivery | 889 | 48% |
| Food Safety & Traceability | 233 | 2.3% |
| Next Generation Food & Beverages | 1.210 | 10% |
| Consumer Apps e Services | 584 | 5% |
| Food Processing | 165 | 3% |
| Kitchen & Restaurant Technology | 396 | 7.5% |
| Waste Management | 350 | 2,5% |

Fonte: FoodTech Report, 2020

Segundo o Relatório, o setor de *agtech* que trata essencialmente dos diversos componentes de agricultura de precisão é o segmento mais maduro e começou nos Estados Unidos a partir dos anos 1980. Portanto, não é de surpreender que haja um maior número de empresas. O relatório destaca o peso dos investimentos do segmento de entrega ao domicílio onde o processo rápido de concentração, que obedece ao modelo de negócios de plataforma, estilo Uber, levou a financiamentos de vulto para bancar IPOs e aquisições. Mas o relatório chama atenção especial para o número de empresas na categoria "*next generation food and beverages*" em rápido crescimento e para o montante do seu financiamento, 10% do total, igualmente em rápida ascensão.

Uma outra fonte importante de dados e análise desse ecossistema, a Agfunder, desempenha a dupla função de investidora no mundo das *agritechs* e, com base na sua plataforma digital com 85 mil inscritos, tem se tornado uma referência para acompanhar os desenvolvimentos no setor. No seu relatório anual publicado em 2021, a Agfunder (AGFUNDER, 2022), apresenta um resumo sucinto do setor durante a segunda década dos anos 2000 e uma análise detalhada, também discriminada por categoria[4], do desempenho do setor em termos do número e valor dos financiamentos, o peso relativo das diferentes macrorregiões, as principais *agritechs* envolvidas bem como as suas

[4] A discriminação por categorias se torna um pouco confusa na medida em que o relatório oscila entre a opção inicial por 15 categorias para depois apresentar tabelas com apenas 6 e outras com 11. Mais confusa ainda é a divisão das 15 categorias em duas categorias amplas de *upstream* e *downstream*, em que *innovative foods* são situados *upstream*, contrariando grande parte da literatura acadêmica que os situam como *downstream*, com base na distinção entre atividades antes e depois da atividade agrícola.

financiadores e eventuais compradores. No seu resumo histórico do financiamento do setor, que compreende os anos 2014-2020, o valor acumulado chega a US$ 107 bilhões, ou seja, em torno de US$ 15 bilhões ao ano, muito mais do que o dobro dos US$ 6,8 bilhões dedicados a P&D pelas empresas líderes norte-americanas de alimentos em 2018. Os Estados Unidos se mantêm de longe o país individual mais importante em número e valor de acordos, mas é responsável por menos de 50% desses acordos globalmente.

Tabela 2 – Número e valor de investimentos por país. Primeiros 15 países

| País | Valores (bilhões) | Número de investimentos |
|---|---|---|
| Estados Unidos | 13.2 | 815 |
| China | 4.8 | 115 |
| Índia | 1.8 | 164 |
| Reino Unido | 1.1 | 133 |
| França | 0.660 | 39 |
| Israel | 0.482 | 57 |
| Canada | 0.407 | 130 |
| Colômbia | 0.359 | 12 |
| Indonésia | 0.339 | 30 |
| Alemanha | 0.307 | 38 |
| Holanda | 0.249 | 27 |
| Finlândia | 0.225 | 11 |
| Japão | 0.208 | 62 |
| Irlanda | 0.196 | 18 |
| Cingapura | 0.195 | 41 |

Fonte: Agfunder, 2021

O universo de atores e os valores transacionados nesse ecossistema de inovação em *agrifood* — desde as *startups*, os investidores tipo *angel*, as empresas de capital de risco até os fundos variados de investimento, que incluem fundos soberanos — mesmo que seja apenas uma fração desse novo ecossistema, em que os valores sob o gerenciamento de empresas de capital de risco somente nos EUA foram avaliados em US$ 450 bilhões em 2020 (LERNER; NANDA, 2020) — são muito maiores do que os investimentos advindos das empresas líderes da *agrifood*. Podemos imaginar, no entanto, que as corporações tradicionais do setor são as principais beneficiárias dos resultados desses investimentos na forma de aquisições, no momento de "*exit*" via lançamentos na bolsa ou aquisições. Para o ano 2020, a Agfunder apresenta uma seleção das principais "*exits*", e, dos 19 casos analisados, apenas 3 aquisições foram feitas pelas atuais firmas líderes — uma cada pela Coca-Cola, Pepsi Cola e Nestlé.

No entanto, já vimos no capítulo anterior que uma das estratégias das empresas líderes é adquirir novas *startups* que já se firmaram no mercado. Grande parte do crescimento dessas empresas a partir dos anos 1970 resultou de aquisições, com as líderes se tornando gerenciadoras de marcas (RASTOIN *et al.*, 1998). Mas qual é a sua posição em relação ao novo ecossistema de inovação que delineamos acima? É importante nesse sentido qualificar a nossa discussão da inovação em relação à indústria alimentar. Vimos que ela se caracteriza predominantemente pela baixa geração de inovação própria e por um foco em inovações incrementais, mas por outro lado é um grande usuário e difusor de inovações (ALFRANCA; RAMA; TUNZELMANN, 2005). Grande parte da indústria alimentar nasceu a partir da transformação de tecnologias artesanais em produção de grande escala para uma população num rápido processo de urbanização.

A história da indústria alimentar é ao mesmo tempo pontuada por inovações radicais de produtos que definem o perfil das empresas inovadoras. As duas líderes, durante grande parte do século XX, Nestlé e Unilever, nasceram de inovações radicais de produtos, associadas, no primeiro caso, ao leite em pó e ao leite condensado e, no segundo, à produção de margarina (e sabonete), a partir de gorduras e óleos para concorrer com a manteiga (GOODMAN; SORJ; WILKINSON, 1987; WILSON, 2022). A Kellogg's, com os seus *corn flakes,* seria outra empresa inovadora no início do século XX. Menos conhecida, mas hoje com um alcance global e faturamento em torno de US$ 4 bilhões mesmo se mantendo como uma empresa privada familiar, é a Rich Products, que nasceu a partir de uma inovação radical de produto, um creme de chantilly feito da soja que, diferentemente do produto original, derivado do leite, podia ser congelado sem modificar as suas propriedades e se encaixava na explosão de produtos *frozen* nos anos 1950 nos Estados Unidos (RICH..., 2022). Assim, periodicamente, em momentos de grandes transformações, surgem empresas que têm a inovação radical na sua certidão de nascimento.

O que distingue o momento de hoje é que não se trata de inovações individuais de produtos, mas de um esforço de milhares de atores, em grande parte independentes das estruturas atuais do sistema agroalimentar, de refundar o sistema alimentar à luz dos variados desafios socioambientais e geopolíticos globais descritos na introdução e no capítulo anterior. Esse processo é fortemente conflituoso com atores poderosos interessados em ajustes apenas parciais e determinados a manter o seu poder econômico. No entanto, o conjunto desse novo ecossistema de inovação pende para soluções mais radicais, e as grandes empresas incumbentes já estão cientes disso e se reposicionando em torno das novas pautas (COYNE, 2022; LORIA, 2017).

Todas as quatro empresas que mencionamos agora — Nestlé, Unilever, Kellogg's e Rich Products — já fazem parte do novo ecossistema com as suas próprias empresas de capital de risco, a Nestlé e a Unilever desde o início do novo milênio. Tanto a Kellogg's como a Rich Products estão investindo em proteínas alternativas, e a Rich se tornou investidora estratégica na firma de capital de risco da Dao Foods International da China cuja meta é investir em 30 *startups* de proteína alternativa. A *Food Engineering* publica anualmente a lista das primeiras cem empresas de alimentos e bebidas. Como podemos ver a partir da Tabela 3 a seguir, todas as primeiras 12 empresas por faturamento têm as suas empresas de capital de risco e/ou investem diretamente em *food startups.*

Tabela 3 – As 12 empresas líderes de alimentos e bebidas, em 2021, e envolvimento no novo ecossistema de inovação

| Empresa | Ano | Capital de Risco/ Investimento |
|---|---|---|
| PepsiCo Inc | | Pepsi Cola Ventures Group |
| Nestlé | 2002 | Inventages Venture Capital |
| JBS | 2019 | Investimento Direto |
| AnHeuser-Busch InBev | | ZX Ventures |
| Tyson Foods | | Tyson Ventures |
| Mars | | Seeds of Change Accelerator |
| ADM | | ADM Ventures |
| The Coca-Cola Company | | The Bridge |
| Cargill | | Cargill Ventures |
| Danone | | Danone Manifesto Ventures |
| Kraft Heinz Company | | Evolve Ventures |

Fonte: *Food Engineering*, 2022 (COSTA, 2022, s/p)

Numa rápida pesquisa nas demais empresas dessa lista das primeiras cem, e que inclui a Unilever, antigamente número 2 e hoje 17, foi possível identificar mais 11 empresas que tinham um envolvimento direto no ecossistema.[5] Um outro levantamento por *Just Food* atualizado até janeiro de 2022, que não se limita a essas empresas, contabiliza 29 empresas (THE BEST..., 2022). Todas essas listas são muito incompletas. Não inclui, por exemplo, a Chobani que discutimos no capítulo anterior, e que criou uma incubadora com a seguinte missão:

> A incubadora Chobani é um programa para firmas que estão enfrentando os sistemas alimentares quebrados para trazer comida melhor para mais gente. Além de investimento, oferecemos às *startups* acesso a nossa rede e às nossas competências para poder aumentar a escala das suas operações e alcançar um crescimento significativo. (CHOBANI, 2022, s/p).

Diferentemente de outras empresas que criam incubadoras e aceleradoras ou investem em *startups*, a Chobani não assume uma posição acionária nessas firmas.

O envolvimento das empresas alimentares e de bebidas cobre o espectro das opções previamente indicadas no ecossistema. Unilever, que criou o seu braço de capital de risco em 2002 e tem quatro fundos diferentes, já fez 125 investimentos em *startups*, 13 desses especificamente visando atender demandas de diversidade (firmas que têm como fundadoras mulheres e/ou afro-americanos). Vinte e três dessas firmas chegaram a "*exit*", ou seja, foram adquiridas (não necessariamente por Unilever), e/ou lançadas publicamente. Em 2014, a Unilever Foundry foi criada, uma incubadora visando formar futuras colaboradoras com a empresa, e a Unilever declara estar em contato com mais de 2,5 mil *startups* (UNILEVER..., 2022).

A maioria das empresas criou os seus braços de capital de risco a partir de 2016, como a Danone, cujo mote é "a ideia é de abraçar a mudança", e que já fez investimentos em 14 *startups*. O braço de investimento do Grupo alemão Katjes, líder no setor de confeitaria, chama-se Katjesgreenfood e se especializa em alimentos alternativos. A Kraft Heinz lançou o seu fundo de investimento, Evolve Ventures, em 2018 com o intuito, segundo *Just Food*, "de investir em firmas tecnológicas emergentes que visam a transformação da indústria alimentar" (COYNE, 2022a). Outras empresas, como Barilla e Hain Celestial, focalizam os seus investimentos exclusivamente em *startups* que podem ser eventualmente incluídas em seus portfólios ou que podem trazer benefícios para o núcleo duro dos seus negócios.

---

[5] Pesquisa feita nos sites das próprias empresas.

Das empresas líderes de carnes no Brasil, que analisaremos em mais detalhe nos capítulos 4 e 6, a BRF participou numa rodada de investimento na empresa israelense de carne celular, Aleph Farms; a Minerva criou um fundo de capital de risco para investir em *startups* diretamente relacionadas ao seu núcleo duro de negócios; e a JBS adquiriu a empresa espanhola de carne celular, a Biotech Foods, e planeja investir US$ 100 milhões numa nova planta na Espanha e num centro de P&D no Brasil para carne cultivada (POINSKI, 2021). Tanto a BRF quanto a JBS estão investindo, ao mesmo tempo, pesadamente no segmento de carnes baseadas em plantas.

Esse envolvimento das empresas líderes de alimentos e bebida é um fenômeno global. Já mencionamos a participação da Rich Products no fundo de capital de risco e da empresa chinesa Dao Foods. Outro exemplo seria o Thai Union Group, dono da marca de atum John West, que criou o seu fundo em 2019 para "apoiar firmas inovadoras que estão desenvolvendo tecnologias disruptivas em alimentos", e visa especialmente às proteínas alternativas e já investe em proteínas de insetos, peixes e carnes a partir de células (COYNE, 2022b).

Assim, podemos concluir que o que eram iniciativas excepcionais tomadas pelas duas empresas líderes fortemente identificadas, desde a sua criação com inovações disruptivas, Nestlé e Unilever, no início dos anos 2000, já se tornaram o novo normal para o conjunto das empresas líderes de alimentos e bebidas. Algumas empresas, como Chobani, Kraft Heinz e o Thai Group, visam à promoção de transformações de fundo no sistema alimentar pela promoção de proteínas alternativas, outras, como a Barilla e Hain Celestial, focalizam no esforço de captar os sinais de inovação radical que afetam diretamente os seus negócios. Mesmo assim, estamos longe das estratégias limitadas a imitar inovações bem-sucedidas se apoiando numa estrutura mais poderosa de distribuição, logística e marketing, ou a de adquirir essas empresas quando o seu sucesso é confirmado.

Hoje, as empresas líderes reconhecem que elas enfrentam um novo ecossistema global de inovação que abrange todos os aspectos do sistema alimentar e buscam soluções alternativas mais do que melhorias em eficiência ou novos produtos meramente adicionais que podem ser incorporados no portfólio. Tanto em termos do número dos atores envolvidos quanto nos montantes de recursos financeiros mobilizados, não se trata de uma dinâmica que pode ser controlada pelos líderes tradicionais do sistema alimentar. Nos últimos cinco anos, o que a Nestlé e a Unilever tinham percebido desde o início do novo milênio, e que agora o setor como um todo reconhece, é a necessidade de participar ativamente na prospecção das inovações que vão transformar o setor como um todo e penetrar nos detalhes do funcionamento de cada segmento específico (COYNE, 2022b; GELLER, 2017).

Como já indicamos, o setor alimentar chega tarde para se integrar nesse novo ecossistema de inovação. Houve uma participação relevante nos anos 1980 no boom inicial das novas biotecnologias, mas isso se limitou ao setor químico/genético a montante. O capital de risco tem sido associado às ondas sucessivas da computação, da internet e das finanças desde os anos 1960, acelerando a partir dos anos 1980, quando mudanças na interpretação da legislação permitiram a participação dos fundos de pensão. Existe já uma literatura extensa examinando as implicações desse modelo para a dinâmica de inovação. Num artigo publicado em 2021, Lerner e Nanda sintetizam boa parte dessa literatura. Ao citar Puri e Zarutskie, eles destacam que, embora apenas 0,5% das firmas nos Estados Unidos é beneficiaria de capital de risco, 56% de todas as empresas que se lançaram na bolsa entre 1995-2018 e ainda estiveram vivas em 2019 tinham recebido capital de risco. Mesmo que a vocação das empresas de capital de risco seja de identificar precocemente futuros campeões que talvez tivessem se consolidado de qualquer forma, é difícil não pensar com base nesses dados que elas influenciam também o desempenho das firmas em que investem.

Com a globalização desse ecossistema e a maior facilidade de criar *startups* via *crowdfunding*, investidores *angel*, ou mesmo pela proliferação de programas públicos de apoio à inovação e às pequenas e médias empresas, o capital de risco evolui da busca exclusiva para a *startup* que vai se transformar num unicórnio, valendo US$ 1 bilhão, para uma estratégia de *spray and pray* (difunde amplamente e reza para resultados) — de distribuir o financiamento inicial em forma mais generosa na esperança de que uma ou outra *startup* se destaque. Para Lerner e Nanda, a lógica de capital de risco é se concentrar naqueles setores em que a tecnologia já está conhecida e, portanto, a viabilidade do plano de negócios pode ser rapidamente avaliada. Assim, serviços que se baseiam em programas de software são privilegiados, mas setores em que a viabilidade técnica e as possibilidades de escala são mais incertas, mesmo que sejam setores de alto retorno social, como energia alternativa, podem não receber o financiamento de que precisam. No caso do setor de *agrifood*, isso explica o montante de recursos investidos em empresas de logística e de entrega a domicílio, mas não explica os grandes investimentos em tecnologias ainda altamente especulativas como proteína celular.

Além da perspectiva de altos retornos, num curto prazo de tempo, que motiva grande parte do capital de risco, deve se levar em conta o peso de capital de risco e fundos de investimento *mission oriented* ou de "impacto", em que existe um compromisso com objetivos sociais e ambientais e caracteriza uma parte importante dos fundos dedicados a *agrifood startups*. A maior firma de capital de risco europeia dedicada à agricultura e alimentos, o Astanor Ventures, com um fundo de US$ 325 milhões, tem como um dos seus fundadores Eric Archambeau (ARCHAMBEAU, 2021), que foi se preocupando com a agricultura e os alimentos a partir da sua participação na Fundação Jaime Oliver, o chef inglês alinhado com questões socioambientais e de saúde em torno dos alimentos (FROM FARMERS..., 2022). A Astanor Ventures investe em *startups* da agricultura vertical, de proteínas de insetos e de sensores agrícolas para acompanhar a saúde das plantas visando reduzir a dependência em insumos químicos. Outros fundos *agrifood*, entre muitos, orientados a transformar o sistema alimentar à luz dos desafios socioambientais incluem Osparie Ag Science, com um fundo de US$ 125 milhões, Agroecology Capital, com US$ 100 milhões, e Shift Invest (em colaboração com o acelerado Start Life), com EUR 70 milhões (GROW..., 2022).

A entrada dos fundos soberanos de países ricos em capital, mas pobres em recursos naturais (China, Cingapura, Oriente Médio), fortalece essa orientação para soluções radicais que minimizam os inputs tradicionalmente associadas com o *agrifood* — a água e a terra (AGUILAR, 2021).

No entanto, o ciclo de vida de investimentos de capital de risco é tipicamente entre 7 e 10 anos, o que não necessariamente coincide com a maturidade tecnológica e de escala das inovações mais radicais em torno, por exemplo, de proteínas alternativas ou de agricultura vertical cuja viabilidade técnica de produção em escala ainda está em questão. A crescente concentração do setor de capital de risco e dos seus recursos em torno de umas poucas empresas promissoras, tendências identificadas por Lerner e Nanda (2020) podem prejudicar o desenvolvimento dessas alternativas se houver algumas decepções no caminho.

No caso de proteínas alternativas, por exemplo, tanto os prazos longos quanto a magnitude do desafio colocam em dúvida as possibilidades de uma transição sem grandes investimentos públicos. Por outro lado, a influência política dos interesses agroalimentares tradicionais provavelmente limitaria o engajamento de políticas públicas em inovações de ruptura, sobretudo em países de tradição agroexportadora. No entanto, a nossa análise neste capítulo mostra que o ecossistema de inovação em *agrifood* se tornou muito mais abrangente do que o mundo das grandes corporações, e que estas estão sendo induzidas a participar nesse sistema para manter as suas posições nos vários mercados agroalimentares e para evitar ser ultrapassadas pelas ondas de inovação em curso (COYNE, 2022b).

Se as políticas públicas estão tendo um papel de coadjuvante na promoção de inovações disruptivas, as suas regulações e diretrizes em torno do papel dos alimentos na saúde pública já estão pressionando o conjunto do setor a rever o conteúdo dos seus produtos. A Organização Mundial da Saúde (OMS) apela para que a indústria alimentar reduza o uso de açúcares livres, sódio e gorduras e defende a regulação pública como a melhor forma de alcançar esse objetivo (HEALTHY..., 2020).

A indústria alimentar, por sua vez, diretamente a partir das suas empresas líderes ou por meio das suas inúmeras associações, faz um lobby contínuo e intenso para impedir medidas regulatórias — seja em torno de metas de redução, de sistemas de *labelling* transparente (vermelho = taxas altas, laranja = taxas médias, verde = taxas baixas), e mesmo contra o uso de terminologia clara, como açúcares adicionados em contraposição à noção ambígua de açúcares totais. O funcionamento desse lobby é particularmente notável na União Europeia, sobretudo no caso do açúcar. Um estudo do Corporate European Observatory, de 2016, identificou 61 grupos de lobby que, juntos, gastam EUR 21,3 milhões por ano para influenciar a política da União Europeia e usá-la contra países da União que ousam introduzir medidas regulatórias. A sua influência ficou evidente na conclusão da European Food Standards Authority (EFSA), de que não houve comprovação científica da relação entre níveis de consumo de açúcar e obesidade (ADDED..., 2022). Esse lobby também usa regras de comércio para penalizar países terceiros que ousam introduzir legislação limitando o uso do açúcar, como no caso do México, que precisava pagar em torno de 100 milhões de dólares após taxar a importação de bebidas que continham HFCS (ERS/USDA, 1999).

Esse lobby, por outro lado, é combatido por ONGs, como a CEO já mencionada, a belga, Beuc (2015), e outras organizações em defesa do consumidor muito atuantes na Europa que produzem análises detalhadas dos seus esforços para capturar o processo regulatório, e encontra oposição também no Parlamento Europeu. Os refrigerantes e os lanches cujo consumo ameaça particularmente as crianças mobilizam muito a opinião pública e levam a medidas de controle da publicidade e de proibição das suas vendas em ambientes escolares (WHITE, 2017).

As empresas líderes globais conseguem influenciar as políticas na Europa e nos Estados Unidos, diluindo e retardando medidas e promovendo parcerias públicas e privadas voluntárias em vez de regulações e impostos. Mesmo assim, a força do seu lobby depende da plausibilidade das suas alternativas. Inicialmente a sua posição foi de rebater a OMS ao argumentar que era uma questão de calorias, e não de açúcar, que o problema era a dieta como um todo, e não produtos individuais, e que a obesidade podia ser combatida mais eficientemente por meio de exercícios, o que levou a indústria a ser uma grande patrocinadora dos esportes.

Em seguida, as empresas líderes reconheceram a necessidade de uma redução, mas condicionava isso à possibilidade de encontrar reformulações dos produtos sem prejudicar as suas propriedades gustativas. A Nestlé aceitou a definição de "açúcares adicionados" e estabeleceu metas de redução desses açúcares em 5%, sódio em 10% e gorduras saturadas também em 10%. Entre 2017 e 2020, nos seus próprios cálculos, a Nestlé removeu 60 mil toneladas de açúcar, uma redução de 4.5%; 10 mil toneladas de sódio, apenas 3,8%; e alcançou a meta de 10% no caso de gorduras saturadas (ROUSSET, 2022).

Obesidade, no entanto, está rapidamente se tornando uma doença global, bem como as enfermidades que lhe são associadas, como a diabetes e os problemas cardiovasculares, com impactos similares nos países do Norte em relação aos gastos com a saúde pública. As empresas globais podem atingir países terceiros quando se trata de comércio internacional, como vimos no caso do México, mas quando se trata da produção das suas filiais nesses mercados a situação se torna mais difícil. A Nestlé, nesse mesmo comunicado, aponta para a sua reformulação de uma série de produtos: os biscoitos McKay Museo no Chile onde o açúcar foi substituído por ingredientes naturais e o óleo de palma com girassol; a diminuição de 30% de açúcar nos produtos Nesquick; a diminuição de 15% de sódio no caso de Maggi Table Light vendido na Costa de Marfim, com a meta de reduções parecidas em todos os seus produtos Maggi na África Ocidental e Central (NEO, 2019; REDUCING SUGARS..., 2022).

O caso da Tailândia é muito instrutivo nesse sentido onde um imposto sobre o açúcar foi introduzido em 2017, seguindo o "Plano de Ação Global para a Prevenção e Controle de Doenças não comunicáveis" da OMS, publicado em 2015 (WTO..., 2013). Em 2021, mais de 50 países tinham introduzido impostos no consumo de açúcar, que estava rapidamente se posicionando como o novo tabaco que sofreu medidas similares com bastante sucesso (RALPH..., 2021). Em resposta às medidas introduzidas na Tailândia, a Nestlé investiu US$ 6,6 milhões e mobilizou três dos seus centros de P&D para produzir a primeira versão global sem sucrose da sua bebida achocolatada, Milo, com o mesmo preço do produto convencional. Subsequentemente, a Nestlé introduziu esse produto em outros países. A Suntory-PepsiCo respondeu na mesma maneira ao introduzir uma versão do seu chá Lipton com redução de açúcar desenvolvido exclusivamente para o mercado da Tailândia (PEPSICO..., 2021).

A Unilever, que desenvolve os chás Lipton em parceria com a PepsiCo, também abraçou a posição da OMS expressa no Plano de Ação Global para a Prevenção e Controle de Doenças não comunicáveis (GAP) de 2010, de reduzir o uso de açúcar, do sódio, das gorduras saturados e mais geralmente o número de calorias ingeridas. Na gestão de Paul Polman como CEO a partir de 2010, a Unilever lançou o seu "Plano para uma Vida Sustentável" e, no seu Relatório de 2020, calculou que 61% dos seus produtos estavam alinhados com as recomendações da OMS (SEYMOUR, 2017). Incentivada pelas metas estabelecidas pelo governo brasileiro de baixar o consumo de sal de 12 para 5 gramas por dia per capita, a Unilever lançou a sua marca Knorr com zero sal, primeiro no Brasil, para depois estender a outros países. A Unilever calculou que, no caso do sal, 77% dos seus produtos em 2020 já se enquadravam nas recomendações da OMS, com metas de aumentar essa porcentagem para 85% até 2022. No caso do açúcar adicionado (uma caracterização que a empresa também acatou), a Unilever já tinha baixado a sua porcentagem nos chás em 23% (contra a meta de 25%) e previu que em 2025 teria baixado a presença desses açúcares, para 5 gramas per 100 mililitros em 85% dos seus produtos. A empresa também se comprometeu a reduzir o uso de gordura trans para 2 gramas per 100 gramas em 2022, mas não especificou metas em relação a gorduras saturadas. Da mesma forma que a Nestlé, a Unilever enfatizou que a substituição e/ou a redução somente seriam possíveis a partir de investimentos em P&D para manter as características gustativas dos produtos (UNILEVER, 2020).

Para a indústria não se trata simplesmente de reduzir e/ou de eliminar esses ingredientes, porque os seus efeitos gustativos são tão importantes quanto as suas qualidades funcionais. Nessa ótica, a reformulação dos produtos só se torna viável ao encontrar outros ingredientes com as mesmas características, sobretudo gustativas, sob o risco de perder esses mercados para as concorrentes. Assim, essa busca de alternativas está aproximando a indústria alimentar do setor de ingredientes e os dois às *startups* que se especializam na prospecção de moléculas com o apoio de *big data* e biologia sintética. Nesse sentido, as políticas regulatórias, tanto quanto a necessidade de reagir face à onda de inovações vindas das novas *startups*, estão empurrando as empresas para a adoção de estratégias mais radicais de inovação (UNILEVER..., 2022).

A indústria alimentar não está sendo desafiada apenas em torno do conteúdo dos seus produtos. As pressões vêm igualmente da contribuição do setor para as emissões de efeito estufa, e as empresas alimentares vêm sendo responsabilizadas pelas emissões nas suas respectivas cadeias de suprimento. A Unilever foi uma das primeiras empresas a se comprometer com as emissões decorrentes do desmatamento para o fornecimento de óleo de palma nas plantações da Indonésia e foi uma das protagonistas na criação da Mesa Redonda para Óleo de Palma Sustentável (RSPO), em 2008. Foi igualmente uma instigadora da Declaração das Florestas de Nova York em 2012, assinada pela maioria das empresas e governos envolvidos na cadeia de óleo de palma e que tinha como meta eliminar a deflorestação das suas cadeias até 2020 (SEYMOUR, 2017).

O catalizador dessa movimentação foi um estudo da Greenpeace (2007), *Cooking the Climate*, publicado para coincidir com a Conferência de Mudança Climática das Nações Unidas (COP13) em Bali, Indonésia, mostrando a responsabilidade das grandes *traders* e empresas de alimentos e produtos de consumo na destruição das florestas e das terras de "*peat*" (turfa), pela abertura de plantações de óleo de palma. Em resposta, a maioria das *traders* e empresas, como a Unilever, a Kellogg's e a Colgate, comprometeram-se com a meta de zero deflorestação. O governo da Indonésia introduziu uma moratória para novas concessões, e a Câmara de Comércio da Indonésia se juntou às *traders* para formar o Compromisso do Óleo de Palma da Indonésia (Ipop). Em 2015, houve uma onda de fogos devastadores nas florestas e terras de turfa com prejuízos calculados em US$ 16 bilhões e com uma estimativa de 100 mil mortes prematuras por causas respiratórias. Num ambiente de recriminações, as ONGs internacionais foram culpabilizadas e o Ipop desfeito (POYNTON, 2016).[6]

No seu segundo estudo *Still Cooking the Climate*, reavaliando esta questão em 2017, (p. 9), o Greenpeace concluiu:

> A maior ameaça às florestas na Sudeste Ásia vem de companhias de plantações de pequeno e médio porte e de grupos como *Gama/Ganda, Samling* e *Salim*, esse último que se rela-

[6] Como veremos no capítulo 6, reações parecidas, atiçadas pelo Governo Bolsonaro, vieram do setor da soja no Brasil em reação aos movimentos paralelos de "desmatamento zero" nos Cerrados e na floresta amazônica.

> ciona com a *Indofood* da Indonésia. Esses grupos frequentemente têm fortes laços aos governos da Indonésia e Malásia, ou têm posições de destaque na RSPO, e parecem poder usar as suas conexões para minar os esforços de empresas progressistas para reformar a indústria.

Ao mesmo tempo, o Greenpeace constatou que as grandes *traders* e as empresas de produtos de consumo ainda recebiam óleo de palma de áreas recém-desmatadas e à luz disso desfez as suas atividades de colaboração com as empresas, como Unilever, Mondelez e Wilmar, para criar um sistema de monitoria (TOP..., 2019).

Mesmo assim, a Unilever tem se destacado pelos seus compromissos em torno da sua pegada de carbono. As suas metas incluem a redução das suas emissões operacionais em termos absolutos em 70% até o ano 2025 quando comparadas com as emissões de 2015, de alcançar emissões zero em suas próprias operações até 2030, e de chegar a "net zero" emissões em 2039. A Nestlé, por sua vez, compromete-se a reduzir pela metade as suas emissões de gases de efeito estufa até 2030 e de alcançar "net zero" emissões em 2050 (OUR..., 2022).

O desempenho de ambas as empresas foi sujeito a severas críticas por parte do New Climate Institute (NCI) na sua avaliação de 25 empresas globais em vários setores. O estudo aponta a falta de uma definição de metas específicas de redução das emissões, critica a inclusão nos cálculos de ganhos alcançados no uso dos seus produtos que podem ser o resultado da descarbonização de outros setores, como da energia, e chama atenção pela ambivalência da Unilever em torno de inclusão do mecanismo de *offsetting*, em que emissões são compensadas por ações ou créditos em relação a atividades de terceiros, muitas vezes constituindo uma forma de "*green washing*".

É importante notar aqui que as empresas líderes do setor alimentar, longe de agir de forma impune ou simplesmente de se amparar no seu poder econômico, são permanentemente contestadas por um conjunto diversificado de medidas e de atores que abrange: novos entrantes no setor alimentar, regulações e diretrizes governamentais, ONGs globais e locais, atores que focalizam a saudabilidade dos seus produtos, atores preocupados com as suas pegadas de carbono, bem como as variadas reações dos consumidores e dos movimentos sociais associados.

Como se isso não fosse suficiente, empresas como a Unilever precisam lidar com acionistas cada vez mais ativistas. Quando Paul Polman assumiu a posição de CEO da Unilever, em 2010, ele avisou aos acionistas que não iria produzir Relatórios trimestrais de desempenho e que a empresa estava comprometida com uma visão de geração de valor a longo prazo numa forma sustentável e recomendou que quem não concordasse com essa política sacasse o seu dinheiro da empresa. No mesmo dia as ações da empresa caíram 6%, com perdas calculadas em US$ 2,2 bilhões. Foi nesse mesmo ano, como indicado, que a empresa lançou o seu "Plano para uma Vida Saudável" (HENDERSON, 2021).

A pressão de investidores ativistas pode vir de perspectivas opostas. No caso da Unilever, alguns têm atacado a empresa precisamente pelo seu foco "ridículo" em sustentabilidade; outros por não avançar suficiente na redução de ingredientes, como açúcar adicionado, sódio e gorduras. O poder dos acionistas ficou claro na rejeição em 2019 da proposta de Polman de transferir a sede da Unilever para Rotterdam para evitar tentativas hostis de aquisição (*hostile takeover bid*) como a da Kraft-Heinz, controlada por empresas de *private equity* cujo foco é lucratividade no curto prazo, o oposto da opção da Unilever (KC, 2018).[7]

Neste capítulo, revisitamos as duas principais ondas de inovação impactando o sistema agroalimentar no século XX, a revolução verde e os transgênicos, para destacar a originalidade da onda de inovações advinda dos avanços da digitalização e da sua convergência com a genética molecular que ganha velocidade e amplitude a partir dos anos 2000 e atinge o setor agroalimentar em cheio, sobretudo na segunda década do novo milênio. Diferentemente das ondas anteriores, o principal foco não é mais a agricultura, embora também esteja visada, mas o alimento e os principais atores, regra geral, não são parte do mundo do agro, ou quando são, identificam-se com o lado do consumo. As preocupações que impulsionam essas inovações são os desafios de alimentar uma população global e urbana, e o ponto de partida é a percepção que o sistema atual está quebrado, ou por seus impactos ambientais, climáticos e de saúde, ou por ser um setor atrasado e maduro para a aplicação de tecnologias disruptivas.

Esse sistema de inovação se compõe de milhares de *startups*, centradas inicialmente nos Estados Unidos e impulsionadas por empresas de capital de risco que se especializam em guiar os passos iniciais dessas *startups* e alavancar financiamentos de um enorme mundo de fundos de investimentos, de *private equity* e de fundos soberanos. As empresas líderes do sistema

[7] Por outro lado, a Unilever já fez três propostas em 2022, todas rejeitadas, para adquirir os negócios de saúde da GlaxoSmithKline, e parece que a empresa, hoje com a maioria das suas vendas fora do eixo Europa/Estados Unidos, está priorizando a sua divisão de produtos não alimentares de saúde e bem-estar (SILVA, 2022).

agroalimentar participam, nesse vasto ecossistema de inovação, com as suas próprias entidades de capital de risco, suas incubadoras e aceleradoras, bem como criam fundos de investimento de apoio às *startups*. Por mais poderosas que sejam, porém, essas empresas não lideram essas inovações e só com bastante atraso estão se ajustando proativamente, cada uma à sua maneira, às transformações em curso, sob a pressão dos diferentes grupos de atores que foram analisados neste capítulo.

Os dois próximos capítulos são dedicados a duas rotas de inovação que melhor captam a radicalidade das transformações em curso no sistema agroalimentar — a agricultura vertical (ou agricultura de clima controlado) e as alternativas à proteína animal. No primeiro caso, ao completar o processo de apropriação do conjunto das atividades rurais da agricultura inclusive a energia do sol, trata-se do traslado por inteiro da agricultura para condições tipicamente industriais e urbanas. No segundo caso, trata-se de uma substituição igualmente radical de proteína animal para vegetal, e vegetal para insetos, para fungi e para células. Existem muitos debates e apreciações distintas sobre a viabilidade técnica e econômica dessas inovações, bem como sobre os prazos de esses produtos se tornarem *mainstream*. A análise nesses capítulos leva em conta essas considerações, mas focaliza prioritariamente os atores e os investimentos sendo mobilizados, discriminando por tipo de produto, tipo de ator e tipo de mercado, no intuito de avaliar o peso dessas tendências em curso. Analisamos também as reações a essas inovações, seja por parte de setores econômicos afetados, seja por parte dos consumidores de vários tipos. E finalmente, analisaremos as políticas públicas e as regulações que essas inovações radicais estão suscitando.

# CAPÍTULO 3

# A AGRICULTURA ALCANÇA OS CÉUS: A AGRICULTURA DE CLIMA CONTROLADO E A AGRICULTURA VERTICAL

Ao discutir a inovação no capítulo anterior, focamos nas duas grandes ondas de inovação do século XX — a revolução verde o os transgênicos —, para situar as transformações radicais em curso no sistema agroalimentar. A industrialização das atividades agrícolas, no entanto, se iniciou muito antes no século XIX, primeiro na Europa e mais tarde nos Estados Unidos. Conhecimentos empíricos sobre o solo levaram ao surgimento de uma protoindústria de fertilizantes na forma de aplicações de ossos moídos (vindos inclusive dos cemitérios das guerras napoleônicas no continente europeu), e guano, esterco de pássaros, das ilhas pacíficas do Peru. Com a identificação científica dos nutrientes do solo por Liebig (uma contribuição que, segundo Karl Marx, valia mais do que todas as contribuições dos economistas da época!), surgiu uma indústria de fertilizantes na Europa, substituindo as atividades agrícolas de pousio, onde as terras foram periodicamente deixadas sem plantar e/ou sujeitas a queima, outro método, para repor os nutrientes do solo. A Haber-Bosch síntese de amônia foi desenvolvida para produzir nitrogenados, primeiro na Alemanha, pela BASF, e depois na Inglaterra, pela empresa inglesa ICI, já mencionada em relação à proteína unicelular, que dominou a indústria de fertilizantes durante grande parte do século XX (FOSTER, 1999).

No outro lado do Atlântico, foi a mão de obra que mais faltava para desbravar a fronteira agrícola do meio oeste americano, e em consequência a sua primeira fase da industrialização passava pela mecanização apropriando industrialmente o trabalho agrícola pela criação de máquinas e instrumentos para todas as fases do ciclo agrícola. A partir de 1830, John Deere, um ferreiro por profissão, lançou um arado de aço que se tornou um grande sucesso e, no século seguinte, liderou a criação da indústria de tratores. A J. I. Case (hoje, Case New Holland, CNH, Global) estabeleceu o segmento de máquinas a vapor para debulhar os grãos nos anos 1860 e mais tarde introduziu as colhedeiras. Ambas as empresas hoje lideram o desenvolvimento da agricultura de precisão a partir dos seus tratores e máquinas "inteligentes" (GOODMAN; SORJ; WILKINSON, 1987).

Assim, as indústrias de fertilizantes e máquinas agrícolas se desenvolveram em forma separada, inclusive geograficamente no seu início, ao transformar atividades agrícolas em industriais, deixando o agricultor para gerenciar essa nova combinação de custos e de práticas. Para essas indústrias, a agricultura se tornou um simples mercado para os seus produtos. A partir dos anos 1930, com a difusão das técnicas de hibridização e de melhoramento genético, surgiu um setor público de venda de sementes e uma nova indústria privada, inicialmente quase exclusivamente de sementes de milho, criando mais uma geração de produtos industriais para o que milenarmente foram atividades desenvolvidas na granja, aumentando ainda mais os custos e as decisões que o produtor precisava tomar (KLOPPENBERG, 1988).

O uso de pesticidas ou defensivos agrícolas já foi praticado pelos Sumérios cerca de 7 mil anos atrás, e, ao longo dos anos, várias substâncias têm sido aplicadas — mercúrio, arsênio e nicotina. Foi apenas nos anos 1940, porém, que uma indústria de pesticidas surgiu baseada em produtos da química orgânica, em torno da descoberta das propriedades do, agora banido, DDT, originalmente desenvolvido para combater malária nas florestas asiáticas durante a Segunda Guerra Mundial. A partir daí insumos químicos para a agricultura foram progressivamente se desdobrando em vários segmentos — inseticidas, herbicidas e fungicidas (BROWN, 1970).

A industrialização da agricultura, portanto, pode ser entendida como um processo sucessivo de transformações das atividades agrícolas em mercados industriais com cada segmento visando aumentar as suas vendas. Inicialmente, o gerenciamento da propriedade agrícola que se industrializava ficou fundamentalmente a cargo do agricultor, uma responsabilidade atenuada parcialmente pelo desenvolvimento de sistemas públicos de extensão rural ou assistência técnica de equipes de agrônomos que aconselharam as melhoras práticas, incluídas aí os novos produtos industriais. A revolução verde marcou o primeiro esforço de desenvolver padrões de produção agrícola baseados numa visão integrada dos diferentes insumos industriais, o que deu origem à sua caracterização com "o pacote agrícola" (PEARSE, 1980). Com a incorporação da indústria de sementes no setor agroquímico a partir dos anos 1980, foi o setor privado que veio a oferecer o seu "pacote" aos agricultores (JOLY; DUCOS, 1993).

No setor de grãos, que neste livro nos interessa especialmente por ser a principal fonte de rações para proteína animal, um tema que nos ocupa centralmente nos próximos capítulos, a introdução dos transgênicos foi acompanhada pela adoção de um novo sistema de "plantio direto", eliminando as tarefas de preparação do solo e de controle de ervas daninhas. Isso, por um lado simplificou importantes aspectos do gerenciamento da propriedade como o recrutamento e a supervisão de mão de obra. Por outro lado, permitiu aumentos muito grandes nas escalas de produção, o que complexificou o manejo dos insumos, a negociação dos mercados e o financiamento da produção que exigiu também a participação em mercados de futuro, e *hedging* (WILKINSON; PEREIRA, 2018).

Esse ambiente favoreceu o surgimento de novos *players*: 1) megaprodutores agrícolas capazes de agir a montante e a jusante da cadeia; 2) empresas agrícolas cotadas na bolsa ou apoiadas em fundos de investimento; e 3) empresas especializadas no gerenciamento do conjunto das atividades agrícolas para os produtores agrícolas que se tornaram simples donos da terra, vivendo agora de rendas. Onde essa opção não se viabiliza, essas empresas compraram as terras e se aproximaram às empresas da categoria 2. Já, no capítulo anterior, referimo-nos a esse fenômeno da criação de *mega farms* com empresas gerenciando centenas de milhares de hectares, frequentemente apoiadas por fundos de investimento especializados (GRAS; HERNANDEZ, 2013).

É nesse contexto, com início nos anos 1990, que o conjunto das novas tecnologias de digitalização converge na promoção de uma "agricultura de precisão" a partir de instrumentos de captura de dados (sensores) e software para o seu tratamento, muitas vezes incorporando *machine learning* e inteligência artificial (MONTEIRO; SANTOS; GONÇALVES, 2021). Depois de um processo histórico de apropriações sucessivas de todas as atividades agrícolas, inicialmente uma por uma e depois em pacotes, as empresas avançam para oferecer serviços que efetivamente apropriam todas as informações geradas pela agricultura, terceirizando o próprio gerenciamento. Isso permite um controle minucioso de propriedades de dezenas de milhares de hectares, com informações em tempo real das condições tanto da produção como do mercado. O controle sobre essa informação dá enorme poder econômico às firmas de *big data* (Google, IBM), que entraram nesse mercado, e se tornou o objeto de intensas negociações e de conflitos, bem como de iniciativas alternativas ao explorar os benefícios de agricultura de precisão para as cooperativas e os pequenos produtores (UNDP, 2021).

Mas, exatamente quando parecia que as incertezas que acompanhavam a agricultura desde o seu início estavam em vias de domesticação, a própria natureza se tornou de uma imprevisibilidade inédita. O controle e a gestão minuciosa de dados e de informação são impotentes frente às secas prolongadas, às chuvas intensas e às inundações agravadas pelo assoreamento de rios, bem como a aceleração de eventos climáticos extremos. Ao mesmo tempo, o crescimento econômico, populacional e a urbanização se deslocaram para regiões do mundo onde os recursos agrícolas sempre foram escassos, estão se tornando escassos, ou estão sendo mais castigados pela crise climática. É nesse contexto que devemos situar os investimentos e os atores promovendo a agricultura de clima controlado e a agricultura vertical.

Os esforços de controlar os efeitos do clima na produção de plantas são muito antigos. Vários relatos começam com a recomendação do médico do Imperador romano Tibério, para que ele ingerisse um pepino todos os dias. O desafio de dispor de pepinos no inverno levou a invenção de um sistema de controle ambiental da produção aparentemente bem-sucedido segundo o relato do Plinio, o historiador romano (PARIS; JANICK, 2008). No século XV, na Coreia, existe uma descrição detalhada de sistemas de calefação em ambiente controlado para produzir vegetais no inverno (YOON; WOUDSTRA, 2007). Nesse período, estufas começaram a ser construídas na Itália para produzir frutas exóticas e plantas medicinais. Essa moda se difundiu para a Holanda, Inglaterra e outros países da Europa do Norte a partir do século XVII, e os reis e a nobreza concorreram para construir as suas "*orangeries*" ou "jardins botânicos". A partir da revolução industrial, a produção mais barata de ferro e de vidro (e o fim dos impostos sobre janelas), levou à construção de grandes edifícios de vidro, onde cabiam até arvores, e as *green houses*, ou *glass houses*, tornaram-se accessíveis para a classe média. Sistemas de hidroponia foram experimentados a partir dos anos 1920 e foram amplamente utilizados pelo exército inglês para suprir as tropas em regiões de clima adverso (CRUMPACKER, 2019). A hidroponia só se tornou uma opção comercial nos anos 1960, com o uso de polietileno, ao produzir tipos de plástico em substituição ao vidro para as instalações. O polietileno é usado também para proteger diretamente as plantas, em substituição à prática tradicional de *mulching* ou cobertura morta, em que o solo é protegido do sol e das intempéries por vários tipos de material seco — turfa, cavacos de madeira ou mesmo esterco da galinha (JENSEN, 2022).

A plasticultura foi inventada por E. E. Emmert, um especialista em horticultura da Universidade de Kentucky nos Estados Unidos, no final dos anos 1940 como alternativa mais barata ao vidro. Hoje *plastic farming* para verduras, frutas e flores já ocupa um espaço central na agricultura em muitos países. Na Holanda, existem 4 mil empresas de *greenhouses* com mais de 9 mil hectares da área plantada, que empregam 150 mil trabalhadores e faturam EUR 7,2 bilhões. Em Almeria, na Espanha, são 31 mil hectares com uma produção de 3,5 milhões de toneladas/ano exportadas para quase todos os países da Europa. O Marrocos, por sua vez, tem algo em torno de 25 mil hectares em produção e concorre com a Espanha nos mercados europeus. A plasticultura tem sido, de fato, largamente adotada no conjunto dos países da bacia mediterrânea, como a Turquia e a Grécia (ORZOLEK, 2017).

Por se tratar de uma prática menos monitorada que a produção das grandes commodities, e também de ciclos curtos de produção, os dados de agricultura sob plástico variam muito a depender da fonte. Fica claro, no entanto, que a plasticultura já está difundida globalmente em todos os continentes, especialmente na Ásia, e tem crescido a taxas anuais de mais de 20%. A Cuesta Roble, uma consultora espanhola que acompanha o setor, calcula que, em 1980, algo em torno de 150 mil hectares foram dedicados à agricultura tipo *greenhouse*, e 500 mil hectares, à agricultura "protegida". A mesma fonte estima que, em 2019, existiam globalmente 492,8 mil hectares de agricultura tipo *greenhouse* e 5,63 milhões hectares de agricultura "protegida" (HICKMAN, 2022).

Diferentemente das promessas dos transgênicos, cujo foco tem sido a criação de características de "resistência" genética ao ambiente e ao clima (com um certo sucesso contra ervas daninhas e alguns pestes, mas muito menos em relação a estresses climáticos), trata-se aqui de uma estratégia de "proteção" contra o ambiente e de controle sobre o ambiente. Assim, pode-se traçar um caminho desde a antiguidade onde estratégias de proteção contra, e de controle sobre, o clima evoluem em formas múltiplas na direção de uma "agricultura de clima controlado" que, com o conjunto de tecnologias da digitalização, *big data*, automação e robotização, desembocam hoje no fenômeno de "agricultura vertical" que chega a apropriar por completo a agricultura, ao substituir inteiramente o próprio ambiente. Numa abordagem similar, Sharath Kumar, Heuvelink e Marcelis (2020) falam de uma evolução da modificação genética para uma modificação ambiental. Mesmo assim, há indícios de que a própria indústria genética, como a Bayer, esteja se adaptando a essa nova realidade e desenvolvendo variedades para uma agricultura de clima controlada (WE..., 2022).

Na mesma forma que a "agricultura de plástico" foi inventada por um botânico e não resultou de uma estratégia da indústria química, muito embora ela a transformasse rapidamente em mercados que chegam a contar com mais de 2% do uso total de plástico no mundo, a noção de agricultura vertical, na sua atribuição moderna, foi imaginada por um microbiologista, Dickson Despommier, nos anos 1990, e colocada como trabalho final para sua classe de medicina ecológica.[8] As conclusões indicaram que um prédio de 30 andares de agricultura vertical podia alimentar uma população de 50 mil pessoas com 2 mil calorias durante um ano inteiro, e que uma área apenas 20% do tamanho do Central Park em Nova York seria suficiente para alimentar toda a população do bairro de Manhattan.[9] Para Despommier (2010), a agricultura vertical representa: "o próximo pulo evolucionário na busca da humanidade para um abastecimento alimentar confiável e sustentável".

Se situarmos a agricultura vertical no contexto mais amplo de agricultura de clima controlado, que, como vimos, remonta a tempos antigos e pode até incluir "os jardins suspensos de Babilônia", não é de surpreender que exista uma grande variedade de tipos de estrutura e de escalas, de localização, de tipos de produto e de práticas.

Na sua resenha de agricultura vertical, Van Gerrewey, Boon e Geelen (2022) identificam quatro tipos:

1. Uma fábrica de planta com luz artificial (PFAL, sigla em inglês) — uma granja vertical localizada num prédio dedicado a essa atividade;
2. Uma granja tipo contêiner — uma granja vertical modular com uso de contêineres de transporte marítimo;
3. Uma granja no interior de lugares de compra (restaurantes, varejo) ou de consumo;
4. Uma granja tipo um aparelho que pode ser integrada no escritório ou no lar.

---

[8] Não se deve esquecer, porém, que quase todas as tecnologias do que viria a ser a agricultura vertical foram desenvolvidas no âmbito dos programas espaciais da Nasa e ficaram no domínio público, o que explica a explosão de iniciativas do setor privado a partir da segunda década do novo milênio.

[9] Ou talvez, mais precisamente, Despommier reinventou a noção. Na sua fascinante dissertação, NG Wil Szen reproduz um desenho de agricultura vertical publicado no *Life Magazine* em 1909 e atribui a autoria da definição a Gilbert Ellis Bailey, em 1915, muito embora este preferisse a agricultura subterrânea, outra opção que se tornou relevante no novo milênio na produção de fungi e cogumelos, popular na promoção de alternativas à proteína animal. Cf: *Re-Imagining the Future of Vertical Farming: Using Modular Design as the Sustainable Solution* (SZEN; NGWIL, 2017). Para mais uma versão da "pré-história" da agricultura vertical, *cf.* GERREWAY; BOON; GEELEN, 2022.

Pode-se incluir, também, um quinto tipo, em que a verticalidade é para baixo, em lugares subterrâneos visando à produção de cogumelos e fungi, como pensava originalmente Bailey em 1915 (vide nota nº 9). De fato, todos esses quatro tipos podem usar luz artificial, e existem fábricas em prédios construídos sob medida cujo desenho permite o uso de energia solar. Assim, melhor pensar numa tipologia que usa a produção vertical em clima controlado e recorre à luz artificial como constantes e distingue os tipos por escala e por destino de venda. Assim, no primeiro tipo, trata-se de uma estratégia de escala e de custos visando aos mercados *mainstream* dos supermercados. O segundo tipo, modular de contêineres, dirige-se mais para mercados de nicho de micro verdes e produtos parecidos para venda direta a restaurantes. O terceiro tipo é instalado num outro prédio sob medida para atender à sua demanda e pode ser uma loja individual, uma empresa ou uma instituição. O quarto tipo trata de aparelhos compatíveis com a produção e consumo domiciliar.

Muitas atividades de agricultura protegida e de tipo *greenhouse*, mesmo não usando luz artificial nem verticalidade e inclusive se baseando em terra, podem recorrer às mesmas empresas e serviços de *big data* que a agricultura vertical. Nesses casos, estamos num terreno da transição entre a agricultura de precisão e a agricultura de clima controlado. Assim, essas transformações envolvem uma multiplicidade de processos que levam naturalmente ao surgimento de muitos tipos híbridos, típicos de uma época de inovação disruptiva.

A agricultura vertical, no seu "tipo ideal", e como idealizado por Dickson Despommier (2010), é vista como uma solução urbana, e nesse contexto a opção para uma produção em pilhas ou camadas verticais corresponde à necessidade de gerar renda e ocupar espaços compatíveis com a realidade urbana. Custos e escala apontam também para as vantagens da verticalidade. No entanto, muitas empresas sobrevivem no contexto urbano por usar prédios abandonados, ou prédios em áreas abandonadas, o resultado da desindustrialização, para diminuir o peso dos aluguéis.

Empresas estão, também, situando as suas fábricas fora dos centros urbanos e até em áreas onde a terra ainda é calculada em hectares e não em metros quadrados. Nos Estados Unidos, um grande incentivo para a agricultura vertical e de clima controlado é diminuir as perdas em qualidade e a pegada de carbono, resultado de o país ter desenvolvido quase toda a sua agricultura de hortaliças e produtos frescos na costa oeste, quatro ou cinco dias de caminhão dos centros de consumo na costa leste. A empresa norte-americana AeroFarms, que discutiremos posteriormente, prevê a possibilidade de suprir todos os grandes centros urbanos dos Estados Unidos em 24 horas ou menos, com um novo sistema de granjas verticais, localizado em áreas suburbanas e até em áreas tecnicamente rurais (AEROFARMS, 2022).

A tipologia de Van Gerrewey, Boon e Geelen se baseia na definição de Sharath Kumer, Heuvelink e Marcellis (2020, p. 1) cujo artigo já mencionamos:

> Uma granja vertical é um sistema multicamada de produção vegetal em que todos os fatores de crescimento, como luz, temperatura, humidade, concentrações de dióxido de carbono, água, e nutrientes são controlados com precisão para produzir produtos frescos de alta qualidade em todas as épocas do ano independentemente da luz solar ou de outras condições externas.

Os produtos prediletos desses sistemas são folhosos, tomates, morangos, pepinos, pouco exigentes em calorias e de ciclos muito curtos de produção. À medida que a produção consegue se firmar como merecedora de preços prêmios e/ou os custos baixam, por exemplo, na adoção de fontes alternativas de energia, o leque de produtos pode se ampliar para incluir uma variedade maior de legumes, frutas, produtos medicinais e flores.

A China demonstrou novas possibilidades técnicas ao apresentar abóboras gigantes de até 500 kg e tubérculos, como a batata doce, na Conferência Internacional de Agricultura Vertical e Agricultura Urbana em 2017 (THORPE, 2022). A China também se destaca por aplicar o conceito da granja vertical de clima controlado à produção de porcos. A empresa chinesa Zhong Xin Kaiwei, do setor de suínos, cria e abate 1,2 milhão de porcos/ano num prédio de 26 andares, cada andar com a sua própria circulação de ar e conectado por um elevador de 40 toneladas e 65 metros quadrados para acomodar 200 porcos. A gestão é por conta da empresa NetEase Weiyang, do setor da Internet, que aproveitou a crise consequente do surto da peste suína e o colapso dos preços em 2020 para entrar nesse mercado aplicando todos os recursos da fronteira tecnológica — automação, reciclagem do ar, da água e dos dejetos, reconhecimento facial dos porcos, medição diária de temperatura, cartões de identidade para cada porco e o uso de RFIDs (*Radio Frequency Identification*), para rastrear a cadeia até o consumidor (KT, 2022).

Na Ásia existem outros exemplos da aplicação do princípio de agricultura vertical a produtos não contemplados nos países do Norte. Em 2018, um campo vertical (*vertical field*) de demonstração de arroz foi montado na

Praça Central de Hanoi, no Vietnam, usando variedades anãs de arroz com a reciclagem da água e dos nutrientes (VERTICALLY-GROWN..., 2022). Nas Filipinas, por outro lado, temos exemplos de agricultura vertical, que adaptam o modelo tradicional de "agricultura de terraço", *terraced farming*, também, para arroz, usando uma estrutura de bambu e com técnicas de colheita de água da chuva (MEINHOLD, 2013).

Em forma similar, projetos que ganharam prêmios na International Tropical Architecture Design Competition, no evento Singapore Green Building Week 2017, projetaram bairros populares. Um dos projetos visa a um complexo de agricultura vertical de 11 andares dividido em lotes de 36 $m^2$ visando a população de mais baixa renda (*the bottom 10%*) para produzir inicialmente repolho, espinafre e tomates e depois avançar para outros tipos de produtos. Um outro projeto pretende defender *urban farmers* ameaçados pelo avanço imobiliário pela construção de casas com telhados para agricultura (*roof farms*) e para a produção de energia solar. As casas seriam construídas com palafitas e cercadas de plantações de bambu e banana para absorver as águas da chuva. Em torno das casas, teria plantações de arroz, imitando as tradições do campo de cultivar o quintal (A VERTICAL..., 2022).[10]

Mesmo nos países do Norte, as ambições de agricultura vertical vão além de mercados de nicho. Na Inglaterra, a meta da Jones Foods Co é suprir 70% da demanda inglesa de produtos frescos em dez anos, e a Nordic Harvest, da Dinamarca, calcula que apenas 20 plantas de agricultura vertical poderiam atender toda a demanda do país (WILLIAMS, 2020, s/p; UK'S..., 2021).

O CEO, Arama Kukutai, da Plenty, uma das maiores empresas da agricultura vertical nos Estados Unidos, que já recebeu um total de US$ 900 milhões em financiamento, comentou em relação ao apoio que recebeu da Walmart em 2022:

> Este apoio cria a oportunidade de alcançar escala, deixando de ser apenas um fornecedor de nicho de folhosas caras, uma acusação dirigida ao setor no passado. Não se trata apenas de produtos orgânicos de alta qualidade. O objetivo é de alcançar consumidores numa forma mais ampla e democrática. (REPKO, 2022, s/p).

[10] Aqui, a preocupação com a agricultura vertical no contexto urbano está criando uma nova especialidade chamada "agritectura", que integra a agricultura no desenho arquitetônico das cidades e converge com propostas mais amplas em prol de cidades verdes, um tema discutido no último capítulo deste livro.

Na mesma forma, James Burrows, CEO da Vertical Futuro, uma empresa líder de tecnologia para a agricultura vertical, declara:

> Em contraste com outros no setor de agricultura vertical, cujas tecnologias e ambições estão limitadas à produção de saladas e micro verdes com preços prêmios para os seus mercados domésticos, nossa meta é de alimentar famílias de trabalhadores no seu dia a dia com preços justos e produtos de qualidade superior. (RIDLER, 2022, s/p).

A *Fischer Farms*, que opera uma das maiores granjas verticais no Reino Unido:

> Planeja, ao longo dos próximos 10-15 anos, conseguir escala e custos para poder eventualmente produzir soja, arroz e trigo em volumes significativos e com preços que comparam favoravelmente com os preços globais dessas *commodities*. (FLYNN, 2021, s/p).

A aquacultura, ou *fish farming*, é responsável, globalmente, por mais da metade do consumo de peixes, mariscos e crustáceos, e a China sozinha conta com mais da metade disso. Na diversificação das cadeias globais de commodities tradicionais nos anos 1980, camarões de aquacultura se tornaram, junto com a horticultura, as mais importantes pautas de exportação de produtos não tradicionais por parte dos países em desenvolvimento. Trata-se da contrapartida na piscicultura da agricultura de clima controlado. Em muitos sistemas tradicionais existe uma combinação da pesca com o cultivo de alimentos, em que os dejetos dos peixes servem como nutrientes para as plantas. A agricultura vertical também contempla sistemas que combinam plantas e peixes. Da mesma maneira que a agricultura vertical é vista como uma forma de diminuir os circuitos longos e os *food miles*, empresas como a *Upward Farms* já identificam a produção local de peixes e crustáceos em sistemas verticais como uma grande oportunidade de substituir as importações que chegam a fornecer 90% do consumo doméstico nos Estados Unidos (PETERS, 2021).

Essa breve descrição de diferentes tipos de agricultura vertical procura demonstrar a variedade das suas estruturas e escalas, das opções de localização e dos tipos de produtos e produtores, bem como a maneira que a agricultura de precisão, na forma de *green houses* de alta tecnologia, aproxima-se dos princípios da agricultura vertical, num conceito mais abrangente da agricultura, ou melhor, da produção de alimentos, em clima controlado.

Em 2020, o mercado global de granjas verticais foi calculado em US$ 5,5 bilhões com a previsão de chegar a US$ 19,86 bilhões em 2026. O ecossistema de financiamento, numa avaliação feita pela Agfinder calculou os investimentos em US$ 1,3 bilhões, ou 5% do total para o setor de *agfood tech* no mesmo ano, enquanto o cálculo da PitchBook chegou a US$ 1,9 bilhões em 2020.

A atenção maior das empresas de consultoria que acompanham o setor se dirige ao primeiro tipo de agricultura vertical identificado por Van Gerrewey, Boon e Geelen (2022) e reformulado por nós, de granjas instaladas em prédios construídos na medida e baseadas em sistemas LED de luz artificial, também conhecidas como *Plant Factories Equipped with Artificial Lighting* (PFALs). Nesse segmento, as prioridades são escala e custos, e o foco são as folhosas, os microverdes, os tomates, morangos, pepinos, pimentões e espinafres. Nos Estados Unidos, o mercado de folhosas é avaliado em US$ 22 bilhões e o mercado global em US$ 100 bilhões, enquanto o mercado global da categoria de *fresh produce* chega até US$ 1,3 trilhão, o tamanho do mercado global de carnes (STATISTICA, 2022).

Trata-se ainda de uma fase de muita experimentação de rotas tecnológicas diferentes que envolvem novas competências e atores. Existem sistemas muito diferentes de substituição da terra — hidroponia, aquaponia, aeroponia — bem como um leque grande de componentes — irrigação, iluminação, sensores/automação/robotização e sistemas de controle de clima com recurso a *big data*. Empresas especializadas em cada componente coexistem com firmas que oferecem soluções de tipo *turnkey* (VERTICAL..., 2021).

O desafio central da agricultura vertical decorre da sua teimosia em querer substituir o papel do sol na fotossíntese. Assim, não é de surpreender que esse desafio atrai as grandes empresas globais de eletricidade. A General Electric atua por meio da sua subsidiária, Current, a Philips com a sua empresa, Signify, e outras empresas globais, a Everlight Electronics Company, NTT, Osram GmbH, Dell, e Nokia, investem no setor, todas empenhadas em aumentar a eficiência dos seus sistemas de uso de energia e de luminosidade, LED, ajustada a cada tipo de planta e época do ano. Calcula-se que entre 2010 e 2017 os preços dos sistemas LED baixaram em 10 vezes, cumprindo a "lei de Haitz" formulada em 2000, prevendo que os preços LED baixariam 10 vezes e a sua potência aumentaria em 20 vezes a cada 10 anos (HAITZ'S LAW, 2020).

O setor também atrai as grandes empresas de eletrônica, de informática, de internet e de telecomunicações — Samsung, LG, Panasonic, Mitsubishi, Tencent, Huawei, Alibaba JD.com —, que cooperam intensamente entre elas sobretudo na região asiática. Novas empresas estão surgindo especializadas em entregar sistemas inteiros, como a Tsunaga Community Farm, no Japão, a Infinite Acres, no eixo USA/Europa, a YesHealth Group, de Taiwan, a Sky Greens, de Cingapura, e a Sananbio, da China.[11]

A Urban Crop Solutions, da Bélgica, que também oferece soluções tipo *turnkey*, apresenta-se como a *"front runner in indoor plant biology research"* (VANDECRUYS, 2022, s/p). Tom Debusschere, o seu CEO, declara que:

> [...] a mudança real de qualidade virá da biologia de plantas. Muitas empresas de sementes estão prestando atenção a esse setor e investem agora no desenvolvimento dos tipos certos da genética de sementes e de melhoramentos de produtividade. Aqui é a notícia boa: com aumentos em produtividade estamos a poucos anos de verdadeiros avanços (*breakthroughs*) na indústria de agricultura vertical. (BOEKHOUT, 2021, s/p).

Uma indicação disso é a parceria entre a Bayer e o fundo de investimento, Temasek, de Cingapura, na criação da empresa Unfold especificamente para fornecer germoplasma de vegetais e frutas apropriadas à agricultura vertical (WE..., 2022). Em 2021, uma grande empresa de agricultura vertical dos Estados Unidos, a Kalera, especializada em abastecer grandes centros, como aeroportos e parques temáticos, e que já é líder na área de ciências de plantas, adquiriu a empresa de sementes, Vinara Inc, a primeira a produzir sementes não OGM especificamente para ambientes de clima controlado. A sua tecnologia de cultivação, que inclui *machine learning*, permite reduzir o tempo de desenvolvimento de uma variedade de 5-7 anos para 12-18 meses (ANTOS, 2021). Outras empresas começam a entrar nesse setor, como a Kasveista, da Alemanha, especializada no desenvolvimento, em sistema de *open source*, de cultivares que podem ampliar a base dos produtos da agricultura vertical, bem como de cultivares adaptados a ambientes de clima controlado.

Com o surgimento dos mercados de sementes transgênicas nos anos 1980, houve a adoção de estratégias de patenteamento por parte das empresas líderes em substituição ao sistema de proteção dos melhoristas genéticos que tinham até então garantido um tipo de inovação aberta. A proteção de inovações por patentes se generaliza no caso dos sistemas de agricultura vertical. A Sananbio, da China, tinha 416 patentes em 2020, o sistema de torres modulares da Sky Greens, de Cingapura, é patenteado, a Bright Farms, nos Estados Unidos, dedica-se a *"patented growing solutions"*,

[11] Informação colhida de múltiplos sites da internet.

e a Plenty, outra empresa do setor dos Estados Unidos, que nas suas duas últimas rodadas de financiamento recebeu US$ 140 milhões e US$ 400 milhões, respectivamente, é descrita como tendo, "um portfólio robusto de propriedade intelectual". Patentes e "*trade marks*" caracterizam, também, a estratégia da AeroFarms, a pioneira em agricultura vertical dos Estados Unidos, cuja abrangência pode ser apreciada a partir do seu aviso no site da empresa:

> Os processos, os equipamentos e os componentes da AeroFarms, tais como meio de crescimento sem uso do solo, métodos para o crescimento de plantas utilizando esse meio, limpeza do meio sem solo, bem como a marcação de tecido vegetal, podem estar cobertos por um ou mais das seguintes patentes atribuídas a Just Green LLC. (OUR INTELLECTUAL..., 2022, s/p).

Até 2007, o número de patentes concedidas anualmente para o setor de agricultura vertical ficou abaixo de 50, número que havia subido para em torno de 900 em 2020, dominado por empresas como Panasonic e LG (NEWELL, 2021).

A tipologia de Van Gerrewey, Boon e Geelen (2022), que prioriza distinções em torno das instalações e dos equipamentos, é útil por apontar ao mesmo tempo os diferentes ambientes onde eles são usados, o que abre a possibilidade para especializações dentro do setor. Por outro lado, vimos que existe uma base tecnológica comum em todos os tipos que inclui: dispensar o uso do solo, recorrer à luz artificial e gerenciar por sistemas de controle computorizados. Assim, as empresas fornecedoras de tecnologias e sistemas podem operar em todas as categorias. Será melhor, portanto, ampliar o sentido dessa tipologia, ao interpretar os diferentes ambientes como distintas relações entre produção e consumo. Revela-se, nessa maneira, diferentes concepções do que são os problemas fundamentais do sistema alimentar dominante e como devem ser encaradas, bem como diferentes concepções das relações entre cidade e campo, entre o urbano e o rural.

Numa frase surpreendente de efeito, o dono da Sky Greens (uma empresa que combina o fornecimento de sistemas grandes de torres modulares com a franquia de microgranjas de contêineres) descreveu Cingapura "como um microcosmo do resto do mundo" (TAN, 2021, s/p). Muitas visões do futuro da agricultura vertical restringem a sua aplicabilidade a regiões de renda alta que sofrem de uma extrema carência de recursos naturais.

Cingapura, nesse sentido, seria apropriada para a agricultura vertical precisamente pelas suas condições de extrema dependência de importações de alimentos que chegam a compor 90% das suas necessidades.

No entanto, a agricultura vertical se caracteriza pela sua rápida globalização e já se difundiu, em forma desigual, pelo mundo inteiro. O crescimento da população global e a sua simultânea urbanização em contextos de crise energética e mudanças climáticas fazem com que uma escassez de recursos naturais, mascarada em muitos casos pela integração dos mercados agroalimentares em longas cadeias globais, torne-se realidade para a maioria dos países do mundo. Sabemos que o Oriente Médio, igualmente a Cingapura, carece de água e terras para se autoabastecer de alimentos, mas a Europa do Norte, como um todo, depende das importações de frutas e verduras da Europa do Sul e da África do Norte, e os Estados Unidos do Leste dependem dessas mesmas frutas e verduras da Costa Oeste e do México. Os países nórdicos padecem da falta de luz natural e de condições inóspitas para agricultura durante grande parte do ano. A China perde enormes quantidades de terras agrícolas com a urbanização e a malha de rodovias e ferrovias e sofre com regiões em condições extremas, como o deserto de Gobi. Mesmo regiões de agricultura pujante são ameaçadas de secas prolongadas, de fogo cada vez mais violento, ou de chuvas devastadoras, contra as quais nem a agricultura "protegida" da Almería na Espanha conseguiu escapar (ALONSO, 2021).

A Panasonic, que investe pesadamente na agricultura vertical na China, em Cingapura, e no Japão, é especializada na produção de alimentos em ambientes extremos e desenvolve pesquisa na ilha Ishigaki para uma agricultura vertical que pode resistir a tornados e furacões (PANASONIC..., 2021).

As motivações por trás da promoção da agricultura vertical são variadas. No caso de Dickson Despommier, a agricultura representa a maior agressão histórica ao meio ambiente, uma visão compartilhada pelo CEO da Nordic Harvest, na Dinamarca, que vislumbra a internalização da agricultura na cidade e devolução do campo à natureza, uma noção conhecida como "*rewilding*" em inglês (MONBIOT, 2022). A maior parte dos promotores de agricultura vertical nos Estados Unidos, porém, aponta para a anomalia de um sistema alimentar em que o lugar de maior consumo, na costa leste, fica a quatro ou cinco dias de caminhão das regiões de produção das folhosas, verduras e frutas que eles consomem. Trata-se de uma incongruência cada vez maior, à medida que os valores de saudabilidade priorizam produtos frescos e locais. Nesse sentido, líderes do setor de agricultura vertical caracterizam o sistema agroalimentar dominante como "quebrado".

Essa mesma perspectiva é compartilhada pelo CEO da Nordic Harvest, da Dinamarca, que se queixa da possibilidade de uma maçã vinda por via aérea da Nova Zelândia ser beneficiada por preços prêmios de uma certificação orgânica negada à produção local sem agrotóxicos da sua empresa. Na Europa do Norte, a motivação maior, porém, é substituir a sua dependência em produtos vindos do Sul da Europa e do Norte da África, com consequências similares aos Estados Unidos para o clima e para a saudabilidade dos produtos (PERSSON, 2021).

A categoria que domina o setor corresponde ao primeiro tipo descrito na tipologia que apresentamos acima. Trata-se de uma agricultura vertical desenvolvida em prédios de alta tecnologia quase exclusivamente se baseando em luz artificial com altos graus de automatização e até robotização, em que todos os aspectos do ambiente são controlados por sistemas de *big data*. O *cluster* maior se encontra nos Estados Unidos — AeroFarms, Plenty, Bright Farms, Apple Harvest, 80 Acre Farms, Bowery Farming —, mas a Spread, do Japão, foi a primeira empresa a produzir em grande escala a partir de 2008, e existem grandes *players*, quase todos reivindicando serem os maiores, também na Europa e na Ásia — a Sananbio, na China, a Sky Green, em Cingapura, a Yes Health, na Tailândia, a Jones Company, na Inglaterra, a Intelligent Growth Solutions, na Escócia, a Nordic Harvest, na Dinamarca, e a Crop One e a Badia Farms, em Dubai (NEX, 2018).

A Apple Harvest é a única dessas empresas a completar um "*exit*" ou se lançar na bolsa (IPO) e essa experiência foi bastante negativa com uma queda abrupta no valor das suas ações logo após o lançamento e uma redução anda maior em 2022, depois de declarar importantes perdas em 2021. A AeroFarms também se preparou para um IPO em 2021, mas desistiu. No entanto, essas empresas continuam a receber dezenas e até centenas de milhões de dólares em sucessivas rodadas de financiamento. A própria AeroFarms já recebeu US$ 238 milhões desde a sua criação em 2004. Em 2022, na "series E" do seu financiamento, a Plenty recebeu US$ 400 milhões, depois de já ter recebido US$ 140 milhões na rodada anterior. A Bowery Farming, por sua parte, já recebeu US$ 300 milhões, e a Bright Farms, US$ 112 milhões; e 80 Acre Farms levantou US$ 160 milhões com Siemens entre os investidores (SUSTAINFI..., 2022).

A escala das operações é a sua caraterística fundamental, e embora não exista uma só *best practice*, trata-se de áreas entre 5 mil e 35 mil m$^2$, onde a produtividade por área cultivada chega a ser até 300 vezes maior do que na agricultura convencional e onde o tempo da colheita pode se reduzir a menos de um mês. Com essas dimensões, a produção diária chega a dezenas de milhares de unidades, uma produção contínua, dia e noite durante 365 dias. No caso de alfaces, a mais popular das folhosas, a depender da fábrica, trata-se de uma produção que pode chegar a 20 mil ou até 30 mil alfaces/dia.

Essa escala de produção só se viabiliza a partir de contratos de longo prazo com o grande varejo, e todas essas empresas da agricultura vertical se caracterizam por esses laços. No caso da empresa Plenty, a última rodada tinha a participação da Walmart que, inclusive, como contrapartida, tem um assento no conselho diretor da empresa. A Walmart escolheu essa parceria com a Plenty, por ser ela uma empresa que, além das folhosas, também produz legumes e frutas. A AeroFarms tem uma parceria com Whole Foods, Shoprite, Amazon Fresh e Amazon Direct; a Bowery Farming, com Whole Foods e Foragers; a Brights Farms, com Walmart, Giant e Metro Market; a 80 Acre Farms, com a Kroger; e a App Harvest, com Kroger, Publix, Walmart, Food City e Meijer (REPKO, 2022).

A mesma relação prevalece na Europa, onde a Jones Company Ltd, da Inglaterra, é financiada pela Ocado, empresa líder do varejo online que, por sua vez, criou a Infinite Acres, empresa de soluções tecnológicas para agricultura vertical em parceria com a 80 Acre Farms, já mencionada, e a Priva Holdings, da Holanda, especializada na tecnologia de prédios de clima controlado. A Ocado também estabeleceu parceria com outros setores do varejo na Inglaterra, Marks & Spencers, e nos Estados Unidos, com a Kroger (MATTINSON; NOTT, 2020).

A AeroFarms ilustra mais claramente as estratégias dessa agricultura vertical em grande escala. Fundada em 2004, em New Jersey, e considerada líder do setor nos Estados Unidos, a AeroFarms produz em torno de um milhão de quilos de folhosas por ano nessa fábrica e planeja outra planta maior em Virginia. O objetivo da empresa é estabelecer *hubs* em todas as regiões do país em parceria com o grande varejo para poder estar a apenas 24 horas de distância de qualquer varejo. Nos seus sites, essas empresas justificam a opção por agricultura vertical, ao citar os custos energéticos, para o clima, e para a qualidade dos alimentos, de um sistema baseado em cadeias longas, e inclusive globais, de suprimento de alimentos. Citam, também, a poupança em água e o não uso de pesticidas. Por outro lado, ao promover uma concentração inédita da produção, a agricultura vertical em escala precisa se integrar no grande varejo e dessa maneira reforça o sistema atual de distribuição. Pode-se tratar de uma produção local, mas implica na promoção de mercados locais para a venda aos supermercados e não para o consumidor (KLEIN, 2021).

Dickson Despommier (2010) já tinha destacado a concentração da produção da agricultura vertical ao argumentar que um prédio de 30 andares seria capaz de fornecer alimentos durante o ano inteiro para 50 mil pessoas, ou que todo o consumo de Manhattan podia ser suprido numa área com apenas 20% do tamanho do Central Park. Arthur Nelson, o CEO da Nordic Harvest captou as implicações disso para a dinâmica de mercado ao reconhecer que apenas 20 plantas da agricultura vertical podem suprir a Dinamarca inteira de saladas. A Jones Food Co, cujos planos inclui uma nova fábrica capaz de produzir mil toneladas de folhosas por ano, já traduziu essa percepção em estratégia empresarial ao estabelecer uma meta de fornecer 70% da demanda do Reino Unido para *fresh produce* num espaço de 10 anos. Para alguns analistas, o setor de agricultura vertical em Manhattan já sofre de *overcrowding*.

A maior parte da literatura crítica ao sistema agroalimentar focaliza processos extremos de concentração na produção agrícola com o surgimento das *mega farms* que, de fato, representam uma transformação qualitativa na dinâmica agrícola. No entanto, na produção de grãos no Brasil, onde o fenômeno das *mega farms* esteja talvez mais em evidência, ainda existem mais de 240 mil produtores de soja/milho. O setor hortícola dos Estados Unidos, onde a agricultura vertical começa a entrar em peso, tem um pouco mais de 23 mil produtores (dados de 2014), um terço dos quais definidos como corporações. Mais de 80% da produção se dirige ao setor atacadista, enquanto os pequenos produtores vendem prioritariamente para o varejo. Em contraste, a produção da agricultura vertical é vendida diretamente ao varejo, e uma dezena de empresas apenas, ou menos, são capazes de fornecer o mercado inteiro (LETTERMAN; WHITE, 2020).

Essa nova dinâmica de concorrência, tipicamente industrial, está levando a estratégias de crescimento rápido e de uma globalização precoce, permitidas pelos altos níveis de financiamento a essas empresas. A AeroFarms já estabeleceu um centro de pesquisa em Dubai visando ao mercado do Oriente Médio, e a Jones Foods Company pleiteia a produção de uma planta nessa região também. O Yes Health Group, de Taiwan, fornece a tecnologia para a Nordic Harvest, na Dinamarca, e constrói plantas na China. A Panasonic japonesa investe na China. A Sky Greens, de Cingapura, negocia a sua tecnologia na Tailândia, China, Malásia, Índia e Canadá. A Spread, do Japão, sonda os mercados da Europa, dos Estados Unidos e do Oriente Médio.[12]

---

[12] Levantamento nos sites dessas empresas.

Não é fácil, nesse estágio de desenvolvimento do mercado, distinguir entre empresas dedicadas à produção ("*growers*") e fornecedoras de serviços tecnológicos, seja em forma de sistemas inteiros *turnkey*, prontos para operar, seja de segmentos especializados. Produtores podem desenvolver plantas como "provas de conceito", ou podem ter estratégias de ocupar e dominar esse novo mercado, como a AeroFarms, a Nordic Harvest, a Jones Food Company e outras, mas elas tendem a desenvolver também um portfólio de propriedade intelectual para vender serviços tecnológicos. Por outro lado, existem empresas especializadas na oferta desses serviços para os quais o mercado é desde o início global.

Rob Laing é o CEO e fundador da Farm.One, que fornece instalações completas controladas por smartphones para instalar em restaurantes sofisticados, inicialmente em Manhattan e depois em vários Estados nos EUA. Segundo Laing, apesar das centenas de milhões de dólares investidos e da escala das suas operações, a agricultura vertical ainda não se mostrou rentável e simplesmente reforça o poder dos grandes supermercados sem introduzir inovações ao sistema alimentar, e ele prevê um aumento do controle contratual do varejo sobre a agricultura (LAING, 2021).

Embora esses aspectos do poder econômico possam se confirmar com a consolidação da agricultura vertical, importantes inovações acompanham esse processo. Trata-se de ganhos significativos na diminuição de gastos em transporte, na pegada de carbono, e no não uso de pesticidas. A AeroFarms desenvolveu um *Agregate Nutritional Density Index,* que mede a qualidade superior nutricional dos seus produtos. A Jones Food Company, bem como outras empresas, como a Spread, no Japão, adota sistemas de automação e robotização que asseguram que os produtos não entrem em contato humano, num sistema "*no touch*", e não precisam ser lavados antes de consumir. A agricultura vertical de grande escala pode, sim, levar a um fortalecimento do poder econômico do varejo, tanto pelos controles contratuais quanto pela marginalização do setor atacadista dessa cadeia. Por outro lado, traz também um novo normal de níveis de qualidade, tanto em termos de saudabilidade quanto em relação ao meio ambiente. Na Ásia e nos Estados Unidos, a sua produção pode ser certificada como orgânica, enquanto na Europa e no entendimento da Federação do Movimento Orgânico, Ifoam, o manejo do solo e dos seus nutrientes é uma precondição para essa certificação. Certificações alternativas, geradas pelas próprias empresas ou por associações de classe, especificando as caraterísticas da produção em sistemas de agricultura vertical, inclusive o não uso de pesticidas, podem eventualmente substituir a certificação orgânica e assegurar igualmente preços prêmio (NESLEN, 2021).

Num sentido mais macro, a agricultura vertical de grande escala, mesmo apelando pelas virtudes de uma produção "local", não implica num questionamento das relações tradicionais cidade-campo ou do lugar do alimento na vida urbana. A estratégia da AeroFarms de criar uma rede de hubs de agricultura vertical para poder suprir todas as grandes cidades norte-americanas dentro de 24 horas é exemplar nesse sentido. Trata-se, como antes, de um sistema de abastecimento que une a produção ao consumo por meio do grande varejo. A Nordic Harvest, por sua vez, tem a mesma visão de produção em escala para o país inteiro, mas vê isso como um meio de internalizar a produção de alimentos nas cidades e liberar a área rural para a recuperação na natureza.

A tipologia apresentada acima identificou vários outros sistemas e equipamentos para a agricultura vertical, cada um apontando, na nossa reinterpretação da tipologia, para distintas relações entre a produção e o consumo e, no limite, para concepções radicalmente diferentes da posição do alimento na vida urbana bem como das suas implicações para o planejamento e o próprio desenho das cidades.

Várias das empresas que operam em grande escala também desenvolvem uma linha de pequenos equipamentos, tipo contêineres. A Bowery, dos Estados Unidos, fornece sistemas para restaurantes, e a Sky Greens, de Cingapura, vende um sistema de microgranja que integra a produção de peixes, de legumes e de folhosas. Muitas empresas se especializam na entrega de sistemas automatizados e operam globalmente. A Freight Farms, dos Estados Unidos, reivindica a posição de líder mundial na produção de sistemas *turnkey* a partir de contêineres cujas operações são controladas por smartphones. O público-alvo são pequenos empresários e instituições comunitárias e o seu site mostra operações nas mais diversas regiões do mundo (SCALA, 2022).

A Agricool, uma companhia francesa especializada na produção de morangos, pretende não estar nunca a mais de 20 quilômetros dos seus consumidores. Ela desenvolve também um programa, Cooltivator, que oferece treinamento no uso da sua tecnologia montada em contêineres marítimos, Cooltainers, com vistas a capacitar produtores para os seus sistemas à base de aeropônia. A Agricool foi adquirida por VIF Systems em 2022 que desenha e instala granjas verticais.

InFarm, da Alemanha, criada em 2013, levantou EUR 254 milhões em financiamento que inclui EUR 169 milhões durante a pandemia da covid-19. Já opera as suas pequenas instalações em 30 cidades e 10 países e produz mais de 500 mil plantas por mês. A ideia é produzir nos lugares de compra ou de consumo. Todas essas instalações são controladas a partir de uma "granja cérebro" (*farm brain*) centralizada na nuvem (*cloud-based*), que coleciona 50 mil dados durante a vida de uma planta, recorrendo a todos os recursos da digitalização, com o intuito de apreender, adaptar e melhorar o desempenho das plantas. Segundo o cofundador, Erez Galonska:

> A pandemia do coronavírus jogou uma luz global nos desafios agrícolas e ecológicos urgentes do nosso tempo. Na InFarm, acreditamos que exista uma maneira melhor e mais saudável de alimentar as nossas cidades: aumentar o nosso acesso a produtos frescos, puros e sustentáveis, cultivados tão perto como possível às pessoas. À medida que aumentemos a nossa escala para 5.000.000 pés quadrados de instalações de granja pela Europa, os Estados Unidos e Ásia até 2025, o nosso investimento vai nos ajudar a ter um impacto verdadeiramente global a partir da nossa rede, poupando milhares de acres de terra, milhões de litros de água e por fim mudar a maneira em que as pessoas crescem, se alimentam e pensam a respeito do alimento. (TUCKER, 2020, s/p).

InFarm tem parcerias com 17 das 50 principais cadeias de supermercados globais, o que aponta para um interesse, por parte do varejo, de combinar as suas relações contratuais com grandes empresas de agricultura vertical com a produção *in situ* de produtos frescos, sobretudo nas suas instalações de menor porte. Em Tóquio, Japão, sete supermercados fecharam contratos com a InFarm para instalar as suas pequenas granjas de tipo *indoor*, motivados pelo objetivo de diminuir os custos energéticos, as emissões de gás e o desperdício de alimentos que caracterizam as cadeias convencionais desses produtos.

O início da agricultura vertical é muitas vezes associado aos Estados Unidos, mas a primeira empresa de agricultura vertical em escala foi a Spread, no Japão, que se estabeleceu em 2007 e em 2021 já estava suprindo 2,5 mil supermercados, com a sua marca Vegetu. O envelhecimento da população rural foi um estímulo inicial, mas o terremoto e tsunami em Fukushima em 2011, que danificou a usina nuclear na região, deu um impulso ainda maior, e a prefeitura dessa cidade subsidia a empresa A Plus, que produz 20 mil alfaces/dia.

A *Spread* que se tornou rentável já em 2013, um feito que muitas empresas ainda não alcançaram, estabeleceu uma segunda fábrica em 2018 com capacidade para 30 mil alfaces/dia com base no que chama o seu sistema de produção de segunda geração, *Techno Farm*, que envolve automação, inteligência artificial e a Internet das Coisas (UoT). Em 2021, a Spread estabeleceu uma parceria com o Grupo Eneos, uma das maiores corporações do Japão, para desenvolver uma terceira planta, dessa vez localizada na Grande Tóquio, que incorpora toda a tecnologia da *Techno Farm*, terá 28 níveis de cultivação e usará energia solar. A empresa pretende ter umas 10 plantas em operação em 2025 e uma capacidade de produção de cem toneladas/dia em 2030. Com base nas suas novas parcerias, a Spread visa à sua expansão na Europa, nos Estados Unidos e no Oriente Médio (HARDING, 2020).

A descriminalização da *canabis* para fins recreacionais em 14 Estados e para fins medicinais em 36 Estados nos EUA, bem como a sua descriminalização em alguns países na Europa, tem sido um grande estímulo para a agricultura vertical em pequena escala, mas recorrendo ao uso de tecnologia de ponta, especialmente a iluminação LED. Nos Estados Unidos, o mercado legalizado foi estimado em US$ 17,5 bilhões em 2021 com a previsão de chegar até US$ 41 bilhões em 2026 segundo a BDSA, uma plataforma de dados sobre *canabis*. Ao mesmo tempo, o mercado ilícito é calculado em US$ 100 bilhões, o que indica o potencial de crescimento desse mercado. Várias empresas são especializadas em sistemas e equipamentos para esse mercado — Illuminex, Essence Grows, Heliospectra. A Surna, com sua base no Colorado, um dos primeiros Estados a descriminalizar esse mercado, fornece soluções *indoor* para mais de 800 clientes (YACOWICZ, 2021).

Uma rápida busca na Internet revela muitos equipamentos à venda para montar várias opções da agricultura vertical em casas, garagens e apartamentos. A empresa alemã, Agrilution, criada em 2013, cujo fundador se encaixa na nova geração de empreendedores engajados, ou *"mission driven"*, motivado desde a sua experiência como criança na área rural da China e depois como membro da Greenpeace para encontrar soluções sustentáveis para o sistema alimentar global, fabrica "um ecossistema de granja pessoal". O Plantcube, totalmente automatizado, mede 120 x 62.5 x 46 centímetros. O sistema é controlado por um aplicativo da companhia e as sementes, chamadas, *Seedbars*, podem ser compradas no site da empresa. O lema da empresa é *"No Plastics, no Supply Chains, Just Greens"* (ALBRECHT, 2019).[13]

[13] A Agrilutions foi adquirida por Miele, em 1919, uma empresa líder alemã, especializada em produtos domésticos de alta qualidade, o que aponta para expectativas de um *mainstreaming* dessa atividade.

A agricultura vertical em escala se adapta às exigências de rentabilidade da economia urbana ao verticalizar a sua produção e/ou ocupar e converter prédios abandonados ou de baixo valor. Pode, também, como no caso de AeroFarms, localizar-se nas proximidades dos grandes centros de consumo. Em qualquer dessas opções, trata-se de prédios autônomos desenhados para otimizar custos e rentabilidade, suprindo alimentos para as redes de supermercados. Muito diferentes são as estratégias cujo objetivo é atender à demanda alimentar dos habitantes das cidades no seu dia a dia e, portanto, construir unidades apropriadas a diferentes ambientes urbanos — escola, trabalho, centros comunitários, casas e condomínios. Ao mesmo tempo, empresas podem combinar as duas estratégias, como a Sky Greens, de Cingapura. Já vimos acima a estratégia da InFarm, a empresa alemã que tem Dickson Despommier como consultor, de fornecer pequenos módulos dentro dos supermercados. Aqui se trata de uma produção local que dispensa embalagens, juntando-se ao lema da Agrilutions: "*no plastics*".

Um objetivo dessas empresas é abraçar o conceito da economia circular na colheita e no reuso da água, na adoção de energia renovável, e na eliminação de "*waste*", ou sobras. Esses objetivos estão sendo apoiados por centros de pesquisa em agricultura vertical. A TU Delft, na Holanda:

> Explora a integração da agricultura vertical nos prédios e nas cidades para capturar, compartilhar e reusar recursos como dióxido de carbono, calor, água da chuva, alimentos e nutrientes. Isso inclui a integração dessas granjas verticais com os sistemas de eletricidade, calor e recursos dos prédios, bem como uma integração mais ampla com os *grids* de calor e com os microgrids de eletricidade, fazendo deles um componente constituinte dos sistemas de recursos circulares nas cidades. Espera-se que ao alavancar relações simbióticas entre a agricultura vertical e a o ambiente construído no seu entorno, a redução do uso de energia nas granjas verticais possa ser acelerada, sem depender exclusivamente de avanços técnicos dos equipamentos dentro da granja. (JENKINS, 2022, s/p).

A noção de estabelecer uma relação simbiótica entre a agricultura vertical e o seu entorno construído está estimulando uma nova geração de arquitetos a repensar o ambiente urbano construído onde a agricultura vertical está integrada no dia a dia da vida urbana. O projeto Reinventer Paris, lançado pela prefeitura de Paris, incluiu um concurso para projetos de renovação de áreas urbanas em Paris que resultou no desenho de uma série de prédios e complexos híbridos combinando trabalho, moradia e a produção de alimentos que foram apresentados na conferência do mesmo nome em 2017 (ROSENFIELD, 2015).

Em Cingapura e Shanghai, a agricultura vertical está sendo integrada ao planejamento e às políticas urbanas. A Singapore Food Agency estimula a cultivação de alimentos nos lugares de moradia e de trabalho, promove jardins nos telhados dos estacionamentos que estão sendo construídos pela empresa Citiponics, e um programa de *retrofit* de prédios comerciais e de moradia, iniciativa da empresa Sustenis. Ao mesmo tempo, designou duas áreas industriais, Kim Chu Kang e Sungei Tengah, a grandes projetos de agricultura e aquacultura urbana (KHO, 2022).

No caso de Shanghai, trata-se da criação do Sunquiao Urban Agricultural District, projetado por Sasaki Associates, dos EUA, uma área de 100 hectares dedicada à agricultura vertical, ensino e pesquisa para produzir folhosas que são tão importantes no consumo dessa cidade. Shanghai, como outras cidades na China, tem uma longa tradição de produção alimentar dentro do perímetro urbano que está sendo ameaçada pelo avanço dos equipamentos urbanos e pela valorização da terra (GROVE, 2022).

Retomamos esse tema no capítulo 5, no contexto de uma análise mais abrangente da maneira em que a China está encarando os desafios de segurança alimentar e do papel que o Governo atribui às ondas de inovação, transformando o sistema agroalimentar. No capítulo final deste livro, analisamos o impacto dessas transformações nas relações históricas entre campo e cidade e o surgimento de novas políticas e concepções de planejamento sobre o lugar da produção de alimentos no ambiente urbano.

As empresas líderes da agricultura vertical são avaliadas em bilhões e são alvo de fortes investimentos por parte de capital de risco, o setor do varejo e grandes empresas de tecnologias de ponta. Ao mesmo tempo, muitas delas estão sobrevivendo nos financiamentos sem mostrar retornos operacionais. O ecossistema que delineamos em capítulos anteriores favorece crescimento rápido, mas com retornos igualmente rápidos. Em 2021, as ações da AppHarvest, a única empresa de agricultura vertical a se tornar pública, despencaram, e a AeroFarms, tida com a maior empresa dos Estados Unidos, desistiu na última hora de se lançar na bolsa após ter criado parceria com uma Special Purpose Acquisition Company (Spac) para essa finalidade.

Face a esses desenvolvimentos, Henry Gordon-Smith, CEO da consultoria Agritecture, indaga em que posição a agricultura vertical se encontra no célebre ciclo de "*hype*" elaborado por Gartner (GARTNER..., 2022). Segundo

Gartner, o ciclo se inicia com o gatilho da inovação que leva a um pico de expectativas infladas, seguido por uma baixa de desilusão. Mas, a partir daí, o ciclo pode retomar uma inclinação ascendente de "esclarecimento" até chegar num platô de produtividade. Gordon-Smith identifica a situação atual como sendo aquela do início da baixa de desilusão, mas aposta na retomada contanto que o setor possa avançar além do *hype* (GORDON-SMITH, 2021). Na nossa análise, além dos montantes de capital de risco, que favorecem grandes investimentos e retornos rápidos, enfatizamos a presença de fundos soberanos, de políticas públicas de países de alta renda, mas com escassez de recursos naturais, e do leque diverso de empresas globais de tecnologia de ponta investindo no setor. Se a isso acrescentamos a baixa exponencial nos custos de eletricidade, LED, e o aumento de uso de fontes de energia renováveis, podemos concluir que embora certos tipos de capital de risco possam hesitar face aos resultados negativos da IPO, a agricultura vertical já se apoia em segmentos fortes da economia real e em poderes públicos para os quais a agricultura tradicional, à luz das incertezas e custos de cadeias longas, não mais garante a sua segurança alimentar.

Como componentes centrais dessa economia real, vimos que as grandes empresas globais do varejo já inseriram a agricultura vertical nas suas redes de abastecimento. Nesse segmento de horticultura, formas de agricultura de clima controlado contam pela metade da produção e só tendem a aumentar. Para o varejo, portanto, a transição para sistemas de controle total de uma agricultura não apenas protegida, mas inteiramente "*indoors*" pode ser assimilada como uma evolução natural. Mesmo assim, no limite, isso implicaria a eliminação dessa cadeia agrícola e uma concentração da produção em níveis industriais. Ao mesmo tempo, isso implica uma "domesticação" desse tipo de agricultura vertical nos circuitos já estabelecidos de abastecimento do grande varejo. Uma visão mais radical do potencial de redefinição dos sistemas de abastecimento alimentar nas cidades emerge quando tratamos dos outros tipos de agricultura vertical que podem ser inseridos em qualquer prédio e em qualquer contexto da vida cotidiana das cidades. O impacto disruptivo da agricultura vertical nas cidades se torna mais evidente nos projetos urbanísticos que preveem prédios e bairros híbridos que integram o cultivo de alimentos no dia a dia da vida dos habitantes das cidades.

# CAPÍTULO 4

# AS CADEIAS DE PROTEÍNA ANIMAL SOB A MIRA

Acabamos de analisar o surgimento de um sistema de produção de alimentos que dispensa o uso da terra, da luz e do sol e cria o seu próprio meio ambiente, tudo perfeitamente ajustado à vida urbana. Neste capítulo examinaremos transformações nos próprios produtos alimentares que apontam para mudanças radicais na dieta humana ao tentar oferecer substitutos, igualmente nutritivos e saborosos, para todo o leque de produtos de proteína animal — carnes de animais de todos os tipos, leite e os seus derivados (manteiga, queijos, chantilly, iogurtes, sorvetes e até leite materno),[14] ovos e derivados (maioneses, clara do ovo), e peixes e crustáceos de todos os tipos.

Não se trata apenas da ampliação de opções vegetarianas e veganas, tradições milenares na história humana e fortemente representadas nos fundadores da indústria alimentar moderna, como indicado em capítulos anteriores. Os motivos, tampouco, limitam-se a questões espirituais ou de saúde mental e física, mas incluem a valorização do bem-estar animal face à crueldade dos sistemas industriais de criação e abate. Acrescenta-se a isso a percepção da impossibilidade de generalizar uma dieta de proteína animal à população global crescentemente urbana, face ao exemplo do extraordinário crescimento da demanda chinesa para carnes nas últimas duas décadas. Acima de tudo, porém, são os custos das várias cadeias de proteína animal, em termos do uso de combustíveis fósseis, da destruição das florestas e da biodiversidade, e a sua forte contribuição para os gases de efeito de estufa.

Esse conjunto de fatores impulsiona a extraordinária onda de inovações de produto cujo objetivo declarado é substituir o conjunto das cadeias globais convencionais de proteína animal. A agricultura de clima controlado e a agricultura vertical prometem deslocar grande parte da agricultura "protegida" e integrar a horticultura na vida urbana. As proteínas alternativas à base de plantas, algas, fungis e insetos prometem uma redução drástica das terras dedicadas à pecuária e à produção de rações. A

[14] A primeira inovação radical de produto nessa cadeia foi a substituição da manteiga por margarina pela Unilever à base, primeiro, de gordura animal e, depois, de óleos vegetais (GOODMAN; SORJ; WILKINSON, 1987).

metade das terras habitáveis no mundo é dedicada à agricultura, e, entre 70% e 80% destas, à pecuária (RITCHIE, 2019). A liberação dessas terras para devolvê-las à natureza, "*rewilding*" de várias formas, sobretudo na forma de reflorestamento, estende além da recuperação das áreas da pecuária, porque o consumo direto de proteína vegetal evita, também, os gastos da conversão de proteína vegetal em animal, que, no caso da carne bovina, chega a 8 a 10 quilos de rações por um quilo de carne. A proteína celular ou cultivada, por sua vez, em que as carnes são produzidas a partir da multiplicação de células, reduz ainda mais drasticamente a dependência na agricultura ao substituir rações por meios de cultura, inclusive de algas. Trata-se, portanto, de inovações cujos objetivos implicam nada menos de uma redefinição das relações campo-cidade, consolidada durante os últimos 12 mil anos.

Como já indicamos, vegetarianismo e veganismo fazem parte das opções de dieta desde tempos imemoriais.[15] Pela própria dificuldade da caça, calcula-se que plantas, frutas, nozes e fungi eram a base principal da dieta dos nossos ancestrais. No entanto, estudos também sugerem que a energia derivada das carnes era decisiva para a evolução humana (ZINK; LIEBERMAND, 2016). Existem indícios de que os egípcios tinham uma dieta "*plant-based*" há 4 mil anos, provavelmente por motivos religiosos, sendo também o caso dos gregos antigos liderados por Pitágoras e seguido por Aristóteles, e o poeta Ovídio e o filósofo Sêneca na Roma antiga (FOOD & WINE, 2020). Vegetarianismo foi identificado com autocontrole, abstinência e até pacifismo, no entendimento de que a recusa de matar animais também levaria à valorização da vida humana. Várias correntes do Cristianismo abraçaram o vegetarianismo, onde o Jardim de Éden forneceu a referência a um tempo de inocência e convívio com os animais e uma alimentação à base de frutas e plantas. Contato com o continente indiano revelou uma cultura milenar, sem influência da tradição cristã, associada ao vegetarianismo. O século XIX viu a criação de sociedades vegetarianas na Inglaterra, em 1847, e nos EUA, em 1850. Figuras famosas se identificaram como vegetarianos, Benjamin Franklin, um dos fundadores dos Estados Unidos, o romancista russo Tolstoi, a romancista americana Louisa May Alcott e o dramaturgo irlandês George Bernard Shaw. Na segunda metade do século XIX, o vegetarianismo sofreu por sua associação ao eugenismo, que iria mostrar a sua face monstruosa no século seguinte (SPENCER, 2008; STUART, 2016).

[15] Para análises abrangentes da história do vegetarianismo, *cf. The Bloodless Revolution* (STUART, 2008) e *Vegetarianism: a History* (SPENCER, 2016).

Num artigo no Times, Marta Zaraska (2016) argumenta que as privações das duas guerras mundiais e a abundância da oferta de carnes, sobretudo aves e suínos (também beneficiárias da nova genética dos híbridos da onda de inovações associadas à revolução verde) no período do pós-guerra, marginalizaram o vegetarianismo. A partir dos anos 1970, porém, houve uma renovação do vegetarianismo em novas bases. Em 1971, Frances Moore Lappé publicou o livro *Diet for a Small Planet,* defendendo o vegetarianismo, agora do ponto de vista da sua necessidade para a preservação do meio ambiente. Em 1975, Peter Singer publicou *Animal Liberation,* que também defende o vegetarianismo, mas da perspectiva do bem-estar animal, retomando a crítica ética de Pitágoras no contexto, agora, do abate industrial em massa nas condições horríficas descritas por Upton Sinclair e depois por Eric Schlosser, a quem nos referimos no início deste livro. Assim, o vegetarianismo sai do nicho de pessoas mais motivadas por razões espirituais e converge com movimentos mobilizados em torno do meio ambiente e dos direitos dos animais, reforçado também pela crescente associação do consumo de carnes com doenças cardiovasculares.

Nas primeiras duas décadas do novo milênio, tanto o vegetarianismo quanto o veganismo (um indicador do peso crescente de considerações de bem-estar animal), aumentaram em popularidade. A Sociedade Vegana da Inglaterra contratou uma pesquisa de mercado da Ipsos Mori, que entrevistou 10 mil pessoas e calculou que o número de veganos tinha aumentado de 150 mil, em 2006, para 542 mil, em 2016 (FINNERTY, 2020).

Figuras ícones da juventude (Beyoncé, Natalie Portman, Gisele Bündchen, Serena Williams, Brad Pitt) assumiram dietas veganas, e uma série de documentários — *Earthlings, Cowspiracy, Seaspiracy, Forks over Knives* — reproduziu para uma nova geração o impacto que o *Fast Food Nation* teve no início dos anos 2000 ao revelar as entranhas do sistema industrial de produção e abate de carnes e peixes em grande escala. A campanha Veganuary, o compromisso de tentar uma dieta vegana durante o mês de janeiro, mês tradicional de novas resoluções, foi lançada em 2014 com 3,3 mil adesões e explodiu para 250 mil assinantes em 2019. Na Europa e nos Estados Unidos, os cálculos apontam veganos como sendo algo em torno de 2% a 3% da população e vegetarianos em torno de 7% a 8%, podendo chegar até 10% no caso da Alemanha, onde Berlim, que conta com uma população de 3 milhões, tem 80 mil veganos (WUNSCH, 2022).

Para alguns analistas, o veganismo já se tornou *mainstream,* embora mantenha as características de um movimento social. As indicações disso são o peso da cobertura do vegetarianismo e do veganismo nas revistas culinárias, nos programas de televisão, nas mídias sociais. Mais importante é a migração de pratos veganos para as grandes redes de supermercados e de fast-food — *Marks & Spencers, Pret a Manger, Pizza Hut*. Para outros, a adoção de pratos vegetarianos e veganos pelas empresas líderes não visa apenas, e nem principalmente, aos convictos dessas dietas, mas aposta no crescimento do que são chamados de "flexitarianos", pessoas que querem diminuir o seu consumo de carnes e estão dispostas a incorporar pratos vegetarianos e veganos no seu dia a dia (PIASECKA, 2019).

Embora os flexitarianos sejam uma categoria social que pode ser captada em estatísticas, não existem produtos flexitarianos. Assim, a identificação passa pela disposição de consumir pratos "veganos" ou "vegetarianos". Trata-se de um momento em que movimentos sociais que promovem novos mercados provocam e convergem com mudanças mais amplas nas preferências dos consumidores. As estimativas do número dos flexitarianos variam bastante. A consultoria Packaged Facts calculou que eles compunham 36% da população norte-americana em 2020, enquanto a YouGov estimou em 12% nos Estados Unidos e 13% na Inglaterra (DABHADE, 2021). Mesmo nos cálculos mais baixos, a somatória desse mercado potencial chega a 25% da população desses países.

Por mais radical que seja na sua transformação de atividades rurais/agrícolas em urbanas/industriais, a agricultura vertical e de clima controlado se encaixa nas mudanças em curso nas práticas alimentares que estão levando a um consumo maior de produtos frescos, "verdes". Em contraste, o deslocamento da carne a favor de proteínas alternativas choca frontalmente padrões de consumo enraizados há séculos, sobretudo nos países do "Norte", onde a carne também carrega forte simbolismo social e de gênero (JENSEN; HOLM, 1999). Muito estudos, por outro lado, identificam um aumento de desconfiança em relação à carne, influenciada por todos os motivos que animam os movimentos sociais, mas concluem que mudanças nas práticas de consumo são mais ambivalentes e que os dados estatísticos não apontam para um declínio de consumo nesses países, muito embora sugiram que na Europa esse consumo parou de aumentar a partir de 2020 (HOLM; MOHL, 2000; SIJTSEMA *et al.*, 2021). Uma resenha de pesquisas conduzidas nos seguintes países: Austrália, EUA, Canada, Nova Zelândia, Dinamarca, Portugal, Suíça, Alemanha, Reino Unido, França, Países Baixos e Bélgica conclui: "[n]a maioria dos casos no meio de uma maioria de carnívoros dedicados, estas pesquisas oferecem evidências crescentes da presença de uma categoria distinta de flexitarianos" (DAGEVOS, 2021, p. 535).

As porcentagens de flexitarianos identificados em cada estudo variam enormemente, mas, na mediana, convergem com os números indicados pela Packaged Facts e YouGov. Trata-se, ao mesmo tempo, de uma categoria internamente heterogênea. Em primeiro lugar, distingue-se entre "reducionistas" (*reducetarians*), que, como o nome sugere, simplesmente reduzem o seu consumo de carnes e aqueles que ativamente substituem (*replace*) carne por proteínas alternativas (KATEMAN, 2017). Essa distinção é de crucial importância para a nova geração das *startups* de proteína alternativa, e das empresas líderes que as seguem, que querem ocupar e expandir esse espaço de um mercado de substituição que se abre.

As pesquisas também adotam uma série de categorias para indicar o grau de compromisso: semileve, médio, pesado, potencial, inconsciente/consciente: flexitariano, o que aponta para uma situação em fluxo e dinâmica. A proliferação de estudos sobre essas mudanças no comportamento do consumidor reflete um consenso sobre o seu papel central nas respostas aos desafios que os níveis atuais e projetados de consumo de carne apresentam para a saúde pública e a sua capacidade de conter os efeitos das mudanças climáticas (RAPHAELY; MARINOVA, 2014).

Esse consenso que se firma no mundo acadêmico e científico e que se difunde nos diversos meios de comunicação é reforçado pela convergência das diretrizes públicas nacionais e internacionais orientando as prioridades alimentares. Vimos no capítulo 2 como medidas mais fortes estão sendo tomadas no caso do açúcar, em que mais de 50 países já implementaram um imposto sobre este produto. No caso da carne, a Dinamarca, a Suécia, a Alemanha, a Holanda e a Nova Zelândia estão estudando a viabilidade de impor um imposto sobre carnes, e o governo do Reino Unido já encomendou um estudo nesse sentido (CHARLTON, 2019).

Por outro lado, subsídios para os setores de carnes e lácteos nos EUA chegaram a US$ 30 bilhões em 2020 (HO, 2021a), e na União Europeia pagamentos diretos para esses setores chegaram entre EUR 28 e 32 bilhões. Mais ainda, a União Europeia gastou EUR 259 milhões, ou 32% do seu orçamento de publicidade entre 2016 e 2020, para promover o setor de carnes e de lácteos (FEEDING..., 2019). O setor se beneficia, ao mesmo tempo, de um forte sistema de lobby por parte das suas numerosas organizações de classe que tentam suavizar o impacto da posição clara da OMS — que o consumo de carne vermelha e de carne processada é associado a doenças cardiovasculares e de câncer — nas diretrizes nacionais para uma dieta saudável. Nos EUA, por exemplo, a recomendação de consumir menos carne foi substituída pelo estímulo ao consumo de carne magra nas diretrizes atualizadas em 2015 (2015 DIETARY..., 2022). Além de financiar e divulgar pesquisas que questionam as conclusões negativas em relação às carnes, o setor contesta os impactos sobre emissões de efeito estufa com o argumento que a "densidade nutricional" da carne é maior que no caso de proteína vegetal, o que levaria a conclusões exageradas nos estudos baseados numa equivalência quilo por quilo (FLEISCHHACKER, 2007).

Em contraste, o setor financeiro está se tornando um ator importante na monitoria das empresas líderes globais a respeito dos seus compromissos econômicos, sociais e de governança (ESG). A Farm Animal Investment Risk & Return (Fairr), uma rede de investidores cujos ativos somam US$ 70 trilhões, focaliza a sua atenção no setor de proteína animal e faz uma monitoria anual das empresas líderes por meio do seu *Protein Producer Index*. Em 2017, a Fairr publicou *Livestock Levy: White Paper* aconselhando as empresas a se prepararem para a aplicação de um imposto "comportamental", conhecido mais popularmente como um "imposto do pecado", pela adoção já de um "preço sombra" nos seus balancetes que refletiria o seu provável impacto. Ao mesmo tempo, está trabalhando junto a empresas líderes, como Kraft Heinz, Nestlé, Unilever, Tesco e Walmart, para desenvolver fontes alternativas de proteínas baseadas em plantas (COLLER, 2022).

É nesse ambiente conturbado que tem surgido uma nova geração de *startups* disposta a atacar frontalmente o conjunto dos setores de carnes e proteínas animais e que desfruta de um forte apoio no mundo de capital de risco e nos novos fundos de investimentos. Como vimos no primeiro capítulo, nos exemplos de empresas que lançaram substitutos para maionese, sorvetes e iogurtes, isso faz parte de uma contestação mais geral dos produtos dominantes da indústria alimentar que se iniciou com a cadeia de lácteos. Nesse capítulo, apresentamos um panorama do conjunto das iniciativas para suplantar o leque de produtos convencionais à base de proteína animal (aí incluídos peixes e crustáceos).

Um vegano ou um vegetariano busca o equivalente nutricional da proteína animal, sem se interessar em reproduzir as qualidades visuais e gustativas da carne, do peixe, do leite ou dos ovos e dos seus variados derivados. Assim, o substituto tradicional para a carne é o tofu feito da soja e com aparência e sabor mais próximos ao queijo. Um leque grande de leites vegetais substituía o leite de animais cada um com o seu sabor distinto. A nova geração de *startups* não visa a esse público, mas ao carnívoro disposto a diminuir o seu consumo de proteína animal, o flexitariano. Assim, o objetivo principal é reproduzir as características organolépticas da proteína animal via plantas, algas, fungis, insetos, ou cultivo de células, mesmo que as qualidades nutritivas sejam eventualmente prejudicadas, levando alguns críticos a caracterizar essas proteínas alternativas como *junk food* (IPES, 2022). Como veremos a seguir, as sucessivas versões desses produtos levam em conta essas críticas.

A categoria de proteínas alternativas inclui um leque de estratégias e rotas tecnológicas distintas. O nicho vegetariano/vegano experimentou um forte crescimento nas duas primeiras décadas dos anos 2000. Nesse caso, trata-se da promoção dos ingredientes tradicionais desses movimentos com esforços de desenvolver receitas mais apetitosas por parte de chefs e celebridades que são largamente difundidas na mídia. Muito embora flexitarianos possam ser tentados por essas opções, focamos aqui nos esforços de ganhar o mercado deles, entendidos como consumidores habituais de carnes, com produtos cujo sabor e aparência são tão bons quanto, ou melhores ainda, do que a proteína animal que eles pretendem substituir. Nesse sentido, estamos frente à continuação e ampliação da estratégia iniciada pela Rich Products Corporation ao lançar o seu chantilly whip topping, em 1945, feito da soja e não do leite, que descrevemos no capítulo 1.

Essa estratégia geral pode ser desdobrada em quatro componentes baseados na matéria-prima priorizada e na tecnologia adotada, embora empresas individuais e os próprios produtos possam combinar uma ou mais rotas:

1. o segmento de "alternativas a proteína animal a base de plantas";
2. proteína animal produzida a partir do cultivo de células;
3. a fermentação de proteínas a partir de fungi e a fermentação de precisão;
4. a produção de proteína utilizando insetos.

O segmento de "carnes e proteínas alternativas à base de plantas" tem mais produtos no mercado, mais *startups* envolvidas, mais financiamento por parte de capital de risco e de fundos de investimento como mais investimentos diretos por parte das empresas líderes alimentares. Dentro desse segmento as alternativas a carnes e leite dominam o mercado, embora, à medida que empresas asiáticas e o mercado asiático se tornem mais relevantes, as opções de peixes se multipliquem. Muitas empresas, no caso de alternativas a carne, recorrem principalmente à soja como ingrediente, pelo seu alto teor de proteína. Ao se tratar de consumo direto, porém, a associação desse grão com os transgênicos coloca em dúvida a sua aceitabilidade para o consumidor e leva à busca por fontes não OGM da soja e para outros produtos, como ervilhas, feijões e lentilhas. Empresas estão também recorrendo a uma variedade de leguminosas porque elas têm a vantagem de fixar nitrogênio no solo e, portanto, aumentar a sustentabilidade da cadeia como um todo (MAGRINI *et al.*, 2018).

Para reproduzir a textura e o sabor da carne, as empresas exploram também combinações de ingredientes que se tornam "segredos industriais" ou são protegidas por patentes. A busca por ingredientes leva à adoção de *screening* e do rastreamento de moléculas com o uso de técnicas de *big data*, de *machine learning* e de inteligência artificial. Empresas especializadas na identificação de tais moléculas surgem entre as *startups* para fornecer novos sabores, texturas e propriedades funcionais, como a Shiru, no caso de proteínas, e a Yali Bio, para características de gorduras, ambas da Califórnia. O mercado global de ingredientes para a indústria alimentar é estimado em US$ 400 bilhões e é visto como pronto para transformação. Nas palavras de Chuck Templeton, diretor do fundo de investimento S2G, cujo foco é uma alimentação saudável e uma agricultura sustentável, e que é, também, membro do conselho da Shiru:

> O setor alimentar global está na beira de uma explosão de inovação. A Shiru está na vanguarda de uma nova geração de *startups* que vão transformar o setor agrícola preparando o caminho para um planeta habitável e para um aumento da qualidade de vida para todos. (ESSICK, 2021, s/p).

A burger lidera os produtos desse segmento de alternativas a carne, seguida por outros tipos de carnes sem estrutura, como nuggets, salsichas, almôndegas e carnes moídas. Algumas empresas incorporam a tecnologia de impressão 3D para produzir carnes com estrutura, tipo *steak*. Muitas combinações tentam reproduzir a sensação do sangue e o cheiro da carne, com destaque para a molécula heme, extraída da raiz da soja, que distingue a "*Impossible Burger*" da *Impossible Foods*, e está protegida por *trade mark* e patente.

Historicamente, carnes, lácteos e pescados geraram cadeias de produção bem distintas, com apenas eventuais pontos de encontro (rações, abate). As empresas, regra geral, especializavam-se numa ou outra cadeia — a JBS ou a Tyson, nas carnes, a Danone e a Nestlé, nos lácteos, empresas asiáticas e nórdicas no caso da pesca. Na nova dinâmica de "proteína animal" à base de plantas (aí incluída algas), tanto faz produzir alternativas aos diferentes tipos de carnes, leite e ovos e os seus derivados, ou de peixes. Tudo se reduz à combinação certa das moléculas e dos ingredientes certos. Hoje, por exemplo, a Tyson, líder global nas carnes, adquiriu as seguintes *startups*: a New Wave, que produz alternativas à peixe, a Myco Technology, de fermentação de precisão de fungi, a Future Meat Tech, de carne celular, além de lançar a sua própria marca, uma mistura (*blend*) de carne e proteína vegetal.

Vimos no primeiro capítulo como derivados de leite se tornaram os segmentos privilegiados de uma nova geração de empresas (Rich Foods, Chobani, e Snow Monkey) desafiando as empresas líderes estabelecidas (as incumbentes). O próprio leite, também, tornou-se alvo de substitutos no Ocidente desde o início do século XX, principalmente a partir das ondas de imigração vindas da China, onde leite de soja é conhecido há 2 mil anos. Fábricas de leite de arroz e de soja surgiram nos Estados Unidos e na Europa nos anos 1920, com o envolvimento, inclusive, da empresa líder de "*breakfast foods*", a Kellogg's, e a primeira patente de leite de soja foi aprovada nesse período. Esses leites viraram alvo de processos judiciais por parte de organizações representativas do setor tradicional de lácteos que contestaram o direito de usar a palavra leite, que foi às vezes substituída por "soylac" e "soygal" (CHARVATOVA, 2018).

Nos países asiáticos e no Oriente Médio, sem a tradição europeia de "*dairy farming*", leites alternativos datam de tempos imemoriais — leite de amêndoas é mencionado num livro culinário de Bagdá no século XIII e também na Inglaterra no mesmo século e se tornou muito popular na Europa como alternativa para os dias de jejum. O leite de "horchata" veio do Oriente Médio no século VIII para a Espanha, e mais tarde iria para o "Novo Mundo" (HENESY, 2021).

Duas empresas têm sido responsáveis pelo boom de leites alternativos. A *startup* White Wave Foods nos Estados Unidos lançou a sua marca "Silk", de leites alternativos em 1996, inicialmente da soja, não OGM e orgânico, e, em 2010, de amêndoas. As vendas explodiram e a empresa foi comprada, primeiro por Dean Foods e depois pela Danone, e nessa transição, o compromisso com orgânicos e non OGM foi sendo deixado de lado. O leite de amêndoas, incorporado nas redes Starbucks, veio a desbancar o leite da soja como o mais vendido nos Estados Unidos a partir de 2020, mesmo com todas as críticas sobre o seu baixo teor de proteína e o uso compensatório de aditivos (DANONE..., 2016).[16]

---

[16] A produção de amêndoas que se concentra no *Central Valley* do Estado da California é criticada também por ser uma monocultura que exige grande quantidade de água num Estado com grande escassez de água e pesticidas, que, por sua vez, provocam uma alta porcentagem de mortes de abelhas comerciais (ARP, 2019).

A segunda empresa é a Oatly, com o seu leite de aveia, criada por suecos em 1996 para atender a demanda de consumidores intolerantes a lactose. Por quase duas décadas, mantinha-se como uma opção de nicho nos países nórdicos, mas em 2014 adotou a estratégia de entrar no mercado norte-americano. A Oatly enfatizou o seu perfil ambiental, em comparação com o leite animal, e se dirigiu ao setor de *coffee shops*. Numa *joint-venture* com a Verlinvest, uma empresa belga de *private equity*, a estatal China Resources assumiu uma participação majoritária na Oatly em 2016. Outros investidores incluem Oprah Winfrey e o ex-CEO da Starbucks, Howards Schultz. No final de 2020, os produtos da Oatly foram vendidos em 8,5 mil lojas de varejo e 10 mil *coffee shops* nos Estados Unidos, tornando o leite de aveia a segunda opção entre os leites vegetais, atrás do leite de amêndoas. Em 2021, a Oatly foi lançada na bolsa, levantou US$ 1,4 bilhão e foi avaliada em US$ 10 bilhões. A Oatly detém seis patentes sobre os seus produtos/processos com mais pendentes, o que aumenta a sua competitividade contra outras entrantes no segmento de aveia, como a Chobani e a marca Silk (LU, 2021).

Na onda da White Wave e da Oatly, novas *startups* estão entrando, como a Ripple Foods, que entrou no mercado norte-americano em 2016 com o seu leite à base de ervilha, conquistando 20 mil pontos de venda. A chilena NotCo, que lançou a NotMilk, à base de ingredientes de plantas identificados a partir de uma tecnologia proprietária de inteligência artificial, nos mercados de América do Sul, depois entrou no mercado norte-americano em 2021 e rapidamente conquistou 3 mil pontos de venda (WATSON, 2021). A Perfect Day, *startup* irlandesa, por sua vez, que já recebeu US$ 750 milhões em várias rodadas de investimento e é avaliada em US$ 1,5 bilhão, comercializa leite, queijos e ingredientes para bolos, pães e confeitarias, com base em fermentação de precisão que reproduz com exatidão as proteínas do soro e da caseína do leite (STAROSTINETSKAYA, 2021).

Em 2020, duas empresas líderes do setor de lácteos nos Estados Unidos entraram com pedidos de falência — Dean Foods e Bordon. Certamente o avanço dos leites alternativos foi um fator nessa decisão, mas o declínio no consumo de leite como bebida nos Estados Unidos (e em outros países), tem sido contínuo desde os anos 1940, devido a mudanças nos hábitos alimentares (menos café da manhã em casa), e a concorrência de outras bebidas (água, suco de laranja e refrigerantes). Vimos no capítulo 1 que opções vegetais já estavam adentrando os segmentos de cremes de leite, iogurtes e sorvetes. Uma crise mais profunda está ainda por vir com a entrada mais decisiva de alternativas *plant-based* e de fermentação de precisão no segmento de queijos

(TERÁN; CESSNA, 2021). A New Culture, uma *startup* de San Francisco, está desenvolvendo uma muçarela com fermentação de precisão, tida como idêntica em composição a uma muçarela de leite, visando ao mercado de pizzas (AXWORTHY, 2022).

Segundo Nielson, quatro companhias contaram em 2021 com 80% do mercado de leites alternativos que já ocupam 15% do mercado de leite fluido no varejo nos Estados Unidos. Deve-se reconhecer, porém, que todas as linhas de leites alternativos, desde a Rich Foods logo depois da Segunda Guerra Mundial, foram lançadas por novas empresas e *startups*, e que essas iniciativas receberam uma oposição contínua ao uso do nome "leite" por parte das empresas líderes incumbentes. Ao ver esses mercados se consolidarem, as empresas líderes tradicionais, como a Danone, optaram por estratégias de aquisição. Mesmo assim, o preço dessa retomada parcial de controle tem sido a aceitação e a promoção de uma agenda em torno do leite promovida por movimentos sociais e políticas de saúde pública cuja expressão no mercado tomou a forma de *startups* e novas empresas contestatárias.

Ao terminar a segunda década dos anos 2000, o setor de lácteos (leite e todos os seus derivados) dominava as vendas no varejo de alimentos *plant-based*, como pode ser apreciado na Tabela 4 a seguir, com dados do mercado norte-americano.

Tabela 4 – Vendas de alimentos *plant based* nos EUA (varejo)

| Categoria | Vendas 2020 US$ | % Crescimento 2019 |
|---|---|---|
| Leite | 2.5 b | 20.4 |
| Carnes | 1.4 b | 45.3 |
| Comida Congelada | 520 m | 28.5 |
| Sorvete etc. | 435 m | 20.4 |
| Creme | 394 m | 32.5 |
| Iogurte | 343 m | 20.2 |
| Proteínas em Pó | 292 m | 9.6 |
| Manteiga | 275 m | 35.5 |
| Queijo | 270 m | 42.5 |
| Tofu + Tempeh | 175 m | 40.8 |
| Padaria etc. | 152 m | (1.2) |
| Bebidas prontas para beber | 137 m | 12.0 |
| Temperos e maionese | 81 m | 23.4 |

| Categoria | Vendas 2020 US$ | % Crescimento 2019 |
|---|---|---|
| Pastas de laticínios | 61 m | 83.4 |
| Ovos | 27 m | 167.8 |
| Total | 7.0 b | 27.1 |

Fonte: PBFA (GOOD, 2022, s/p)

Na segunda década dos anos 2000, é a vez da pecuária de corte sentir a ameaça de produtos alternativos tanto *plant-based* quanto cultivados a partir de células retiradas do animal por uma simples biopsia. Inicialmente cinco empresas dominaram esse cenário, todas *startups* lideradas por "*mission based*" acadêmicos/inovadores. A imaginação da mídia e dos investidores foi despertada pelo lançamento em Londres de um burger cultivado a partir de células-tronco de animais pelo acadêmico holandês Mark Post em 2013. A um custo, porém, de US$ 300 mil, o caminho desse burger até a prateleira do supermercado parecia longa e incerta. No entanto, foi o suficiente para acionar aportes de capital de risco e de incentivar o mundo científico (SHAPIRO, 2018).

Em meados dessa década, duas *startups* de alternativas *plant-based* a carnes, Beyond Meat e Impossible Foods, lançaram os seus primeiros burgers. Diferentemente dos *veggie burgers* que ocuparam nichos de mercados para veganos, estes almejaram substituir os de carne ao reproduzir as suas características organolépticas sem incorrer nos seus custos ambientais e de saúde. Para tanto, recorreram a uma análise tipo *Big Data* de centenas de milhares de moléculas.

Criada em 2009, a Beyond Meat lançou uma linha de "tiras de frango" em 2012 (depois descontinuada em 2019 por não alcançar a qualidade almejada), mas foi com o seu burger que ela entrou firmemente no *mainstream* em 2014. A partir daí recebeu rodadas contínuas de financiamento, chegando a um valor acumulado de mais de US$ 2 bilhões, o que permitiu uma expansão fulminante da sua produção não apenas nos Estados Unidos, mas na Europa e na China, tanto por via de cadeias de restaurantes quanto pelo grande varejo (REESE, 2018).

No mesmo ano em que a *Beyond Meat* foi criada, o futuro fundador da Impossible Foods, Patrick O. Brown, tirou um sabático para pesquisar a melhor forma de eliminar a pecuária intensiva entendida como o problema ambiental mais importante. Um ano depois, Brown organizou uma conferência de acadêmicos para provocar uma conscientização sobre o tema.

Ao ver que o impacto foi mínimo, ele resolveu que seria melhor criar um produto que substituísse a carne animal e em 2011 fundou a Impossible Foods. Diferentemente da Beyond Meat, que usa beterraba para reproduzir o efeito sangue, a Impossible Foods optou por heme, uma molécula encontrada em todos os seres vivos, responsável pelo sabor específico de carne, que a Impossible Foods produz a partir de fermentação de precisão em que as leveduras/fungi são geneticamente alteradas para produzir a heme extraída da raiz da soja (SHAPIRO, 2018).

A partir da segunda década de 2000, essas duas empresas lançaram os seus burgers e tiveram um crescimento fulminante nas cadeias de restaurantes e no grande varejo, primeiro no mercado norte-americano e depois na Europa e na Ásia, sobretudo na China. As duas receberam sucessivos aportes de financiamento, o que levou a Beyond Meat, avaliada em US$ 1,48 bilhão, a se lançar na bolsa de Nova York (IPO), em 2019 (BONANI, 2019), e a *Impossible Foods*, que recebeu um total de US$ 2 bilhões de financiamento, com o seu valor avaliado entre US$ 7 bilhões e 10 bilhões, a preparar uma IPO para 2022.

O foco inicial da imprensa especializada foi quase exclusivamente nessas duas empresas *startups*, mas rapidamente a atenção se deslocou para o grande número de empresas entrando no setor, tanto outras *startups* quanto empresas líderes do setor de carnes e do setor alimentar em geral. As consultorias, como Bloomberg, se baseando na evolução dos produtos alternativos no setor de lácteos, projetou um mercado em torno de 10% do setor global de carnes, ou seja, US$ 140 bilhões, a ser alcançado até 2035 com taxas de crescimento anual em dois dígitos (HENZE, 2021). As torneiras de capital financeiro abriram a todo vapor, aplicando US$ 2,1 bilhões nas alternativas *plant-based* apenas em 2020 (STATE..., 2021). *Startups* pipocaram em muitos países visando a todos os tipos alternativos de carnes, peixes e frutos do mar. O que tinha sido centrado na Europa e nos Estados Unidos se tornou um fenômeno global, com ecossistemas independentes de capital de risco, fundos de investimentos, incubadoras e aceleradoras surgindo em muitos países. Cingapura, Israel, Australia, Emirados Árabes Unidos, China e Índia, todos se tornaram *hubs* autônomos na promoção de proteínas alternativas, com forte apoio agora de políticas públicas.

Segundo o site Golden, que mapeia as empresas em tempo real a nível global, em março de 2022 tinha um total de 491 empresas alternativas *plant-based* (PLANT BASED MEAT..., 2022). Incluídas nesse número estão as empresas líderes do setor de carnes — JBS, Brasil Foods, Marfrig,

Cargill, ADM, Tyson, Smithfield Foods/WH Group, da China, e Charoen Pokphand Foods, da Tailândia, bem como as líderes da indústria alimentar (Unilever, Nestlé, Conagra), do varejo (Tesco, Marks & Spencers), e de fast--foods (McDonald's, KFC, Dicos, na China). Além de lançar os seus próprios produtos, quase todas essas empresas, como vimos no capítulo anterior, promovem *startups* nesse segmento a partir de investimentos diretos, de incubadoras e de aceleradoras.

Não é de surpreender que em 2022 a imprensa especializada identificou uma saturação, "*overcrowding*", do mercado de alternativas *plant-based*. Mas ainda surgiram dúvidas sobre a sua durabilidade ao interpretar o boom de 2020 como um efeito combinado do maior consumo em casa por causa da covid-19 e do fator novidade, que não necessariamente leva a uma mudança permanente a favor de produtos *plant-based*. Para reforçar essa interpretação, artigos apontaram para uma forte retração nas vendas das *startups* ícones – Beyond Meat e Impossible Foods, em 2021 (TERAZONO; EVANS, 2022).

Outros observadores ressaltaram a identificação negativa das alternativas *plant-based* com alimentos processados, até taxando-as de *junk-food* (IPES, 2022). As técnicas dominantes de extrusão favorecem a produção de alternativas de tipo moído, e os produtos mais visados para substituição têm sido os burgers, o que reforça essa imagem. Uma análise comparada das alternativas *plant-based* com burgers de carne feita pela Fairr atestou um maior uso de sódio e de gorduras saturadas, mas uma menor taxa de colesterol e menos calorias. Em 2019, a Impossible Foods informou:

> Criamos a *Impossible Burger* 2.0 com melhorias nutritivas significativas. Baixamos o sódio em 36%, e gorduras saturada em 43%, acrescentamos mais fibra, melhoramos a qualidade proteica, e aumentamos o número de vários micronutrientes, inclusive folato, cálcio, potássio e zinco. (BOURASSA, 2019, s/p).

O rastreamento de moléculas, com o uso de *big data, machine learning* e da inteligência artificial, é a marca dessas empresas na sua busca por compatibilizar valores nutritivos e organolépticos, o que garante uma evolução contínua dos seus produtos.

Ao trabalhar a partir de moléculas, todo o universo de proteína animal se torna objeto de alternativas vegetais (e de microrganismos e de insetos como veremos a seguir neste capítulo), mercados num valor combinado em torno de US$ 2,5 trilhões (MARKET ANALYSIS REPORT, 2021). De *fish fingers* a salmão e *foie gras*, de burgers a filets e carne Wagyu, de leite fluido a queijos e ingredientes lácteos para assar e cozer, todos são alvos de *startups* como financiamento para avançar da prova de conceito para um plano de negócios e daí para a produção em escala e estratégia de marketing. Aos avanços nas técnicas de extrusão, acrescenta-se as inovações da tecnologia *shear cell* (células de corte) e de impressora 3D, para produzir "carnes" e "peixes" mais estruturados, o que amplia enormemente as possibilidades de substituição. Assim, o universo visado é infinitamente maior do que o mundo dos burgers, e, mesmo que a covid-19 tenha mexido no mix de consumo dentro e fora de casa com implicações importantes para estratégias empresariais, os fatores determinantes de médio e longo prazo — mudança climática, saúde pública e bem-estar animal e a demanda global para proteína animal — em nada mudaram. A covid-19 e o acirramento dos conflitos geopolíticos só acentuaram a insustentabilidade de um sistema alimentar dependente de fontes globais de suprimento.

A demanda dos países emergentes para proteína animal, sobretudo na Ásia e no Oriente Médio, tem sido o pano de fundo, estimulando a inovação e os investimentos em proteínas alternativas, e as empresas que monitoram esses mercados destacam o maior peso dessas regiões à medida que adentramos a terceira década dos anos 2000. Não se trata apenas de um número maior de empresas, mas de ecossistemas inteiros de capital de risco, fundos de investimento, incubadoras e aceleradoras de *startups*. Em contraste com os Estados Unidos e, em menor grau, a Europa, essas regiões se destacam pela importância do apoio dos Estados e de políticas públicas em que o estímulo a proteínas alternativas se encaixa em estratégias abrangentes de segurança alimentar (BLOG..., 2021). Mesmo que em alguns países da Ásia a adoção do consumo de carnes no estilo ocidental tenha sido notável, a carne se insere muito mais como ingrediente nas suas tradições culinárias, o que facilita a promoção de alternativas que reproduzem as suas características olfativas e de sabores sem as mesmas preocupações em torno da estrutura de carnes tipo *steaks*.

A intercambialidade dos produtos finais é a marca de uma indústria alimentar cuja matéria-prima são moléculas, mas diferentes rotas tecnológicas ainda mantêm as suas especificidades. Como vimos no início dessa seção, uma alternativa aos esforços de reproduzir as características das proteínas animais por meio de plantas, microorganismos ou de insetos, é de produzir a carne mesma, mas de outra forma, sem abate, a partir do cultivo de células retiradas de um animal vivo em forma de uma biopsia.

Depois da demonstração de Post em 2013, duas *startups* têm dominado as atenções nesse segmento — a Hampton Creek/Just Eat e a Memphis Meats/Upside. Já encontramos a Hampton Creek, criada em 2011, como produtora de maionese baseada em plantas e cuja inovação radical foi, ironicamente, contestada judicialmente por Unilever, uma empresa também criada a partir de uma inovação radical do produto margarina, mas agora nesses mercados um ilustre incumbente. A Hampton Creek, renomeada Eat Just, é uma empresa duplamente híbrida por combinar os seus substitutos *plant-based* de ovos com a produção, a partir de 2017, de frango celular. Esse frango, por sua vez, é 70% celular e 30% baseado em plantas. A Eat Just, como outras *startups* similares, estabeleceu-se na Califórnia e se consolidou com base no mercado norte-americano, mas a sua expansão recente se orienta aos mercados asiáticos e do Oriente Médio. Cingapura, na vanguarda mundial tanto da promoção quanto da regulação de carnes celulares, foi o primeiro país, em 2017, a autorizar a sua comercialização, e o produto que recebeu a luz verde foi o frango da Eat Just, a partir da sua subsidiaria, Good Meat (STEFFEN, 2021).

Hampton Creek/Eat Just levantou mais de US$ 650 milhões em financiamento durante a sua primeira década, alcançando o status de "unicórnio", valendo mais de US$ 1 bilhão, já em 2016. Em 2021, começou a construção de uma planta em Cingapura no valor de US$ 120 milhões com a apoio da Proterra Investment Partners Asia, tanto para "ovos" quanto para carne celular, e uma outra planta no Qatar, estimada em US$ 200 milhões, com financiamento da Doha Venture Capital, para carne celular. Além disso, comercializa os seus substitutos a ovos na China pela rede de varejo Dicos (GILCHRIST, 2021).

A Memphis Meats/Upside foi criada em 2015 pelo indiano residente nos Estados Unidos, Uma Valeti, que se tornou vegetariano face ao sofrimento dos animais nas cadeias de carnes. Como cardiologista, Valeti se impressionou de ver os músculos do coração se regenerarem a partir da injeção de células-troncos e indagou se não seria possível cultivar músculos de carnes da mesma maneira. Convicto dessa possibilidade, Valeti se lançou na produção de carne celular, primeiro a partir de uma empresa com cara científico-tecnológica, Crevi, depois rebatizada Memphis Meats, na busca de *funding* para a fase de *scale-up* (SHAPIRO, 2018). O momento foi muito favorável porque, além do sucesso mediático do burger de Post em 2013, formou-se nos Estados Unidos um número de entidades dedicadas exclusivamente à promoção de carne celular, como New Harvest, de Matheny e Datar, The Good Food Institute (GFI), bem como a Alliance for Meat, Poultry and Seafood Innovation (Ampsi).

Nesse ambiente, Valeti organizou uma degustação das suas almôndegas, "*dumplings*", de carne, em 2016, custando apenas US$ 1.200, o que despertou enorme atenção midiática, levando a um aporte de US$ 17 milhões com a participação agora de Bill Gates, Richard Branson, Jack & Suzy Welch e, mais significativamente, a Cargill. Em 2020, houve um novo financiamento no valor de US$ 160 milhões. Essa iniciativa foi apoiada por uma infusão de capital da Temasek Holdings, sediada em Cingapura, que já tinha financiado a Eat Just, junto com vários fundos de investimento, bem como a Tyson Foods (SHAPIRO, 2018). Com esse apoio, a Memphis Meats construiu a maior planta de carne celular capaz de produzir 50 mil libras peso de carne/ano e espera entrar em operação logo que receba aprovação regulatória que, em 2022, ainda estava tramitando numa ação conjunto do USDA e da FDA. A planta, chamada Engineering, Production and Innovation Center (Epic), recebe visitas virtuais no YouTube, em que um restaurante de degustação que se situa logo na entrada permite ver todo o processo produtivo separado apenas por paredes de vidro. O vídeo enfatiza a compatibilidade da planta com o ambiente urbano e ressalta a sua similaridade com uma fábrica de cerveja. A Memphis Meats mudou de novo o seu nome em 2021, para Upside Foods, com a justificação que: "*the future of food is all about activating the upside*" ("o futuro da alimentação é uma questão acima de tudo de promover o lado positivo") (HO, 2021b).

Embora a Mosa Meat, a Eat Just e a Upside Foods tenham dominado a cobertura midiática, existe todo um ecossistema global de *startups* envolvidas com a carne celular. A Quartz identificou 30 dessas empresas no início de 2020 (SUNNESS, 2020), enquanto a *New Scientist*, em maio do mesmo ano, calculou em 60 o seu total, incluindo as empresas visando *cell culture media*, a construção de *scaffolds* para dar estrutura à carne e o desenvolvimento de biorreatores para produção em escala. O Good Food Institute (GFI), no seu *2020 Report*, aumentou esse número para "mais de 70", com mais 40 empresas do setor de *life sciences* declarando estar desenvolvendo uma linha de negócios em apoio a esse setor. No YouTube de 2021, a porta-voz da Upside calculou em mais de cem as empresas atuando no setor (THE ROAD..., 2021).

A Quartz e a GFI estimaram em torno de US$ 500 milhões o apoio recebido em 2020 de fundações e capital de risco para o desenvolvimento de carne celular. As estimativas mais recentes da Crunchbase News são bem maiores:

Tabela 5 – Investimentos em carne celular

| Investimentos em alimentos de cultura de células (US$) | |
|---|---|
| 2017 | 152 milhões |
| 2018 | 191 milhões |
| 2019 | 604 milhões |
| 2020 | 1.238 bilhões |
| 2021 | 913 milhões (até 31 outubro) |

Fonte: Crunchbase News. 2022 (https://news.crunchbase.com/)

O anúncio, em dezembro de 2021, de um financiamento de US$ 347 milhões para a empresa israelense, Future Meat, numa rodada liderada pela ADM, um dos grandes *players* mundiais no comércio e no processamento de grãos e agora, também, dos ingredientes para *plant-based* alternativas, não parece ter sido incluído nos dados de 2021.

Das 70 empresas identificadas pelo GFI, 23 se localizam nos EUA, com mais 15 em países de Europa do Norte. Mais de 30 empresas, por outro lado, estão distribuídas entre 19 países dos mais variados, com destaque para Cingapura, Israel e China/Hong Kong. Embora tímido, o financiamento público começou, também, a apoiar o setor a partir de 2020, sendo exemplos a National Science Foundation, nos Estados Unidos, a Horizon 2020 Funding, da União Europeia, bem como iniciativas dos governos de Cingapura, Emirados Árabes Unidos, China, Japão e Austrália (IGNASZEWSKI, 2022).

Diferentemente dos produtos *plant-based*, os de proteína celular em 2022 ainda estão na fase de degustação ou de ofertas limitadas em restaurantes exclusivos, e a possibilidade de alcançar uma produção em escala tem sido recebida com ceticismo — por razões estritamente técnicas ou com foco nos custos. A fábrica já pronta, a Epic, da Upfood, as duas fábricas em construção em Cingapura e Qatar da Eat Just, bem como a planta da Future Meat, em Israel, sugerem que a questão de escala está sendo equacionada.

Na Epic, a Upside pretende começar com 25 tonelada/ano, mas com a possibilidade de eventualmente produzir 180 toneladas/ano, e a Future Meat, por sua vez, também pretende produzir em torno de 180 toneladas/ano. Em relação a custos, a Future Meat estimou que teria um custo de produção de US$ 22 por quilo em 2022, baixando de US$ 330 por quilo em 2019, e com previsão de baixar continuamente esses custos. Um estudo conduzido por CE Delft junto a 16 empresas de proteína celular em 2021 concluiu que dentro de uma década a carne celular seria competitiva em custos com alguns tipos de carne convencional (FUTURE..., 2022; NEW..., 2021).

Soro animal fetal (FBS) tem sido o meio de cultura de preferência para a produção de carne celular em laboratório e foi utilizado na demonstração de Mark Post em 2013 e, também, no frango comercializado em Cingapura. No entanto, as empresas entendem que o seu uso é inviável em termos de custos e, também, inaceitável do ponto de vista do bem-estar animal, sendo um subproduto do abate de vacas leiteiras. Uma prioridade de pesquisa do setor como um todo é desenvolver meios alternativos. Os cálculos dos custos da Future Meat se baseiam na não utilização do FBS, e a Upside Foods declarou que não vai usar meios de cultura derivados de animais (BOND, 2021).

Acabamos de ver como as empresas de proteínas alternativas combinam na prática diferentes rotas tecnológicas e matérias-primas. A Impossible Foods utiliza fermentação de precisão para alcançar o sabor distintivo do seu burger *plant-based*. A Eat Just combina na mesma empresa a produção *plant-based* de derivados de ovos com a produção celular de carnes, e o seu famoso frango celular, no cardápio do Restaurante 1880 em Cingapura, tem 30% de proteína *plant-based*.

Ao mesmo tempo, podemos identificar um conjunto de firmas que aposta numa rota alternativa, na ocupação dos mercados de proteína animal com produtos à base de microrganismos e fungi, usando as técnicas de fermentação de biomassa e de fermentação de precisão. Encontramos um exemplo desse terceiro segmento na nossa discussão da onda de inovação das biotecnologias no capítulo 2 quando mencionamos a produção da micoproteína, batizada *Quorn*, que resulta de um processo natural de fermentação de um fungo num meio de xarope de glicose à base de trigo que transforma carboidrato em proteína. Esse fungo, da família *fusarium venenatum*, foi descoberto depois de rastrear mais de 3 mil amostras de terra. *Quorn*, que pode ser produzida rapidamente em escala, é competitiva em preço com carnes, tem uma pegada baixa de carbono, simula a textura do frango, e/ou de "*fishless fingers*" (palitos de "sem" peixe), e serve como base proteica para muitos alimentos. Ele foi aprovado como um alimento seguro nos anos 1980 e comercializado desde então. Com uma produção de 22 mil toneladas/ano, na Inglaterra, a Quorn Foods, que em 2022 está em vias de dobrar a sua produção, já estabeleceu um importante nicho de mercado em muitos países. A Quorn Foods, inicialmente uma *joint-venture* entre Rank Hovis McDougall e

ICI, depois de passar por várias empresas, foi adquirida pela Monde Nissin, empresa de macarrão lançada na bolsa das Filipinas em 2021 que investe pesadamente na promoção do produto *Quorn* nos Estados Unidos onde já tem uma presença desde 2002 (A REVOLUTIONARY..., 2022).

A Quorn foi por muito tempo a única empresa que produzia e comercializava em escala análoga a carne pela fermentação de fungi, mas as vantagens dessa via estão estimulando a entrada de várias *startups*, como Nature´s Fynd (WATSON, 2022a), que produz patés de salsicha e queijos cremosos (mostrando a indiferenciação de carnes e de lácteos que mencionamos acima), e a Meati, que levantou US$ 50 milhões e pretende produzir 7 mil toneladas de frango em 2022 a partir da fermentação das raízes de um cogumelo (PETERS, 2019).

A Good Food Institute (GFI), uma organização global já mencionada, que promove alternativas à proteína animal, identificou 51 empresas trabalhando com fermentação para produzir lácteos, carnes e ovos, "livre de animais". Vinte e oito dessas companhias foram criadas entre 2019 e 2020. Assim, trata-se do segmento mais novo no ecossistema de proteínas alternativas, mas com indicações de um crescimento já em rápida aceleração. Em 2020, US$ 587 milhões foram levantados por essas empresas, o dobro do ano anterior, e mais da metade do financiamento, para esse segmento nesse período todo (STATE..., 2021). As fábricas de fermentação podem ser localizadas nos centros urbanos, invertendo a expulsão dos abatedores do meio urbano ao longo do século XX, e reproduzindo a tendência identificada no caso da agricultura vertical de inserção no ambiente urbano.

A literatura especializada identifica três tipos ou rotas de fermentação:

- a fermentação tradicional que usa microrganismos para modificar ingredientes baseados em plantas, sendo exemplo o tempeh, produto da fermentação da soja;
- a fermentação de biomassa que produz proteína em grande escala a partir de microrganismos selecionados que se alimentam de carboidratos e açúcares;
- a fermentação de precisão que transforma microorganismos em fábricas para produzir ingredientes desejados (POZAS, 2020).

*Quorn* e outros produtos similares são produzidos a partir da fermentação de biomassa que consiste na identificação e seleção de microrganismos com alto teor de proteína e de rápido crescimento. Os produtos de fermentação via biomassa são competitivos em custos e podem estimular a confecção de produtos híbridos que combinam ingredientes à base de plantas e de fermentação para alcançar preços competitivos. Vinte e duas das 51 empresas identificadas pelo GFI trabalham com fermentação de biomassa.

Microalgas, produzidas a partir da fermentação de biomassa estão se tornando uma aposta, sobretudo na Ásia, para a produção de carnes, peixes, e lácteos baseados em plantas. Existem mais de um milhão de espécies de microalgas no planeta, um tesouro na busca de proteínas com características especificas. A Sophies Bionutrients, de Cingapura, produz uma farina de alto teor de proteína de uma variedade proprietária de alga num processo de fermentação que utiliza os subprodutos das indústrias da cidade. Ao mesmo tempo, já está produzindo um burger e uma alternativa também ao leite em pequena escala. A Tamasek Foundation, tão importante no financiamento do setor de proteínas alternativas, forneceu uma bolsa no valor de US$ 1 milhão para ajudar na construção de uma unidade de produção em Cingapura (WANG, 2021).

O mesmo número de empresas, 22, recorre a técnicas de fermentação de precisão em que o próprio microrganismo é modificado para produzir com mais exatidão as propriedades requeridas. Dezoito das *startups* dessa categoria foram criadas a partir de 2018. A Impossible Foods, como mencionamos, é o exemplo mais notável do potencial desta rota ao utilizar a fermentação de precisão para produzir a molécula heme, fundamental na diferenciação do seu burger.

Vinte e três das 51 *startups* de fermentação se baseiam nos Estados Unidos, e 9, em Israel, com 14 países responsáveis para as restantes 19. Com a exceção de Cingapura, da Índia e da Argentina, essa rota é dominada por empresas de países do Norte. A Ásia, no entanto, é vista como um mercado-chave, dada a sua tradição de consumir produtos fermentados e, também, dado o quadro regulatório mais favorável em vários países desse continente. A Perfect Day, empresa da Califórnia, maior beneficiária de *funding* deste segmento, com um financiamento em torno de US$ 300 milhões, e que produz proteínas bioidênticas com o leite, já montou um centro de pesquisa e desenvolvimento em Cingapura em parceria com a Agência A*STAR do governo desse país. Ao mesmo tempo, a Perfect Day estabeleceu uma parceria com a Igloo Dessert Bar e a Horizon Ventures para lançar o primeiro sorvete "*animal-free*" (sem recorrer a animais), da Ásia em Hong Kong. A Change Foods, outra *startup* de fermentação de precisão, também visa ao mercado da Ásia para os seus queijos "bioidênticos" que ainda estão na fase de protótipos. Os queijos estão apenas atrás das carnes vermelhas no nível de emissão de gases de efeito estufa, e, além de poupar água, terra e energia, a produção de queijos, por via da fermentação, leva apenas alguns dias e não precisa esperar dois ou três anos para a matéria-prima, o tempo de criar uma vaca leiteira para depois fazer o queijo (STATE..., 2021).

Ao mapear, no capítulo 1, uma nova geração de empresas contestando radicalmente os produtos dominantes da indústria alimentar, mencionamos a produção pela Hampton Creek de uma maionese sem ovos, Just Mayo, produzida a partir do feijão mungo (*mung bean*). A Clara Foods, hoje a Every Company, que dispõe do segundo maior financiamento desse segmento, em torno de US$ 70 milhões, produz proteínas da clara do ovo com base em fermentação de precisão. Diferentemente das alternativas de proteínas baseadas em plantas, a proteína é totalmente solúvel e neutra em gosto. Assim, dirige-se a produtos que visam oferecer maiores teores de proteína sem modificar a textura ou o sabor. A Every Company pretende alcançar escala global a partir da sua parceria com a Ingredion para a distribuição, e as empresas BioBrew e ABInBev, para a fermentação (SOUTHEY, 2021).

A Novozymes, empresa dinamarquesa e líder global na área de enzimas, microrganismos e produtos de biotecnologia, está construindo uma fábrica, no valor de US$ 320 milhões para a produção de proteínas baseadas em plantas em Nebraska nos Estados Unidos em parceria com grandes *players* da indústria alimentar e do varejo. Ao mesmo tempo, lançou uma, chamada *Mycoprotein Innovation Call*, para identificar parceiros para participar numa plataforma global na busca de "*advanced protein solutions*" (soluções avançadas proteicas). Nas palavras da Amy Louise Byrick, vice-presidente:

> Novozymes está lançando esta plataforma global para ajudar na transformação do futuro da alimentação ao utilizar o poder de fungi e micélio. Para transformar nossos sistemas alimentares globais serão necessárias formas radicalmente novas de trabalhar, juntando as competências mais avançadas dos mundos científicos e de negócios perpassando diferentes indústrias e setores... É isso que a Chamada pretende fazer. (DANSTRUP, 2021, s/p).

O projeto Plenitude capta muito bem a combinação de rotas distintas e uma abertura a soluções híbridas. Liderado pela empresa de micoproteína, 3F Bio, baseada na Escócia e com financiamento da iniciativa Horizon 2020 da União Europeia, ele agrega a *startup* de carne celular, a Mosa Meat, tornada famosa por Mark Post, a produtora de carnes ABP Food Group, a Vivera, produtora de carne *plant-based*, a Lactips, de bioplásticos, e o grupo de biocombustíves Alcoa. O projeto visa à produção sustentável com *zero waste* de micoproteína a ser incorporada em produtos híbridos de carnes visto pelo CEO da 3F Bio, Jim Laird, como a forma mais realista de diminuir a demanda global para carne. No início deste capítulo, falamos que não existe um produto flexitariano, mas essa estratégia de misturar carne e micoproteína, ou, como no caso da Eat Just, de misturar carne celular e proteína *plant-based* pode se tornar a característica de um produto flexitariano (EUROPA-EU, 2021).[17]

A publicação "Edible Insects: Future Prospects for Food and Feed Security" da Organização de Agricultura e Alimentação (FAO) das Nações Unidas em parceria com o Departamento da Ciência das Plantas da Universidade de Wageningen, em 2013, colocou os insetos, o nosso quarto segmento de proteínas alternativas, na agenda dos debates sobre segurança alimentar. Segundo esse relatório, mais de 2 bilhões de pessoas tradicionalmente incorporam insetos nas suas dietas, e, das estimativas de existir entre 4 milhões e 30 milhões de espécies de insetos no planeta, apenas um milhão já foi descrita, e somente 2 mil incorporadas nas nossas dietas. Mesmo assim, apenas abelhas, cochonilha e o bicho-da-seda têm sido regularmente domesticados.

Países no continente africano são os que mais os consomem, embora insetos tradicionalmente façam parte também das dietas na Ásia. Na América Latina, o império Asteca, que não dispunha de grandes mamíferos domesticados, incorporou insetos na sua dieta, e talvez seja essa tradição que explique o grande número de empresas de insetos no México (DIAMOND, 2005). Das 161 empresas de insetos identificadas globalmente pelo site *Bugburger*, 16 se encontram no México (ENGSTRÖM, 2019). Especula-se que a sua ausência das dietas na Europa e a antipatia cultural ao seu consumo resultou da monopolização de 13 das 14 espécies de mamíferos de grande porte que foram domesticadas de um total de 148 espécies registradas e que se tornaram as principais fontes de proteínas no Ocidente (FAO-WAGENINGEN, 2013). Igualmente, com a adoção de agricultura, os insetos começam a ser vistos como pestes.[18]

---

[17] Algumas empresas, como Moolec Science, estão apostando na introdução de moléculas animais em plantas como a soja e defendem que essa rota seja mais eficaz que a fermentação de precisão, porque pode aproveitar toda a infraestrutura de uma cadeia como soja para atingir uma produção em escala (WATSON, 2022b). Essas empresas ainda estão na fase de testes, um processo muito mais lento do que no caso de microrganismos. Outras empresas estão pesquisando tabaco no mesmo sentido.

[18] A nova geração de inseticidas (neonicotinoides), introduzida nos anos 1990 para substituir o banido DDT, tem tido impactos devastadores para todos os tipos de inseto, incluindo os polinizadores, sobretudo abelhas. Não se trata apenas do que alguns autores chamam de "insetinção" (*insectinction*), mas, como um elo decisivo na grande cadeia alimentar, ameaça com extinção os predadores desses insetos e aí sucessivamente (GORDON, 2022).

Surpreendentemente, foi precisamente na Europa que a publicação da FAO teve mais impacto e pode-se identificar o surgimento de dezenas de empresas na segunda década dos anos 2000. Na sua resenha da indústria de insetos comestíveis, Pippinato *et al.* (2020) identificaram 59 firmas europeias que produzem três linhas de produtos para consumo humano — insetos inteiros que contam com 50% do mercado, farinhas com 20% e barras de proteína, *snacks* e pastas. Os dois primeiros tipos usam tecnologias tradicionais e são compostos quase inteiramente por insetos (>90%), enquanto as barras de proteína, *snacks* e pastas contêm menos de 10%.

Grilos e minhocas são os insetos mais usados, junto com a mosca soldado negro e o gafanhoto e em geral não são produzidos por essas empresas, mas são fornecidos por granjas de insetos. A legislação sobre a comercialização e importação de insetos está em fluxo na União Europeia, com diferenças também entre os países da Europa, mas as medidas transicionais em relação a "alimentos novos" (*novel foods)* permitem a importação de insetos de alguns países fora da região. Um estudo da consultoria Meticulous Research (2019) prevê que o mercado global de insetos comestíveis alcançará US$ 8 bilhões em 2030 com um volume de 730 mil toneladas (EDIBLE..., 2022).

A resistência cultural ao consumo de insetos no Ocidente leva a esforços de disfarçar a sua origem e desvirtuar as suas características organolépticas, como no caso de barras de proteína, em forte contraste com as estratégias de reproduzir as características da carne no caso das alternativas à base de plantas. Outra estratégia é renomear os insetos como a sugestão de batizar gafanhotos, por exemplo, como "camarões do céu" (FAO-WAGENINGEN, 2013, p. 36).

À luz desses fatores, a maioria dos investimentos no Ocidente se dirige aos mercados de rações para animais domésticos, para aquacultura e para fertilizantes. Calcula-se que 20% da produção de carnes no mundo é consumida por animais domésticos, e que 25% dos peixes de aquacultura são aproveitados como rações na própria aquacultura. Assim, a sua substituição por proteína de insetos seria uma contribuição importante para a segurança alimentar. Vários trabalhos destacam as virtudes do uso de insetos, tanto por suas qualidades nutritivas quanto pela redução da pegada de carbono (DOSSEY; MORALES-RAMOS; GUADALUPE-ROJAS, 2016; HENCHION *et al.*, 2017). Em 2020, das dez *startups* europeias de insetos identificados como as mais promissoras pelo site Siliconcanals, oito visam a esses mercados de rações e fertilizantes (THESE 10..., 2020).

Das 59 *startups* identificadas por Pippinato *et al.* (2020), o Reino Unido desponta de longe com 14 empresas. Quando se trata desses novos mercados de insetos para rações e fertilizantes, no entanto, é a França que se destaca na Europa. Em contraposição ao modelo de iniciativa privada do Vale do Silício, a França está promovendo um ecossistema de inovação a partir de um conjunto de políticas públicas para promover um ambiente favorável ao surgimento de *startups*. Esse apoio inclui financiamento, incubadores (Station F e Next40) e um fundo para impedir a aquisição dessas *startups* por companhias estrangeiras (JACKSON, 2021). O setor se beneficia também da Plataforma Internacional de Insetos para Alimentos e Rações (Ipiff), que age no campo da regulação dessas atividades.

Na França, duas firmas se destacam: InnovaFeed e Ynsect. A InnovaFeed foi criada em 2016 e desenvolve rações (ProtiNOva e NovaGain) para aquacultura, aves e suínos. Em 2020, abriu um fábrica com capacidade de produzir 15 mil toneladas métricas de proteína de insetos e 5 mil toneladas de óleo, o que pode substituir 400 mil toneladas de rações/ano. Essa fábrica, que o cofundador da InnovaFeed chama de uma "granja vertical", utiliza automação em grande escala e inteligência artificial. A empresa planeja ter 20 plantas em funcionamento em várias locações no mundo até 2030. As ambições não se restringem a isso e em 2021 a InnovaFeed estabeleceu uma parceria com a ADM, uma das quatro grandes *traders* globais, que é uma líder também no segmento de ingredientes, para construir uma planta nos Estados Unidos quatro vezes maior do que a sua fábrica na França.

A Ynsect, por sua vez, foi criada em 2011 com a missão de responder a "alguns dos maiores desafios dos nossos tempos: alimentando o mundo enquanto protegemos o meio ambiente, os ecossistemas, a biodiversidade e combatemos as mudanças climáticas" (JACKSON, 2021, s/p). Com base numa ampla proteção de patentes, a Ynsect produz minhocas em granjas verticais para rações e para fertilizantes. Até 2021 tinha recebido US$ 425 milhões em várias rodadas de financiamento, uma soma maior que o total de investimentos no setor até então. Em 2021, a Ynsect iniciou a construção do que reivindica como sendo a maior granja de insetos do mundo com uma capacidade de 200 mil toneladas métricas e gerenciada a partir da coleção e tratamento digital de um bilhão de informações por dia. Em 2030, a Ynsect planeja ter um total de dez granjas verticais distribuídas pelo mundo.

Em forte contraste com a situação, na Europa e nos Estados Unidos, na Ásia, na África e em regiões da América Latina, o consumo de insetos faz parte de dietas tradicionais, muitas vezes na base de colheitas de espécies não domesticadas. Ao mesmo tempo, milhares de pequenas granjas cultivam e processam insetos para fins alimentares, cosméticos e medicinais. O relatório da FAO, em 2016, e a sua atuação para promover o cultivo de insetos nesses continentes como estratégias centrais visando à segurança alimentar tem sido um forte estímulo. O Centro Internacional da Fisiologia e Ecologia de Insetos (Incipe), de Nairóbi, Quênia, que, junto com a Fundação Rockefeller da Revolução Verde, tem sido igualmente importante na promoção do cultivo da mosca do soldado negro (BSF) como ração proteica e já treinou 11,6 mil granjeiros, 40% dos quais mulheres.

O Banco Mundial (2021) reforçou essa campanha com o seu relatório "Insect & Hydroponic Farming in Africa: the new circular food economy". O relatório cita a Coreia do Sul que, em menos de uma década, consolidou mais de 2,5 mil granjas de produção de insetos. Podia ter também citado a Tailândia, que tem mais de 25 mil dessas granjas registradas. Na China, granjas de insetos fazem parte da vida rural, produzindo para alimentação e fins medicinais. Em adição, tem em torno de cem grandes granjas que cultivam bilhões de baratas que se alimentam dos dejetos alimentares das cidades. Calcula-se que uma granja de um bilhão de baratas consome 50 toneladas/dia desses dejetos. O Banco Mundial calcula que na África já existem em torno de mil granjas de insetos e argumenta que a atividade requer pouca terra, poucos recursos naturais e pouco capital. O relatório conclui que:

> Dentro de um ano, a agricultura de insetos na África pode gerar proteína crua no valor de até US$ 2.6 bilhões e biofertilizantes no valor de US$ 19.4 bilhões. Isto é, ração proteica suficiente para suprir 14% de toda a demanda de proteína crua para criar todos os porcos, cabras, peixes e aves da África. (BANCO MUNDIAL, 2021, p. 26).

Ao mesmo tempo, existem *high tech startups* nesse segmento de insetos na maioria dos países da Ásia (Tailândia, Malásia, Indonésia, Vietnam, Camboja, China), com um *hub* regional em Cingapura, onde a sua Agência de Alimentos aprovou o uso da BSF como ração para peixes, bem como um importante acelerador de *startups*, Bits & Bites, em Shanghai. Uma importante investidora de *startups* em Cingapura, a Enterprise Singapore, junto com Seeds Capital, está financiando Nutritional Technologies cujo plano é produzir 18 mil toneladas/ano de rações e fertilizantes a partir de BSF. Como notamos no caso de agricultura vertical no capítulo 3, também nesse segmento existe uma globalização precoce. Já vimos as ambições globais das *startups* francesas, InnovaFeed e Ynsect; duas granjas no Vietnã são de empresas inglesas e de Cingapura, respectivamente; o investidor britânico, Future Protein Group Ltd, é dono da granja de gafanhotos Cricket Lab, na Tailândia, que exporta farinha para a Sens, na República Tcheca, também do mesmo investidor, que exporta barras de proteína e outros produtos para o mercado alemão.

Na África, vimos que existe uma longa tradição de cultivar insetos para consumo humano, mas é o potencial do mercado de rações que atrai a maioria das *startups*. A AgriProtein, da África do Sul, foi a primeira a entrar com grandes financiamentos (US$ 135 milhões) e ambições globais — construir cem fábricas pelo mundo numa parceria com o conglomerado Christoff Industries. Depois de quatro anos, no entanto, a planta na África do Sul foi vendida, e a empresa entrou em liquidação. O então CEO opera uma empresa menor de BSF na Cidade do Cabo e questiona a validade de adotar tecnologias de ponta que exigem grandes escalas para alcançar rentabilidade (DRIVER, 2021). Apesar desse revés, novas empresas, InsectiPro, Ecodudu, e Victory Farms, estão surgindo sobretudo na África do Leste, em torno do centro que mencionamos, Incipe, em Nairóbi, e pretende ser um novo *hub* para a produção de BSF, visando ao mercado de rações (TANGA *et al.*, 2021).

Neste capítulo, mostramos a amplitude dos atores e das rotas tecnológicas mobilizados para desenvolver alternativas ao sistema industrial de criação, engorda e abate de animais para fornecer proteína. As empresas líderes, incumbentes, empenham-se cada vez mais no desenvolvimento e domínio desses novos mercados de proteínas alternativas, mas elas não iniciaram esse movimento. Mesmo assim, de uma posição inicialmente defensiva, as empresas tradicionalmente identificadas com as cadeias de carnes e de lácteos começam a se autodenominar empresas de proteína, flexibilizando as suas relações com o setor primário.

No início deste livro, descrevemos a maneira como as agendas dos movimentos sociais, expressas progressivamente também em políticas públicas, ocuparam cada vez mais espaço no mundo empresarial à medida que os princípios de sustentabilidade e justiça social foram institucionalizados nas práticas cotidianas nas empresas. Da mesma forma, as várias fronteiras da ciência e tecnologia foram sendo mobilizadas na busca de soluções para um sistema alimentar que precisa se adequar aos desafios demográficos, ambientais e de saúde de uma população global crescentemente urbana. As alternativas proteicas examinadas neste capítulo foram impulsionadas por cientistas e empreendedores engajados, que, amparados por um ecossistema global de financiamento, podiam rapidamente experimentar a transformação das suas ideias em propostas comerciais. Dominadas inicialmente pelos Estados Unidos e pela Europa do Norte, esse mundo de *startups* guiado por capital de risco e fundos de investimento se transformou, em menos de uma década, num fenômeno global com *hubs* em todos os continentes.

Identificamos quatro grandes rotas tecnológicas e de matéria-prima associada — rastreamento de moléculas para identificar proteínas de plantas/ algas; cultivo de carne a partir de células de animais; fermentação de precisão usando microrganismos e fungi; e o cultivo de insetos em sistemas de clima controlado. Em alguns contextos, trata-se de rotas complementares, em outros, competitivas, mas identificamos um crescente pragmatismo nos esforços de engajar não o vegetariano/vegano convicto, mas o flexitariano, que resulta numa disposição de combinar tecnologias e matérias-primas em produtos híbridos, que podem misturar proteína de plantas com carne celular e/ou com proteína de microrganismos e fungi.

Na introdução e no primeiro capítulo, mostramos como a crítica ao sistema agroalimentar dominante tinha se consolidado a partir dos anos 1980, mas foi somente na primeira década dos anos 2000 que o impacto do crescimento fulminante da China se fez sentir nos mercados agroalimentares globais, despertando essas ondas de inovação radical, visando compatibilizar a demanda chinesa e de outros países e continentes emergentes, com a sustentabilidade dos recursos naturais e do clima do planeta. No próximo capítulo, analisaremos o impacto da demanda chinesa na (re)organização do sistema agroalimentar mundial, bem como as estratégias chinesas de segurança alimentar, incluindo aí as suas políticas e iniciativas em relação à agricultura de clima controlado e proteínas alternativas.

# CAPÍTULO 5

## CHINA – O PIVÔ DA REESTRUTURAÇÃO DO SISTEMA AGROALIMENTAR GLOBAL

Qual é o significado da China para o futuro do sistema agroalimentar? Mostramos, ao longo dos capítulos anteriores, que as agendas de contestação do sistema agroalimentar dominante desenvolvidas a partir dos anos 1980 pelos movimentos sociais, tanto rurais como urbanos, e sucessivamente incorporadas em políticas e convenções globais e acolhidas também no mundo acadêmico e científico, começaram a invadir o *mainstream* com a criação de departamentos de sustentabilidade, com a adoção de critérios socioeconômicos e ambientais de prestação de contas e com a adesão a metas em torno do clima. Essas agendas se dirigiam, sobretudo, a um sistema agroalimentar global dominado por atores e mercados do "Norte" (aí incluído o Japão), em que as mudanças nos padrões de consumo nesses países (consumo menor per capita de alimentos básicos, preocupações com saúde, bem-estar, inclusive animal, e a preservação ambiental) podiam ser pelo menos parcialmente acolhidas nas estratégias empresariais de produtos de qualidade.

O crescimento econômico explosivo da China, a partir das reformas de Deng Xiaoping, em 1978, com a sua população maior do que a dos países do "Norte" combinados, somente começou a impactar no sistema agroalimentar global a partir da entrada da China na Organização Mundial do Comércio (OMC), e da sua definição da soja — chave para as rações da sua indústria de carnes em rápida expansão — como um insumo industrial cuja oferta, portanto, podia depender dos mercados mundiais. Para a China, desde tempos imemoriais, reforçada pelas lembranças da fome dos anos 1960, a segurança alimentar, entendida como autossuficiência em alimentos básicos, é vista como central à legitimidade do Estado. A definição da soja (e eventualmente do milho), como produtos industriais ao lado do algodão, do fumo, da celulose e de outras matérias-primas não alimentares, permitiu-lhe manter o discurso de segurança alimentar, entendida como autossuficiência, mas rapidamente transformou a dinâmica do comércio mundial de produtos agrícolas, sobretudo das cadeias ligadas à transição para uma dieta de proteína animal decorrente da sua industrialização e urbanização.

Assim, a partir dos anos 2000, o sistema agroalimentar mundial voltou a ser dominado pela dinâmica dos mercados de commodities, agora atendendo não mais à demanda da Europa e do Japão como no período do pós-guerra, mas à China e a outros países "emergentes". Na China, como país autoritário, dificilmente as agendas da sociedade civil influem nas políticas ou nas estratégias das empresas, muitas das quais no setor agroalimentar são estatais. Nesse contexto, o futuro das agendas socioambientais parcialmente incorporadas ao sistema agroalimentar foi colocado em questão com a perda de importância do mercado europeu no comércio mundial e com as suas empresas líderes gerando mais renda no próprio mercado chinês e outros países emergentes do que na Europa e nos Estados Unidos. Ao mesmo tempo, questionou-se, também, como, no contexto do crescimento econômico e da urbanização dos países emergentes, seria possível arcar com os custos socioeconômicos e ambientais dessa transição gigantesca para uma dieta de proteína animal. É a resposta a essa questão que em grande parte motiva a onda de inovação que analisamos no capítulo anterior e estende, também, à promoção de uma produção de alimentos em condições de clima controlado que abordamos no capítulo 3. Neste capítulo, examinaremos o impacto dessa mudança na dinâmica do sistema agroalimentar global, no avanço das agendas socioambientais, bem como a maneira como a China está se posicionando frente às novas ondas de inovação de produtos que podem radicalmente modificar os mercados mundiais e as relações históricas campo-cidade.

Com as reformas de Deng Xiaoping, em 1978, até o início do novo milênio, a China cresceu quase 10% ao ano (e continuou a crescer nessa velocidade por mais uma década), sem recorrer a importações estruturais de alimentos, isso num período, também, de transferência maciça de populações para o meio urbano. A explicação corrente passa por uma avaliação do impacto das reformas de 1978, sobretudo a promoção da estratégia de *Township and Village Enterprises*, bem como o acesso direto a mercados por parte dos camponeses (HUANG, 2008; NAUGHTON, 2007). Aglietta e Bai (2013) aprofundam essa questão no livro *China's Development: Capitalism as Empire*, para entender como foi possível sustentar uma população já em plena transição urbana e crescimento populacional antes de 1978. Nos debates sobre esse tema nos casos da Holanda e sobretudo da Inglaterra, a identificação de uma "segunda revolução agrícola" (THOMPSON, 1968) de *high farming* no século XVIII, quando a descoberta das funções de fixar nitrogênio de leguminosas impulsionou grandes aumentos de produtividade, explica a possibilidade de uma transição urbano-industrial antes de esses países recorrerem ao abastecimento colonial dos seus respectivos impérios. Aglietta e Bai, por sua vez, identificam "uma revolução verde silenciosa" a partir dos anos 1950-1960 (apesar dos desastres do *Great Leap Forward* e a consequente fome que matou em torno de 20 milhões de pessoas), que estava dando resultados significativos de produtividade bem antes das reformas. Já nos anos 1950, a China desenvolveu um sistema nacional de P&D agrícola coordenado pela Academia Chinesa de Ciências Agrícolas. Em 1964, uma variedade anã de alto rendimento de arroz foi criada, e em 1961 o milho híbrido também foi desenvolvido. No início dos anos 1970, a China importou 13 fábricas de amônia e ureia sintéticas, criou a base para uma indústria de fertilizantes, e os sistemas de irrigação foram reformados. Assim, bem antes das reformas de 1978, a China já tinha alcançado um novo patamar de produtividade na agricultura para sustentar a passagem para uma sociedade em transição urbano-industrial.

Como já indicamos, o impacto da sua demanda alimentar nos mercados e nas agriculturas globais só vai se sentir a partir da sua entrada na OMC e da sua redefinição da soja como produto industrial e, portanto, não sujeita às regras de autossuficiência. Nas duas décadas seguintes, as variadas demandas chinesas para matéria-prima agrícola dominam a dinâmica dos mercados globais, levantando o espectro de um retorno ao mundo de commodities, que caracterizava as primeiras seis décadas do século XX, minando a virada para qualidade identificada a partir dos anos 1980.

A demanda chinesa por matéria-prima alimentar e não alimentar, a partir dos anos 2000, só podia ser atendida com uma expansão sem precedentes das fronteiras agrícolas da América Latina e Ásia que rapidamente implicava no desmatamento de florestas tropicais, ameaçando povos indígenas, erodindo a biodiversidade e agravando os problemas climáticos e as emissões de carbono (ESCHER, 2020).

Subitamente a China se tornou um *player* no comércio mundial de commodities agrícolas para produtos não alimentares, como algodão, celulose, fumo e, também, agora para soja, o produto-chave das cadeias de proteína animal, refletindo os impactos da acelerada urbanização da população e a consequente transição para uma dieta de proteína animal (ZHANG, 2018). As importações chinesas explodiram na primeira década dos anos 2000, aumentando entre 5 e 10 milhões de toneladas, no início da década, para algo em torno de 60 milhões de toneladas em 2010. Nesse mesmo ano, a safra da soja no Brasil alcançou um recorde, atingindo 68 milhões de toneladas, apenas um pouco mais dessa demanda chinesa de importações. Mesmo com uma agricultura muito eficiente, com os processos de urbanização e de envelhecimento da população rural e com a quantidade de terra rural absorvida na expansão das cidades e a sua malha de rodovias e ferrovias, a China depende cada vez mais de importações, expondo as limitações do comércio mundial. Apenas baixas porcentagens de dependência da China nos mercados mundiais criam demandas inéditas de importações (WILKINSON; ESCHER; GARCIA, 2022).

Em 2019, a China sofreu um surto de peste suína que dizimou o seu rebanho, baixando a sua produção de 54 milhões de toneladas em 2018 para 41 milhões de toneladas em 2020 com uma consequente escassez doméstica e um aumento abrupto de preços. Imediatamente, a China dobrou as suas importações para mais de 2 milhões de toneladas, criando uma explosão de preços internacionais num mercado global que chegava a apenas 10 milhões de toneladas e que foi também duramente afetado pela covid-19 (SHAHBANDEH, 2022).

Prevendo essa vulnerabilidade, a China, por meio do Shanghui Group (agora, WH Group), já tinha adquirido a Smithfield Foods, a maior empresa de suínos dos Estados Unidos em 2013. Ficou claro que o comércio mundial não foi dimensionado para atender o ritmo e o tamanho da demanda chinesa para garantir a sua segurança alimentar tão central à legitimidade do Estado chinês.

Afortunadamente no caso da soja, uma enorme nova fronteira de grãos tinha sido aberta no Brasil com base num longo programa de cooperação com o Japão a partir dos anos 1970, que naquela época vislumbrava igualmente dificuldades de abastecimento de grãos quando esse país estava também transitando em direção a uma dieta de carnes. Naquele tempo, o Japão receava as implicações de uma dependência de apenas um país fornecedor, os Estados Unidos. Em 1997, o comércio mundial da soja valia em torno de US$ 10 bilhões, os Estados Unidos contavam com dois terços das exportações, e a China importava apenas 5,5%. Vinte anos mais tarde, esse comércio tinha aumentado para mais de US$ 60 bilhões, com a China responsável por 63% das importações, e o Brasil tinha se tornado o maior exportador (DE MARIA *et al.*, 2020). Diferentemente do Japão, a China enfrenta um duopólio em que a expansão da sua demanda, que chegou, em 2021, a 100 milhões de toneladas, viabiliza-se apenas com a extraordinária expansão da nova fronteira da soja no Brasil. Assim, sobretudo em tempos de diplomacia conturbados, que no caso brasileiro podem ser de curta duração, mas prometem ser duradouros no caso dos Estados Unidos, essa dependência provoca uma inquietação na China similar à que o Japão sentiu nos anos 1970. Nessa ótica, pode-se identificar esforços estratégicos por parte da China para diminuir a sua dependência que são analisados a seguir (SCHNEIDER, 2017).

A entrada da China nos mercados mundiais provoca um duplo deslocamento — de uma Europa, onde a demanda alimentar é fortemente pautada por uma sociedade civil vibrante e politicamente legitimada, para um regime autoritário com pouca expressividade da sociedade civil; e para uma demanda agora medida em termos de quantidade e preço e não mais pelas qualidades diferenciadas que estavam redefinindo o perfil do sistema agroalimentar. Mais grave ainda, esse deslocamento aconteceu no momento em que a crítica focalizava sobretudo as ameaças ao meio ambiente, bem como as suas implicações para as metas globais de sustentabilidade (SDG) e de combate às mudanças climáticas.

Em outras publicações (ESCHER; WILKINSON, 2019; WILKINSON; ESCHER; GARCIA, 2022; WILKINSON; WESZ JÚNIOR; LOPANE, 2016), identificamos um conjunto de iniciativas tomado por parte da China de contornar as vulnerabilidades do comércio internacional de commodities agrícolas, visto ora como estratégias sucessivas ora como complementares. Em primeiro lugar, e como reflexo dessa "virada de volta para commodities", que incluía a promoção de biomassa para energia renovável em substituição à gasolina (HLPE, 2013), a China, como muitos outros países e empresas globais, com a entrada também de fundos financeiros, investiu diretamente na compra de terras na Ásia, na África e na América Latina. Vários países, incluindo o Brasil, responderam por dificultar ou limitar as compras estrangeiras de terras, visando, no caso brasileiro especificamente, à China (MCKAY *et al.*, 2018). Como alternativa, especialmente nos países do Conesul — Brasil, Uruguai, Paraguai e Argentina — (mas com a mesma estratégia na Ucrânia nos contratos de trigo), a China tentou fechar contratos de longo prazo com cooperativas e governos estaduais, de novo sem sucesso. Ao mesmo tempo, numa estratégia similar à do Japão nos anos 1970, a China se orientou para investimentos em infraestrutura e em logística do escoamento da soja (e commodities afins com destaque para milho) —

estradas, ferrovias e portos, especialmente para agilizar as exportações brasileiras pelo Norte do país, visando à fronteira do Centro-Oeste, agora avançando em direção à região amazônica.

Durante esse período, a China lançou também a sua estratégia para o *going out*, ou a internacionalização das empresas líderes chinesas (SCHNEIDER, 2017; SHARMA, 2014). No início da abertura dos mercados da soja por parte da China, a sua produção doméstica foi seriamente prejudicada e, depois de uma crise de endividamento em 2006, grande parte do setor chinês de esmagamento de grãos foi adquirida pelos *traders* globais, Archer Daniels Midland (ADM), Bunge, Cargill e Dreyfuss, chamados os ABCD, e por *tradings* asiáticas como Wilmar (SOLIDARIEDAD.., 2017). Ao seguir essa estratégia de *going out*, as empresas chinesas — Cofco, Sinograin, ChinaChem e, em menor grau, a Shanghai Pengxin Group — já desafiam o controle global da cadeia grãos-carnes pelo ABCD. A Fiagril, um importante *player* regional na expansão da soja pela fronteira do Centro-Oeste no Brasil, foi adquirida pelo Shanghai Pengxin Group. A ChinaChem, empresa Estatal, comprou a Syngenta, líder mundial nos mercados agroquímicos e de sementes que, por sua vez, comercializa agora a soja do Conesul que recebe por meio de arranjos de *bartering* diretamente com a empresa estatal chinesa Sinograin. A Cofco, outra empresa estatal chinesa, entrou diretamente no mercado da soja no Conesul a partir da compra das empresas Nidera e Noble e contesta a liderança do grupo ABCD na originação da soja na região (WESZ; ESCHER, 2020).

Ao longo dos anos 2000, a China experimentou diversas estratégias para lidar com os desafios da sua segurança alimentar num contexto da flexibilização da sua política de autossuficiência. Subjacente a todas elas, porém, tem sido a determinação de estabelecer um nível de controle sobre a oferta e os fluxos dos grãos para não se tornar um simples *price-taker* e refém do grupo ABCD. As suas políticas de estoques e de tratamento preferencial para a importação de grãos e não farelo complementam essa estratégia, bem como a criação do Asia Pacific Futures Exchange, dedicado, no momento, a transações com óleo de palma.

As ambições chinesas se mostraram muito mais ousadas a partir do lançamento da iniciativa Belt and Road, em 2013, que pretende nada menos do que redesenhar os fluxos comerciais por terra e por mar em torno do seu próprio mercado. Cento e trinta e oito países são atingidos pela iniciativa, e 60 países já se comprometeram com declarações de intenções e projetos. Segundo Morgan & Stanley, a China já tinha gastado US$ 200 bilhões até

2020 e previu investimentos chegando a um valor total de US$ 1,2 trilhão a 1,3 trilhão em 2027. Essa iniciativa abre fontes novas de abastecimento agrícola com grande potencial na Ásia Central, onde as mudanças climáticas podem inclusive aumentar as terras aptas para a agricultura (CHATZKY; MCBRIDE, 2020). Em 2019, a China e a Rússia assinaram um acordo de cooperação que inclui todas as etapas da cadeia da soja e que prevê um aumento de exportações para 3,7 milhão de toneladas até 2024 (DONLEY, 2020).

Na literatura de cadeias globais de valor (GVC), esse deslocamento dos fluxos do comércio da Europa para a China e de produtos de maior valor agregado para simples matéria-prima (no caso aqui, de grãos em vez de farelo e outros derivados), foi visto como um processo de *downgrading* (desvalorização), ao minar as estratégias e políticas de internalizar maior valor agregado nas etapas iniciais dessas cadeias por parte dos países exportadores (KAPLINSKI; TIJAJA; TERHEGGEN, 2010). Nas pesquisas coordenadas por Gereffi & Barrientos, essas noções de *upgrading* (valorização) e *downgrading* foram problematizadas e ampliadas para captar processos contraditórios e para focalizar os impactos sociais e ambientais, e não apenas as suas implicações econômicas (GEREFFI; BARRIENTOS, 2013). Com o avanço da fronteira da soja dos cerrados em direção à região amazônica no Brasil e, em menor grau, para as florestas do Chaco, na Argentina, e no contexto também da pressão de convenções globais (SDGs, COPs), para adotar metas quantificáveis e monitoráveis de sustentabilidade e de redução das emissões de carbono, a questão das implicações da mudança do eixo do comércio mundial para a China se tornou central.

Em outra publicação (WILKINSON; ESCHER; GARCIA, 2022), fizemos uma análise detalhada da posição da China em relação aos objetivos de desenvolvimento sustentável e da redução de emissões de carbono. Conrad (2012) e outros autores (XIAOSHENG, 2018) têm chamado a atenção para o descompasso entre a evolução das políticas domésticas e as posições adotadas pela China nos fóruns internacionais, sobretudo na COP de Copenhagen em 2009. A China tem uma longa tradição de participação nos movimentos internacionais em torno da sustentabilidade e participou da primeira reunião dessa natureza em Estocolmo nos anos 1970, mesmo rejeitando qualquer compromisso que podia travar o seu desenvolvimento. A partir daí as políticas ambientais adquiriram um status institucional e jurídico e, no contexto da Rio-92, a China elaborou a sua Agenda 21. Segundo Mol e Carter (2006), a Agência Chinesa do Meio Ambiente contava com 160 mil funcionários em 2004. Mesmo assim, nos fóruns internacionais, a China mantinha a sua identificação com a posição dos países em desenvolvimento de "*common but differentiated responsibilities*" (responsabilidades comuns mais diferenciadas), ao exigir que os países do Norte assumissem o ônus de reduzir as emissões. Essa posição foi adotada tanto pelo Grupo de 77 quanto pelos países Brics, que inclui o Brasil, e, na COP de Copenhagen em 2009, a China recusou assumir qualquer meta de redução das suas emissões.

No seu 12º Plano Quinquenal (2011-2015), no entanto, a China formalmente se comprometeu a mudar o seu modelo de energia baseada em combustíveis fósseis e estabeleceu o objetivo de reduzir as emissões que foi transformado em metas quantificáveis no Plano Quinquenal seguinte. No mesmo ano, na ausência dos Estados Unidos, a China assumiu a liderança da COP de Paris, ao se comprometer com *peak carbon emissions* (pico das emissões de carbono) em 2030 e com uma redução per capita de emissões a 60% a 65% dos seus níveis de 2005, também em 2030 (CCICED, 2016).

À medida que a China adotou metas quantificáveis, mesmo tendo um histórico de fustigar e reprimir organizações da sociedade civil, ela recorreu às ONGs internacionais do meio ambiente — Greenpeace, WWF e FSC, bem como a Friends of Nature, uma organização local —, para elaborar as métricas de mensurar e monitorar as metas adotadas. Ao mesmo tempo, as suas empresas líderes na cadeia da soja se alinharam com uma série de compromissos ambientais elaborados no mundo empresarial e nos movimentos sociais do Norte. A Sinograin, mais uma vez uma estatal chinesa, tornou-se a primeira empresa chinesa a receber a certificação pela *Rountable for Responsible Soy*. A Cofco, por sua vez, integrou-se nas associações de agronegócios no Conesul, aderiu ao moratório, excluindo a compra da soja de áreas recém-desmatadas da região amazônica, e assumiu o compromisso de ter todo o seu fornecimento "limpo" de desmatamento em 2023 (WILKINSON; ESCHER; GARCIA, 2022).

Assim, mesmo que o debate em torno de *downgrading* continue relevante em termos de valor agregado e geração de renda, o medo de que se teria também um *downgrading* em relação ao meio ambiente não parece proceder. Em 2016, o Conselho Chinês para Cooperação Internacional em Desenvolvimento e Meio Ambiente, publicou um relatório: "O Papel da China no Esverdeamento das Cadeias Globais de Valor", em que se refere especificamente à cadeia da soja nesses termos:

> Ao nos unir com os esforços globais em torno da soja, a reputação da China no cenário internacional seria refortalecida, como também a sua relação com os países produtores e a

> posição competitiva das suas empresas no mercado global. Reduziria, ao mesmo tempo, a contribuição da China à mudança climática – desflorestamento devido à expansão da soja e outras grandes commodities que conta por mais de 10% das emissões globais. (CCICED, 2016, p. 9).

Assim, mesmo no contexto de um país autoritário onde as pressões sociais são abafadas, a China se mostra cada vez mais alinhada com as convenções globais sobre o meio ambiente e o clima. Ao mesmo tempo, nas duas décadas antes de recorrer aos mercados internacionais, uma classe média de centenas de milhões estava se consolidando na China e continuou a se expandir nas décadas seguintes do novo milênio, alcançando 400 milhões em 2020 segundo o Bureau Nacional Chinês de Estatísticas. Um novo nível de preocupação com a qualidade básica dos alimentos acompanhou essa ascensão, e o escândalo em torno dos alimentos infantis e da adulteração de leite em 2008 levaram a uma valorização de produtos importados com garantia de qualidade, marcando um momento de inflexão nesse sentido (SUN; YE; REED, 2020).

O segundo reflexo dessa consolidação de uma classe média foi a adoção de uma virada, agora chinesa, para qualidade. Um indicador disso são os dados de importação da categoria *food products* do WITS do Banco Mundial em 2018. Os 10 maiores exportadores para a China nessa categoria somam um valor de US$ 20 bilhões, liderados agora não pelo Brasil ou pelos Estados Unidos, mas pela França, seguida pela Austrália, Holanda, Nova Zelândia, Peru, Tailândia, Brasil, Alemanha, Japão, Coreia do Sul e Canadá. Diferentemente do duopólio no caso da soja, os valores são distribuídos com relativa equidade entre os 10 líderes (FOOD PRODUCTS.., 2020). Exemplos dessa mudança para estilos de vida que impliquem em novas qualidades alimentares seriam o aumento do consumo de queijos, de vinhos e de café. No caso de queijos, podemos intuir a sua importância pela liderança da França nas exportações, mas os dados dos Estados Unidos não são menos impressionantes. Os EUA exportaram 2 mil toneladas métricas no início do novo milênio, e em 2017 essas exportações tinham aumentado para 108 mil toneladas. A China já se tornou o segundo mercado mundial para vinhos, compra agressivamente vinhedos na França, desenvolve a sua produção doméstica e já é considerada o maior mercado mundial para o *top-end* (fino), segmento dos vinhos (HOW TO..., 2018).

A China é o país *par excellence* do chá, e o consumo per capita de café ainda é ínfimo quando comparado com os países do Norte. Mesmo assim, o consumo triplicou entre 2012 e 2016, ano em que a Starbucks já tinha 2 mil lojas com planos para 500 novas por ano nos anos seguintes. A Dunkin Donuts, grande consumidora de café, também tinha 1,4 mil lojas no país em 2020 (MEYERS, 2016). A demanda maior, porém, continua sendo para o café instantâneo da Nestlé. A produção do café, concentrada na região de Yunnan, aumentou rapidamente desde o início dos anos 2000, e a China subiu do 30º lugar para ser o 15º produtor mundial em 2020 ao exportar 70% da sua produção. Tradicionalmente identificado como café de baixa qualidade, as metas de produção em 2021 são: sustentabilidade, produção orgânica e rastreamento da qualidade via *blockchain* (GRANT, 2021).

Assim, a centralidade da China no redirecionamento do sistema agroalimentar global não implica uma simples volta a um mundo dominado pelas grandes commodities. As preocupações ambientais e do clima são muito presentes na China, e, a partir da COP de Paris em 2015, ela tomou a dianteira na definição de metas de redução de carbono e se alinhou, com base nas suas empresas líderes, com os movimentos contra o desmatamento. A segurança alimentar, ao mesmo tempo, é um *sine qua non* da legitimidade do Estado chinês. Assim, para assegurar que as suas metas sobre sustentabilidade e clima sejam compatíveis tanto com a segurança alimentar quanto com o compromisso com o desenvolvimento, a China está adotando uma estratégia sistêmica que, além de aumentar o seu controle sobre o comércio global e incorporar a virada para qualidade, inclui políticas para diminuir o desperdício ao longo das cadeias, estimular mudanças nos padrões de consumo e investir nas inovações da nova fronteira tecnológica (WILKINSON; ESCHER; GARCIA, 2022).

Numa posição muito afinada com as conclusões da pesquisa do Lancet, mencionada na introdução deste livro, Xi Jinping estabeleceu uma meta, incorporada no Guia Alimentar do país em 2016, de reduzir em 50% o consumo de carnes (CHINA LANÇA..., 2016), e o Ministério da Saúde adotou a figura de "um pagode" para guiar a dieta, similar à pirâmide utilizada na OMS, no Brasil e em muitos outros países. Em mais uma comparação com os Estados Unidos, a China conta agora com um número maior de pessoas obesas que se tornar igualmente objeto de políticas públicas.

As suas políticas contra desperdício se iniciaram em 2013 com a campanha, "Operação Prato Vazio", dirigida contra as festas extravagantes sobretudo do setor público. A WWF China calculou que, em 2015, a China desperdiçou entre 17 e 18 milhões de toneladas de alimentos. Outros cálculos estimaram que a quantidade de comida desperdiçada seria suficiente para alimentar entre 30 e 50 milhões de pessoas ao longo do ano. Em 2019,

Shanghai introduziu regulações rígidas sobre a reciclagem de alimentos, tanto para indivíduos quanto para empresas, uma política que foi adotada em outras cidades do país. Seguindo mais uma declaração de Xi Jinping em 2020, houve o lançamento da campanha Clear Your Plate (limpe o seu prato), que penaliza quem pede mais do que consegue comer. A Wuhan Catering Industry, por sua vez, adotou a política de "*one plate less*", ou N-1, em relação ao número do grupo pedindo uma refeição em restaurantes. Em abril de 2021, foi decretada uma lei contra o desperdício de alimentos que tornou ilegal a publicidade de vídeos de competições sobre consumo de alimentos. Os restaurantes foram autorizados a cobrar extra por pratos pedidos, mas não consumidos, e multas foram definidas por excessos de oferta de alimentos por parte do setor de serviços alimentares. Nesse documento calcula-se que a indústria de *catering* desperdiça 18 bilhões de quilos por ano (CHINA, 2020).

A combinação da sua revolução verde e a permissão para os camponeses venderem os seus produtos diretamente nos mercados viabilizou a primeira fase de uma revolução agrícola suficiente para sustentar o desenvolvimento acelerado da China depois das reformas de 1978. A partir dos anos 2000, um conjunto de fatores — abertura aos mercados mundiais, a perda de terra para a urbanização, o grau de contaminação dos solos, o envelhecimento dos camponeses, os escândalos alimentares, a peste suína, bem como a política de promoção de urbanização e a acolhida da onda de novas tecnologias — levou o Estado chinês a se orientar para a promoção de agricultura em grande escala. Para viabilizar esse desenvolvimento, o governo modificou os direitos fundiários em 2016, ao distinguir entre a propriedade da terra (ainda do Estado) e direitos de "operar" que podem ser transferidos para um período de até 30 anos (ZHAN, 2019). Com base nisso e uma política de subsídios, as grandes empresas *dragon heads* e de agronegócios entraram na produção agrícola, e calcula-se que 30% das terras agricultáveis chinesas já foram transferidas nesse sistema de "*operators' rights*" (GLENN; YAO, 2016).

No capítulo "Agriculture 5.0 in China: New Technology Frontiers and the Challenges to Increase Productivity", no livro *China-Brazil*, editado por Jank e Miranda, Jianjun Lyu (2020) mostra, com detalhes, o grau em que a China investe não apenas nas tecnologias de digitalização para a agricultura (25% das propriedades tinham acesso à banda larga em 2018), mas também na integração de *big data* com a Internet das Coisas (IoT), a Inteligência Artificial (AI) e a robotização. Mostra, ao mesmo tempo, como essas tecnologias estão sendo usadas, também, para viabilizar todo o ciclo de produção/comercialização de pequenos produtores e cooperativas. A compra da Syngenta, líder mundial de insumos agrícolas, pela ChinaChem, empresa estatal da China, ao mesmo tempo que aumenta a sua influência entre os *players* globais dos agronegócios, visa especialmente a melhorias na produtividade da sua agricultura doméstica.

A integração vertical da produção até o consumo é vista como chave para o que Huang (2011) chama de *China's new age small farms*, mas a questão, para esse autor, é se essa integração passa por cooperativas de produtores ou será dominada pelo que ele caracteriza como o avanço agressivo dos agronegócios na adoção desse modelo. O Governo chinês parece privilegiar o modelo de integração horizontal e vertical, ao promover uma agricultura em grande escala, respondendo ou às pressões dos agronegócios, inclusive globais, ou a considerações mais macroeconômicas que priorizam um modelo de desenvolvimento urbano e de êxodo rural, podendo apontar, também, como justificativa para o envelhecimento da população rural em que a média da idade ultrapassa 50 anos.

Esse avanço da agricultura em grande escala perpassa o conjunto das grandes commodities, mas atinge, sobretudo, o setor de suínos, um mercado que tem sido duramente atingido pela peste suína domesticamente e que provocou uma turbulência sem precedentes no comércio internacional de porco. O colapso no tamanho do rebanho foi na ordem de 50%, criando uma demanda extra de algo em torno de 11 milhões de toneladas, o tamanho do comércio global de carne suína. A resposta à crise foi uma aceleração da concentração da produção, que já estava em curso desde o início dos anos 2000, acompanhada pela adoção de tecnologias de fronteira. Segunda a China Animal Husbandry Handbook, citada pelo consultor Richard Brown no site PigProgress, 70% da produção da carne de porco vinha de propriedades com até 50 animais em 2003, baixando para uma previsão de apenas 3% em 2022 (TER BEEK, 2020).

Grandes empresas, incluindo as de fora do setor, com destaque para NetEase Weiyang, do setor da Internet, aproveitaram o aumento do preço do porco e o colapso do setor tradicional para investir pesadamente no setor, com investimentos em escalas inéditas, repletos de tecnologia de fronteira — automação, reciclagem de ar, de água e de dejetos, reconhecimento facial dos porcos, medição diária de temperatura, cartões de identidade de cada animal, e uso de RFIDs (identidade por frequência de rádio), para rastrear a cadeia até o consumidor. A Muyuan, líder do setor com 3% do mercado, investe numa planta que vai abater 2,1 milhão de porcos/ano, incorporando todos esses recursos tecnológicos (PATTON, 2020).

A NetEase Weiyang, com a sua raça exclusiva de pequenos porcos pretos, visa ao mercado da nova classe média, investe pesadamente na construção de uma marca, focaliza em vendas online (embora vendida também por 16 canais de supermercados), e, além das tecnologias indicadas, consegue treinar os porcos a usar uma área reservada para defecação, o que permite a reciclagem dos dejetos. Mais ainda, adota um ambiente de música para os porcos e criou uma *music list* lançada com sucesso na internet (SOUTH CHINA MORNING POST..., 2022).

Mesmo com esses novos investimentos, a concentração do setor ainda é muito baixa, com as primeiras 10 empresas sendo responsáveis por apenas 12% contra 30% nos Estados Unidos. Por outro lado, os novos modelos chineses de criação e abate chegam a ser 10 vezes maiores do que o tamanho médio das plantas nos Estados Unidos. Feitos no meio do surto de peste suína, esses investimentos são de alto risco, mas apostam nas novas tecnologias para garantir a segurança. Nos Estados Unidos, no contexto da covid-19, existe um movimento para limitar o tamanho das plantas de abate que, se bem-sucedido, pode criar restrições no comércio mundial. No momento, porém, os investimentos chineses visam ao seu próprio mercado doméstico.

Por mais que seja um país autoritário, onde movimentos sociais que intermediam interesses e valores entre a sociedade civil, o mercado e o Estado são rigorosamente controlados, a partir da segunda década dos anos 2000 a China abraçou a agenda ambiental que tinha invadido o sistema agroalimentar global desde os anos 1980. Ela assumiu um papel protagonista na COP (Conferência das Partes), de Paris e as suas empresas se integraram nos compromissos sobre o desmatamento, a descarbonização e a certificação das suas cadeias de suprimento. Ao mesmo tempo, a sua classe média, maior do que a população inteira da União Europeia, mostra as mesmas preocupações em torno do bem-estar individual e ambiental que reforça a demanda para os produtos de qualidade típicos dos países do "Norte".

Por outro lado, a garantia da segurança alimentar que sempre priorizou a autossuficiência, ao ceder à necessidade de aceitar importações estruturais, levou a esforços de controlar os mercados globais que enfrentam obstáculos geopolíticos crescentes. Às tensões em relação aos dois fornecedores principais de rações, o Brasil e os Estados Unidos, acrescentou-se as desarticulações das cadeias globais consequentes da covid-19 e em 2022 a invasão da Ucrânia pela Rússia, o que fragiliza duas outras fontes fundamentais de abastecimento de grãos. É nesse contexto que devemos apreciar as medidas de modernização dos seus sistemas de produção agroalimentar e os seus esforços de influenciar os padrões de consumo, sobretudo em relação à proteína animal. Terminamos este capítulo com uma consideração da importância crescente de iniciativas e políticas para promover a agricultura de clima controlada bem como as proteínas alternativas.

No capítulo 3, chamamos atenção para o fato de que, enquanto nos Estados Unidos e na Europa os produtos da agricultura vertical são essencialmente limitados ao setor de "saladas" e muitas vezes até às "folhosas verdes", a China se mostra mais aventurosa ao experimentar com abóboras gigantes (500 kg) e tubérculos (batata doce) (THORPE, 2022). Mais radical ainda é o novo investimento da empresa Zhong Xin Kaiwei, que adota a criação vertical na construção de um prédio totalmente digitalizado de 26 andares (cada andar com o seu próprio sistema de circulação de ar), para a engorda e abate de 1,2 milhão de porcos quando em plena operação sob a gestão da NetEase. O setor da internet/telecomunicações — Huawei Technologies Co., JD.com e Alibaba Group Holding — começa a investir pesadamente nesse novo tipo de *farming high tech* (MAIOR..., 2021).

A análise da agricultura urbana chinesa e dentro disso da sua agricultura vertical, deve levar em conta a especificidade das regiões administrativas das cidades municipais que tradicionalmente abrangem as regiões agrícolas no seu entorno (NATRAJAN, 2021). Historicamente, as autoridades locais e regionais foram responsáveis por assegurar a segurança alimentar, uma prática que durou até os anos 1990. Uma pesquisa conduzida nesse período em Shanghai, por Cai e Zhang (1999), calcula que 41% da força de trabalho estava ocupada na agricultura, 80% dos quais em tempo parcial. Cem por cento das aves, dos ovos e do leite e 80% dos vegetais e da pesca de água doce foram produzidos num raio de 10 quilômetros do centro da cidade.

Natrajan[19] identifica quatro tipos de agricultura urbana, dois informais — nas próprias casas/jardins e em áreas não ocupadas das cidades (como maior ou menos tolerância por parte das autoridades locais) —, e dois formais — a agricultura periurbana e a agricultura vertical de alta tecnologia. As políticas públicas, a partir dos anos 1990, privilegiam a modernização da agricultura periurbana e, inspirada na sua adoção por parte do Japão,

[19] Esse parágrafo se baseia no artigo de Natrajan aqui citado.

de agricultura vertical de alta tecnologia, mas com aplicações em pequena escala para pequenos estabelecimentos e moradias. A primeira iniciativa assumiu o modelo de *Urban Agricultural Parks*, que combinava políticas tecnológicas, educacionais, recreacionais e ambientais. Em Beijing existem 33 desses parques, e o modelo foi reproduzido em outras cidades. Com a adesão da China ao cumprimento das metas de desenvolvimento sustentável (SDG), das Nações Unidas, foi lançado o Plano Nacional de Desenvolvimento Sustentável da Agricultura, 2015-2030 (NPSAD), cujo foco foi o uso de novas tecnologias para fins de combinar eficiência e sustentabilidade. A Academia Chinesa de Ciências Agrícolas (Caas) assumiu mais importância e em 2013 iniciou o Programa de Inovação em Ciência e Tecnologia Agrícola, que incluía um programa especial para agricultura *indoor* e agricultura vertical (INTERNATIONAL..., 2020). O Centro de Pesquisa para Agricultura Protegida e para Engenharia Ambiental (CPAEE), mencionado, gerencia 40 institutos em todas as regiões da China responsáveis pelo desenvolvimento de engenharia de *greenhouses*, fábricas de agricultura vertical, bem como sistemas eficientes de hidroponia e de uso de energia. Já em 2013, a China tinha 75 plantas de agricultura vertical, 25 das quais funcionavam com base em luz artificial (THORPE, 2022).

A empresa líder nesse segmento na China é a Sananbio, que surgiu a partir de uma *joint venture* do Institute of Plant Research e o Fujian Sanan Group, a gigante de optoeletrônica, a maior produtora de LED chips. Ela é dona ou gerencia 50 granjas verticais em 10 países na Ásia, na Europa e nos Estados Unidos e produz mais de 300 variedades de legumes, folhosas, frutas, ervas, plantas medicinais e flores comestíveis. Através de uma subsidiaria, UPLIFT, ela desenvolveu uma granja totalmente automatizada, e, ao mesmo tempo, produz um modelo tipo contêiner, a Sananbio Ark, que pode ser utilizada em qualquer ambiente e requer um mínimo de conhecimento prévio para operar. A empresa também dispõe de um modelo para uso domiciliar (SANANBIO..., 2020). Em 2020, a Sananbio tinha 416 patentes. A sua previsão é que os custos da agricultura vertical serão competitivos em 2025.

A multinacional japonesa Panasonic tem duas granjas verticais em operação na China e investe pesadamente no desenvolvimento desse setor na região (Cingapura, Japão). A sua especialidade é garantir a produção em ambientes extremos e para isso pesquisa na ilha Ishigaki no Japão. A meta é produzir alimentos sensíveis — tomates e morangos — o ano inteiro em quaisquer condições climáticas. Para tanto, já desenvolveu o seu modelo de *Passive Greenhouse* capaz de resistir a tornados e um sistema robótico, o Tomato Harvesting Robot, para colher tomates (GROWING..., 2021). Em Shanghai, num sistema de aquacultura que utiliza camarões e caranguejos para produzir fertilizante, uma fazenda de 30 acres está produzindo bananas de muitas variedades diferentes (JINSHAN, 2021). A China precisa lidar com condições climáticas extremas em várias regiões do país com destaque para o deserto de Gobi, já mencionado no capítulo 3, onde, com uma combinação de tecnologia de ponta de Israel e capital e tecnologia de regiões ricas da China, como a província de Fujian, bem como o uso de insumos locais, dezenas de milhares de hectares são agora cultivadas com hortifruticultura e vinhedos em condições de clima controladas (XIE *et al.*, 2018).

Na introdução e no segundo capítulo deste livro, descrevemos a onda de inovação inédita no sistema agroalimentar viabilizada pela abertura de novas fronteiras na digitalização e na biotecnologia no final de século XX e motivada por considerações globais (população, urbanização, energia, recursos naturais, saúde/bem-estar e clima), em que as cadeias de proteína animal ocupam lugar central. Nos países do "Norte" trata-se da percepção da necessidade de diminuir o consumo per capita de proteína animal, sobretudo de carnes vermelhas, enquanto, nos países em desenvolvimento, o desafio seria de amenizar a transição de uma dieta de proteína vegetal para animal, efeito de urbanização e de renda. Medidas de contenção do consumo estão sendo colocadas em prática para essas finalidades, mas a aposta maior nos dois casos parte de uma reconceitualização audaciosa do mundo das carnes.

As implicações do crescimento sustentado da China a taxas de dois dígitos, com a sua megapopulação, durante as últimas quatro décadas, têm sido o estopim de alerta. Nos anos 1980, a China tinha um consumo per capita de carnes em torno de 14 quilos, aumentando para 64 quilos na segunda década dos anos 2000. Em 2022, a China conta com 18,5% da população mundial e consome 28% da oferta mundial de carne e 50% da carne suína (MILMAN; LEAVENWORTH, 2016). Se o consumo de proteína animal no "Norte" é visto como uma das maiores ameaças à saúde individual e pública, o ritmo da sua demanda nos países emergentes é entendido como uma ameaça também à saúde do planeta. Veremos as suas implicações em maior detalhe ao considerar o caso do Brasil no próximo capítulo.

Conforme analisamos no capítulo 4, as primeiras empresas, os primeiros investidores, os primeiros mercados de proteínas alternativas e todo o ecossistema de apoio surgiram nos países do Norte e sobretudo nos Estados Unidos, lideradas, no caso das carnes, por Beyond Meat e Impossible Foods, seguidas por uma proliferação de *startups* e, também, por empresas líderes estabelecidas, como a Cargill, Tyson, ADM, DuPont, Nestlé, e Unilever, contestando diferentes fatias desses novos mercados. Quatro anos depois do lançamento dos primeiros burgers em 2016, a globalização dos investimentos e dos mercados já estava evidente com a presença da Beyond Meat em 80 países e mais de 100 mil pontos de venda. A Impossible Foods seguiu a mesma estratégia, mas a sua entrada em muitos mercados — Europa, Reino Unido, China — dependia, ainda em 2022, da regulamentação do ingrediente heme, produto de engenharia genética, usado para simular o efeito do sangue no seu burger (DUNN, 2021).

A partir de 2019, a América do Norte, mesmo se mantendo como o mercado mais importante, perdeu o seu quase monopólio dos investimentos, com a Europa, o Oriente Médio, a América Latina e a Ásia chegando a contar com 30% dos novos financiamentos (GFI'S..., 2022). As projeções da Bloomberg, seguidas pela Global Market Insight, projetavam que o mercado global para proteínas alternativas chegaria até mais de US$ 150 bilhões por volta de 2030. A GFI (STATE..., 2021) calculou que seriam necessários investimentos em 800 fábricas produzindo em grande escala para atingir essa meta. Projeções de outras consultorias estimaram um mercado de em torno de US$ 20 bilhões a 30 bilhões na segunda metade da década de 2020 (HSG FOOD TECH LAB, 2022; FORECASTS; TRENDS ANALYSIS, 2021; RESEARCH; MARKETS, 2021). Apesar do caráter altamente especulativo, e às vezes promocional, dessas projeções, existe consenso de que os mercados mais importantes serão os asiáticos e especialmente o chinês. Para o Good Food Institute (TRADITIONAL..., 2022), isso já se tornou evidente em 2022 com os grandes financiamentos de US$ 100 milhões às empresas Starfield, da China, e Next Gen Foods, de Cingapura (ZHANG, 2022). Os cálculos do tamanho do mercado chinês para proteínas alternativas nos primeiros anos de 2020 feitos pela empresa global ADM (2020) e pelo Euromonitor (PLANT BASED EATING..., 2021) giram em torno de US$ 12 bilhões a 15 bilhões, o que parece incluir os tradicionais substitutos vegetais, como tofu.

Apesar da confusão dessas projeções de mercado, o que fica claro a partir de uma análise dos investimentos é que a Ásia está se tornando um novo "*hub*" para proteínas alternativas, com o seu centro em Cingapura e secundariamente Hong Kong. Decisivo nisso tem sido a promoção por parte do Governo de Cingapura de opções *high tech* na busca de uma maior autossuficiência alimentar, tanto para agricultura de clima controlado quanto para proteínas alternativas. A meta de reduzir a sua dependência em importações de alimentos de mais de 90% para 70% até 2030 está levando o governo de Cingapura a implementar medidas de fomento, de financiamento e de regulação que a estão transformando num centro global de pesquisa e desenvolvimento (P&D) e também de produção e lançamento de inovações alimentares (MAPPED..., 2022).

O fundo estatal de investimento, Temasek, com sede em Cingapura, que gerencia mais de US$ 280 bilhões em ativos, tem sido um dos principais financiadores globais de proteínas alternativas, participando em rodadas de apoio a Impossible Foods, a Perfect Day, e a Upside Foods. Desde 2013, a Temasek já investiu mais de US$ 8 bilhões em *agfood startups* e financia um laboratório de biociências com 225 pesquisadores, afiliado à Universidade Nacional de Cingapura. Ela criou, também, o Asian Sustainable Foods Platform, que serve como incubadora, e firmou *joint ventures* com a ADM e a empresa alemã de proteínas alternativas, Cremer. A Next Gen Foods, uma *startup* de Cingapura, está criando um centro de P&D na plataforma de Temasek com base nos US$ 100 milhões que levantou na sua última rodada de financiamento em 2022 (POINSKI, 2022).

Outras empresas líderes nesse segmento estão investindo em centros de inovação em Cingapura — a ADM, a Perfect Day, a Avant Meats, e a Liberty Produce no setor de agricultura de clima controlado. A Just Eat lançou a sua carne cultivada, com aprovação regulatória, no restaurante 1880, em Cingapura, e tem uma planta de produção na ilha. Em 2022, ela iniciou a construção de uma nova fábrica, a maior de Cingapura, a um custo estimado de US$ 120 milhões para produzir os dois tipos de frango já aprovados e os seus ovos alternativos que comercializa em Cingapura, em Hong Kong e na China desde 2018. A Impossible Foods e a Beyond Meat comercializam os seus produtos em Cingapura onde testam, também, os seus novos lançamentos de porco. Com a sua grande população chinesa, o mercado de Cingapura se torna uma excelente plataforma para depois entrar na China (AGRITEC, 2022).

Se Cingapura tem a Temasek, a Lever VC e a Horizons Ventures lideram iniciativas de capital de risco em Hong Kong. A Lever VC, com sede também em Nova York, levantou um total de US$ 80 milhões até 2021 para apoiar companhias iniciantes em carnes baseadas em plantas e carnes cultivadas e tinha nesse mesmo ano um portfólio de 19 *startups* de proteína alternativa. A Horizons Ventures financiou Impossible Foods, Eat Just e Perfect Day e em 2021 forneceu *funding* para Nourish Ingredients, uma *startup* da Austrália, que identifica lipídios decisivos para reproduzir os sabores da carne. A Lever VC investiu, também, em Avant Meat, a primeira *startup* de carnes de cultura celular com foco em produtos do mar e cujo lema é produtos "sem crueldade animal, metais pesados ou microplásticos". A Avant Meat espera ter um produto comercial em 2023. A *startup* mais importante de Hong Kong é a OmniFoods, da empresa Green Monday[20], que se define como "uma plataforma com um modelo social multidimensional de risco", que combina atividades de capital de risco, a produção de proteínas alternativas e uma rede de varejo/restaurantes de "conceito *plant-based*" chamada Green Common (HO, 2021d).

Na China, as empresas de capital de risco de referência são a Do Foods, que financia 30 *startups* de proteína alternativa, incluindo a Starfield, e a Bits & Bites, sediada em Shanghai, que entre outras *startups* financia a Next Gen e a Innovopro, ambas de proteínas alternativas de plantas, bem como a Future Meat, que desenvolve carne celular (VEGECONOMIST, 2021). Beyond Meat e Oatly, no caso de alternativos ao leite, entraram no mercado chinês via a rede Starbucks em 2020. Desde então os produtos da Beyond Meat estão disponíveis online, em cadeias de restaurantes, fast-foods e no varejo. Em 2021, ela abriu a sua fábrica, "estado das artes", em Jiaxing perto de Shanghai, a sua primeira fora dos Estados Unidos, para fornecer todo o leque dos seus produtos e como facilidades de P&D para o desenvolvimento de novos produtos afinados com os gostos alimentares chineses (LUCAS, 2020).

Enquanto a Impossible Foods ainda aguarda permissão de entrar no mercado chinês, a Beyond Meat precisa enfrentar as novas *startups* da região, como a OmniFoods, da Green Monday, e a Zhenmeats, que tem uma variedade maior de produtos integrados com as práticas culinárias da região (ZHENMEAT, 2022). Em 2020, as novas *startups* alimentares na China receberam US$ 127 milhões em financiamento, a grande maioria na forma de pequenos valores (com a exceção da Green Monday, que levou US$ 70 milhões), típicos de um setor iniciando o caminho da pesquisa para o mercado. Em 2021, a média desses valores aumentou, mostrando o avanço de firmas como a Jones Future Food, que recebeu mais de US$ 10 milhões, e que, junto com a CellX e a Avant Meats, desenvolve carne celular, inclusive de produtos do mar muito mais presente na culinária asiática. Em 2022, o rápido avanço desse setor ficou evidente com o financiamento de US$ 100 milhões à Starfield, uma *startup* que produz, entre outros produtos, um pas-

[20] Também um movimento social, presente em cem países, que promove "segundas-feiras sem proteína animal".

trame de plantas e já está presente em mais de 14 mil pontos de venda com base em parcerias com marcas estabelecidas. A Starfield pretende construir a sua própria fábrica em Xiaogan, Hubei (ZHANG, 2022).

Empresas tradicionais de produtos veganos, como a NIngbo Sulian Food e Whole Perfect Food (Qishan), já estão se orientando para esse novo mercado, em parceria com as novas *startups* e os seus fornecedores de matéria-prima, com a vantagem de ter marcas populares já consolidadas (TRADITIONAL..., 2022).

As empresas alimentares globais, que já tinham entrado nesses mercados no Norte, também estão presentes no mercado chinês. A Nestlé promove a sua linha de produtos *Harvest Garden* e em 2021 anunciou planos para construir uma fábrica de alimentos baseadas em plantas em Tianjin (ELLIS, 2020b). A linha The Vegetable Butcher, associada a um ex-diretor da Unilever, também está presente. Mais surpreendente talvez seja a presença das *traders* globais — ADM (que, como vimos no capítulo 4, já tem uma parceria com a brasileira Marfrig para produzir burgers baseados em plantas) e a Cargill com a sua nova linha de produtos *Plant Ever* e o seu posicionamento como fornecedora de produtos *private-label* para marcas locais (ELLIS, 2020a). A DuPont também se junta a esse grupo de empresas globais, transitando para ingredientes e nutrição e entrando nos mercados de proteínas alternativas (FERRER, 2020).

A velocidade do desenvolvimento desse mercado se reflete no estabelecimento de diretrizes voluntárias para carnes baseadas em plantas que foram anunciadas em junho de 2021. Emitidas por um grupo industrial afiliado ao estado, Chinese Institute for Food Science and Technology (CIFST), elas permitem o uso da palavra "carne" junto a adjetivos do tipo, "baseada em plantas", proíbe o uso de ingredientes derivados de animais, e limita o uso de ingredientes "não plantas" a 10% da massa total do produto (HO, 2021c).

O interesse do Estado chinês em alternativas a carnes ficou registrado já em 2017 quando fechou um acordo de cooperação com empresas de proteínas alternativas em Israel no valor de US$ 300 milhões. O novo Plano Quinquenal de Agricultura lançado em 2022 inclui pela primeira vez apoio para carne celular como uma medida para enfrentar a segurança alimentar no país. E Xi Jinping, num discurso em 2022, também defendeu o desenvolvimento de proteínas alternativas:

> [...] é necessário avançar dos tradicionais produtos agrícolas e recursos de pecuária e avicultura para recursos biológicos mais abundantes, desenvolver a biotecnologia e a bioindústria e buscar energia e proteína de plantas, animais e micro-organismos. (ZHANG, 2020, s/p).

Dúvidas a respeito do dinamismo continuado dos mercados de proteínas alternativas começaram a surgir na imprensa especializada dos países do Norte em 2022. Para alguns analistas a retomada de atividades pós-covid-19 podia ser a explicação, com a volta da prática de comer fora da casa. Outros avaliaram que os consumidores que experimentaram esses produtos entusiasmados em 2020 não se tornaram consumidores regulares em 2021 por razões de sabor ou por preços. Pode-se identificar as mesmas discussões em relação ao mercado chinês de proteínas alternativas. É cedo ainda para tirar conclusões, sobretudo porque as empresas estão permanentemente reformulando e aprimorando os seus produtos à luz de feedback dos consumidores (CHE, 2021).

Com as novas posições adotadas pelo estado chinês, figuras centrais, como David Yeung, fundador de OminiFoods, aventam a possibilidade de um apoio do Estado, similar ao que houve para energia alternativa, na forma de subsídios e acesso a mercados institucionais para alcançar a necessária escala e preços competitivos. Isso seria coerente com o conjunto de medidas para conter o consumo de carne já adotado pelo governo chinês (YEUNG, 2020).

Além de visar diretamente à contenção do consumo, o governo chinês, como mencionamos, está tomando uma série de medidas para diminuir a sua dependência em importações para a cadeia de proteína animal. Duas medidas são especialmente relevantes em termos dos seus impactos para o Brasil como grande exportador de rações. A primeira foi uma decisão de baixar o conteúdo de proteínas nas rações animais — em 1,5% no caso dos suínos e 1% para aves —, o que implicaria numa redução de nada menos de 11 milhões de toneladas de farinha da soja, ou 14 milhões de toneladas do grão (WILKINSON; ESCHER; GARCIA, 2022). A segunda, a mais longo prazo, mas não tão longo porque a tecnologia parece que já está comprovada, vislumbra a possibilidade de uma substituição mais radical de rações que lembra os esforços de desenvolver proteína unicelular nos anos 1970. Trata-se da utilização do gás de escape das indústrias petroquímicas e setores dependentes desse insumo e a sua transformação numa proteína celular, *Clostridium autothanogenum,* que pode ser produzida em escala industrial diretamente substituindo a soja. Ao ser produzida a partir da captura de carbono, seria também uma arma importante para diminuir as emissões de gases de efeito de estufa (YIMENG, 2021). No próximo capítulo, analisaremos a posição do Brasil face ao conjunto das transformações globais já identificadas nas cadeias de proteína animal.

# CAPÍTULO 6

## O BRASIL NA CONTRAMÃO? TALVEZ NÃO TANTO

A explosão da demanda chinesa para rações, na primeira década dos anos 2000, lançou o Brasil no cenário global como o celeiro de um mundo agora dos países emergentes em transição para uma dieta de proteína animal. Ao mesmo tempo, como propulsor de energia renovável, na forma de etanol à base de cana-de-açúcar, o Brasil se apresentou como modelo de desenvolvimento verde para os países africanos e centro-americanos. Foi defendida que essa enorme expansão das suas exportações de commodities agrícolas seria alcançada de forma sustentável e compatível com a preservação da floresta amazônica, a partir dos compromissos do setor açucareiro de não entrar na região amazônica, e da "Moratória da Soja", firmada entre as *tradings* globais e NGOs internacionais, de não aceitar soja de áreas recém-desmatadas na região amazônica, um compromisso subsequentemente estendido às fazendas de gado no Pacto sobre Pecuária (WILKINSON; HERRERA, 2010).

Essa imagem de um Brasil como potência global dos agronegócios está em forte contraste com a visão de um Brasil urbano-industrial sob a hegemonia da burguesia paulista que se impôs ao longo do século XX (CASTRO; SOUZA, 1985; MELLO, 1986; TAVARES, 1998). Contrasta igualmente com a visão amplamente difundida na literatura e na academia de um mundo rural atrasado e dominado pela grande propriedade na forma do latifúndio improdutivo que oprimia igualmente povos indígenas e pequenos produtores (GUIMARÃES, 1963) e que, na sua expressão mais recente, teria sido responsável pela progressiva destruição das florestas e da biodiversidade dos biomas brasileiros (HEREDIA; PALMEIRA; LEITE, 2010).

Existem duas linhas contrastantes de análise sobre a evolução dos atores dominantes do sistema agroalimentar no Brasil que ajudam a explicar melhor a centralidade econômica e política dos agronegócios brasileiros do século XXI, mesmo que, como veremos, ambas pequem por não integrarem nas suas análises uma visão do Brasil urbano-industrial. Essas duas correntes nascem no ambiente acadêmico de São Paulo, o centro econômico do país.

A primeira linha interpretativa foi elaborada no Instituto de Economia da Universidade de Campinas (Unicamp), com foco fundamental nas transformações da agricultura, consequente ao desenvolvimento de indústrias domésticas de insumos (químicos e genéticos) e de maquinária agrícola. Duas grandes mudanças estruturais são identificadas — a internalização no Brasil dessas indústrias a montante que garante uma autonomia da agricultura em relação à disponibilidade de divisas externas; e a viabilização de uma modernização técnica da agricultura sem romper com o padrão da grande propriedade, consolidada desde o período colonial. A noção de "modernização conservadora" foi cunhada para captar esse processo, e o quadro analítico privilegiado, para entender a nova interdependência entre indústria e agricultura, foi o "complexo agroindustrial", bebendo na tradição francesa de "*filière*", ou cadeia, que integra atividades industriais e agrícolas numa única dinâmica econômica (GRAZIANO DA SILVA, 1982; KAGEYAMA *et al.*, 1990).[21]

A noção da "modernização conservadora" serve para explicar a continuidade da estrutura agrária baseada na grande propriedade, herdeira das sesmarias, enormes doações de terras que caracterizavam a ocupação colonial, ao evitar uma transição para a modernidade via a clássica reforma agrária (ABRAMOVAY, 1992). Essa continuidade se expressa na manutenção de índices extremamente negativos de concentração da terra, medidos pelo "índice de Gini", mesmo no contexto de modernização (HOFFMAN, 2013). Assim, a transição da escravidão, para o uso da mão de obra assalariada e depois para a mecanização se processou sem mudanças duradouras na ordem agrária apesar de fortes contestações periódicas (COSTA; SANTOS, 1998; NAVARRO, 2014).

Essa continuidade estrutural foi combinada com uma grande transformação geográfica na migração das principais culturas do Norte e do Nordeste para a Região Sudeste. A borracha, que caracterizou a integração da região amazônica nos mercados mundiais ao criar temporariamente suntuosas cidades capitais em Manaus e Belém para a elite da borracha no fim do século XIX, renasce nas plantações paulistas orientadas agora ao emergente mercado doméstico da indústria automobilística e de transporte rodoviário (SOMAIN; DROULERS, 2016). O café, que entrou no Brasil pelo

[21] Bernardo Sorj, então na Universidade Federal de Minas Gerais, também desenvolveu um programa de pesquisa com a abordagem de "cadeias agroindustriais", um conceito que informava duas ambiciosas pesquisas latino-americanas iniciadas em 1978, por Raul Vigorito (1983) e Gonzalo Arroyo (1985), respectivamente, importantes influências nesse programa de pesquisa que focalizou a integração contratual da agricultura familiar nas agroindústrias de carnes e lácteos nos Estados de Minas Gerais, Santa Catarina e Rio Grande do Sul (SORJ, 1980).

Norte do país, estabeleceu-se, na época colonial e de escravidão, em torno de Rio de Janeiro, para depois se consolidar em São Paulo e mais ao Sul, no Estado do Paraná, com base em mão de obra assalariada (SILVA, 1976). O algodão, esteio durante tanto tempo da economia da região do semiárido nordestino, também migrou para a região Sudeste, onde se integrou na economia das plantações, para depois subir de novo para o Nordeste na forma dessa vez de grandes propriedades irrigadas no estado da Bahia (GONÇALVES; RAMOS, 2008).

O produto mais icônico do período colonial que definiu o Brasil como exportador de commodities agrícolas para os mercados mundiais, a cana-de-açúcar, sofre exatamente o mesmo destino. Nascida no Nordeste do país e celebrada nos clássicos literários (REGO, 2020) e das ciências sociais (FREIRE, 2002), a cana se tornou o produto mais importante da agricultura paulista e a ponta de lança da diplomacia brasileira de "desenvolvimento verde" no início do século XXI (PAIVA; MANDUCA, 2010). Não se deve esquecer tampouco as plantações paulistas da laranja, originalmente consumida in natura, mas agora produzida como insumo para o ubíquo suco de laranja do café da manhã do mundo urbano-industrial dos países do Norte (MERGULHÃO, 2018).

A segunda corrente de análise nasceu na Universidade de São Paulo (USP), marcada não pela tecnificação da agricultura a partir dos anos 1970, mas pelas reformas "liberais" iniciadas pelo governo Collor nos anos 1990 (DELGADO, 2012). Até os anos 1980, a atividade agroalimentar foi altamente regulada. Podemos tomar os casos do trigo e do leite, em que tanto os preços quanto as cotas, bem como o padrão de qualidade, foram objeto de regulação pública entre os produtores agrícolas, os importadores de grãos/farinha/leite em pó, os moinhos e as cooperativas de leite e até a venda do "pão francês" e do "saquinho do leite" (CAFÉ *et al.*, 2003; WILKINSON, 1996).

No início dos anos 1990, os mercados agroalimentares no Brasil foram abruptamente desregulados, acompanhando um movimento paralelo de desregulamentação dos mercados internacionais das *commodities* agrícolas. Agora os produtores, as cooperativas e as empresas tinham que negociar diretamente entre eles, tanto o preço como a qualidade dos seus produtos. Enquanto, antes, todas as etapas das cadeias foram intermediadas pelo Estado, a partir dos anos 1990, os atores precisavam lidar diretamente com os seus fornecedores e/ou clientes e, ao mesmo tempo, assegurar uma estabilidade entre o conjunto dos atores da cadeia. As questões de "coordenação" se tornaram agora as palavras de ordem e o Programa de Pós-Graduação sobre Sistemas Agroalimentares (Pensa), da USP, foi criado, sob a coordenação do Décio Zylberstajn e Elizabeth Farina, precisamente para capacitar quadros especializados nas estratégias de coordenação dos atores dos agronegócios, já organizados numa nova Associação Brasileira dos Agronegócios (Abag) (POMPEIA, 2021; ZYLBERSTAJN; NEVES, 2003).

Como vimos no primeiro capítulo, os anos 1990 foram um período de estagnação nos mercados de exportação de commodities para os países do Norte, em que estratégias de qualidade foram vistas como uma solução que permitiria a renovação dos mercados por meio da segmentação e da diferenciação de produtos. Todo um leque de fatores demográficos e de renda favorecia essa guinada — o envelhecimento da população, questões de saúde e novas subjetividades em torno de bem-estar (WILKINSON, 1999). Alinhado com os conselhos dos organismos internacionais de segmentar as tradicionais commodities via estratégias de qualidade e de promover produtos "não tradicionais" de exportação, o Programa Pensa refletia essa opção na promoção de estratégias de qualidade em cadeias tradicionais (leite, café, vinhos finos) e não tradicionais (frutas da terra e do mar) (NASSAR *et al.*, 1999). A integração comercial dos países do Conesul no quadro do Mercosul, a partir de 1986, formalizada em 1991, acelerava as pressões para novos padrões e níveis de qualidade, sobretudo na pecuária leiteira e de corte (WILKINSON, 2000). Tanto quanto os pensadores da Unicamp, o Pensa adotava a abordagem de "complexos agroindustriais" para captar a nova relação entre a agricultura e as indústrias a montante e a jusante, mas bebia na tradição mais ortodoxa de Davis e Goldberg (1957) e adotava o método de estudos de caso de empresas que foram iniciados por estes na Universidade de Harvard.

Se os anos 1980 no Brasil foram vistos economicamente como uma década perdida de baixo crescimento e de inflação descontrolada, politicamente o país testemunhou a transição pacífica, mas entusiasta, da ditadura militar para um regime democrático ancorado numa nova Constituição, bem como o afloramento da sociedade civil e a explosão dos movimentos sociais, que começaram a surgir nos últimos anos da ditadura. Reivindicações há décadas represadas, com destaque para a reforma agrária, redirecionaram a atenção dos estudos agrários para as vítimas da "modernização" e dos "agronegócios" e identificaram um novo sujeito, a agricultura familiar, portador de um projeto alternativo de desenvolvimento da agricultura (GUANZIROLI *et al.*, 2001).

Mais uma vez, a academia paulista supria a fundamentação histórica e teórica ao revisitar os processos de modernização do campo nos países do Norte e identificar a transformação do campesinato numa agricultura familiar capaz de incorporar o "progresso técnico" sem promover uma concentração fundiária excludente e onde os ganhos de escala podiam ser alcançados por meio da associação dos produtores em cooperativas (ABRAMOVAY, 1992; VEIGA, 1991). A sua viabilidade no Brasil, porém, não se expressava na modernização conservadora paulista, mas na transplantação do modelo europeu de agricultura familiar aos estados do Sul do Brasil com base na imigração maciça que se iniciou no último quartel do século XIX e continuou ao longo das primeiras décadas do século XX. Lá, nas colinas do Rio Grande do Sul, Santa Catarina e Paraná, consolidava-se uma policultura de agricultores familiares, alemães e italianos na sua maioria, organizados em colônias mais ou menos igualitárias, com forte associativismo (SCHNEIDER; CASSOL, 2013). Foi nesse ambiente que nasceram as cooperativas e depois os movimentos sociais que turbinariam as novas demandas por reforma agrária e políticas de apoio à agricultura familiar a partir dos anos 1980 (MEDEIROS, 2003).

Já vimos que os anos 1990 foram marcados por uma estagnação nas cadeias tradicionais de commodities, como o colapso da economia de algodão/pecuária no Nordeste e o declínio dos mercados internacionais para commodities, como o café tradicional. Assim, a explosão dos movimentos em torno da reforma agrária na esteira de democratização encontrou um ambiente propício a uma negociação da entrega via compra de terras para assentamentos (SAUER, 2010). Durante os Governos de Fernando Henrique Cardoso (1994-2002), algo em torno de 3,5 mil atos de desapropriação foram decretados envolvendo mais de 20 milhões de hectares (CATTELAN *et al.*, 2020). Mas, se o mercado de terras em regiões tradicionais favorecia uma política de assentamentos, os movimentos sociais e religiosos (Movimentos dos Sem-terra (MST) e a Comissão Pastoral da Terras (CPT), impulsionando a bandeira da reforma agrária e liderando as ocupações de terras, surgiram a partir de uma nova realidade — as crescentes dificuldades dos colonos nos estados do Sul de reproduzirem o seu modo de vida (GRISA; SCHNEIDER, 2015).

Em paralelo às ações em prol da reforma agrária, o conceito de "agricultura familiar" vinha sendo burilado no mundo acadêmico em centros como o CPDA, na UFRRJ, no PGDR, na UFRGS, e na rede de pesquisadores Pipsa e tomou forma política no Programa de Fortalecimento da Agricultura

Familiar (Pronaf), lançado pelo governo Fernando Henrique Cardoso e formulado pela equipe em torno de Carlos Guanziroli, professor da Universidade Federal Fluminense no Rio de Janeiro (GUANZIROLI *et al.*, 2001).

Dessa maneira, a nova face dos agronegócios, representada pela Abag e pelo Programa Pensa, tinha como contrapartida a defesa de uma agricultura moderna baseada na agricultura familiar. Além da proposta de reforma agrária, a defesa de um modelo de desenvolvimento baseado na agricultura familiar incluía a promoção de alternativas à grande agroindústria de aves e suínos que se consolidava nos Estados do Sul (WILKINSON, 1996) e a promoção do modelo francês de Indicações Geográficas, em que a qualidade dos produtos se associa umbilicalmente às tradições artesanais de produção da agricultura familiar (WILKINSON; NIEDERLE; MASCARENHAS, 2016). Em contraste com os agronegócios e os seus agrotóxicos, promovia-se os mercados de orgânicos (FONSECA, 2005), e, contra a pobreza associada à integração nas cadeias de commodities tradicionais, estimulava-se o comércio justo e a economia solidária (MASCARENHAS, 2007). A agricultura familiar, com os seus produtos tradicionais, foi apresentada como o esteio do abastecimento alimentar doméstico, enquanto os agronegócios foram tachados de sacrificar o mercado doméstico em benefício de exportações, muitas vezes para o consumo animal, reforçando dietas insustentáveis nos países do Norte e ameaçando o meio ambiente no Brasil (FRANÇA *et al.*, 2009; HOFFMAN, 2015; MITIDIERO JÚNIOR; BARBOSA; SÁ, 2017).

Na realidade, no entanto, como ia ficar claro ao analisar os beneficiários principais do programa Pronaf, os segmentos mais fortes da agricultura familiar já estavam firmemente integrados nos agronegócios, ou como fornecedores de aves, suínos e fumo, com base em contratos de integração, ou como produtores de rações de soja e milho (DELGADO; LEITE; WESZ JÚNIOR, 2010). Porém, para a maioria dos produtores familiares, estava se tornando cada vez mais difícil alcançar as escalas de produção exigidas pelas agroindústrias. Muitos produtores recorriam à produção de leite como alternativa, mas, a partir de meados dos anos 1990, esse setor também avançava para escalas de operação que levaram à expulsão de um terço dos produtores entre 1996 e 2006 nos estados do Sul (WILKINSON, 2013).

A fragilidade da sojicultura no Sul ficou evidente a partir da entrada clandestina de sementes transgênicas vindas da Argentina, que foram legalizadas já nos anos 1990. Um forte movimento "Para um Brasil livre de transgênicos" impediu a sua legalização no Brasil até meados dos anos 2000 (PESSANHA; WILKINSON, 2005). Mesmo assim não foi possível evitar a sua adoção, inclusive nos assentamentos da reforma agrária, dada a sua promessa de poupar custos com insumos químicos. Isso, porém, foi apenas um dos reflexos da progressiva migração dos complexos de soja/milho e carnes para o Centro-Oeste do país, com a consequente perda de competitividade da região Sul, berço das cadeias agroindustriais que viabilizavam a transição brasileira para uma dieta de proteína animal (TESTA *et al.*, 1996).

A década de 1990 e a primeira década dos anos 2000 testemunharam vibrantes movimentos sociais no Brasil em torno do campo, fortemente articulados com as tendências internacionais. Eles abrangiam tanto questões distributivas quanto os valores associados à agroindústria artesanal e uma agricultura sem agrotóxicos e promoviam os novos mercados dos orgânicos, do comércio justo e das indicações geográficas (IGs) (WILKINSON, 2011).

Em todos esses movimentos, o Brasil estabeleceu protagonismo e se tornou uma referência internacional. No âmbito da Federação Internacional de Movimentos de Agricultura Orgânica (Ifoam), as redes brasileiras promoviam um sistema original de certificação participativa, baseado em protocolos de reconhecimento pelos pares nas redes de produção orgânica. A Rede Ecovida, com 340 grupos de agricultores, envolvendo 4,5 mil famílias e a participação de 20 ONGs, deu origem a 120 feiras orgânicas, estreitando os laços diretos com os consumidores, e conseguiu aceitação dos seus produtos no varejo *mainstream* (OLIVEIRA; GRISA; NIEDERLE, 2020). No caso do Comércio Justo, o Brasil, seguindo o exemplo do México, além de se integrar aos sistemas internacionais, FLO e Ifat, desenvolveu um sistema nacional para o mercado brasileiro. No Governo Lula, o movimento do comércio justo foi integrado numa política pública de economia solidária liderada pelo acadêmico/militante Paulo Singer (MASCARENHAS, 2007).

Em cooperação com a França, uma forte rede nacional foi criada para promover Indicações Geográficas, uma forma de propriedade intelectual coletiva que se legitima a partir da identificação de um produto — no nosso caso agropecuário — com o território onde este é produzido. Essa rede capacitava quadros em várias instâncias do Governo Federal (Mapa, Inpi) e ajudava nos trâmites de reconhecimento de IGs, que chegaram a 80 em 2020, desde que a primeira IG brasileira foi concedida em 2002. O reconhecimento e a regulamentação por lei federal da produção artesanal de queijos de leite cru também se devem à rede criada em torno das IGs (WILKINSON; CERDAN; DORIGON, 2015). Chefs de renome foram engajados na promoção de produtos IG, e hoje o queijo da Canastra, do Estado do Minas Gerais, e outros queijos artesanais, que nos anos 1990 ainda se vendiam clandestinamente a preços aviltados, podem ser encontrados no menu de restaurantes e nas delicatessens a preços salgados. No Brasil, o movimento do *slow food*, que nasceu na Itália em oposição a difusão de fast-food naquele país e rapidamente se internacionalizou, surgiu, também, a partir das redes mobilizadas em torno de indicações geográficas.

No longo período dos Governos Lula e Dilma (2003-2016), houve uma crescente convergência entre movimentos sociais e políticas públicas à medida que os quadros das ONGs e os acadêmicos associados assumiram posições no governo ou de assessoria. De fato, essa aproximação já data do fim da ditadura com a institucionalização de políticas para a reforma agrária e outras políticas sociais. O ano de 1993 se tornou um momento emblemático nesse sentido. Por um lado, o Governo de Itamar Franco (1993-1994) criou o Conselho Nacional de Segurança Alimentar, tema que se tornaria um eixo-chave tanto de políticas quanto de mobilizações sociais nos Governos Lula. Por outro, surgiu no mesmo ano um movimento nitidamente urbano contra a fome lançado por Herbert de Souza e o Ibase — Ação de Cidadania Contra a Fome e a Miséria — que se tornou o movimento mais bem-sucedido em termos de mobilização popular sobre alimentação durante os anos 1990. Desde um olhar urbano, esse movimento do "Betinho" identificava a solução na "Democratização da Terra", estabelecendo laços com os movimentos rurais em torno da reforma agrária, sobretudo o Movimento dos Sem-Terra (MST), bem como a promoção da agricultura familiar nas políticas da Pronaf, promovida pelo Governo FHC a partir de 1996 (JARDIM PINTO, 2005; BETINHO, 2021).

À luz dessas iniciativas, fica mais inteligível por que o primeiro livro publicado pela Associação Brasileira de Agronegócios (Abag), também em 1993, tinha o título *Segurança Alimentar: uma abordagem de Agribusiness* (BITTENCOURT DE ARAUJO, 1993). Os temas dos movimentos sociais e associadas políticas já estavam pautando a agenda do sistema agroalimentar dominante.

A questão da reforma agrária polarizava o campo brasileiro a partir da democratização entre a estratégia de ação direta e ocupações de terra por parte do MST e a intimidação, violência e assassinatos do lado dos grandes proprietários, organizados na União Democrática Ruralista (UDR), criada em 1985 para se opor a reforma agrária (BRUNO, 1997). Ao mesmo tempo, foi se consolidando uma visão da complementaridade entre a agricultura familiar e os agronegócios, embora cada lado tivesse um entendimento diferente do seu conteúdo. Para a Abag, a agricultura familiar podia ser acolhida como um parceiro júnior dos agronegócios, enquanto os promotores da agricultura familiar viam esse setor como o esteio do abastecimento doméstico alimentar contra a orientação exportadora dos agronegócios. Essa complementaridade tomou forma inicialmente com o lançamento do Programa Nacional de Agricultura Familiar (Pronaf), em 1996, e foi institucionalizada com a criação de Ministério de Desenvolvimento Agrário (MDA), em 2000, que integrava o conjunto das ações em torno da agricultura familiar até 2016 (GRISA, 2018).

A campanha eleitoral que levou Lula ao Governo em 2003 incluía o compromisso de erradicar a fome, e o tema da segurança alimentar se tornou um dos eixos centrais do seu Governo com o lançamento primeiro do Programa Fome Zero e depois o Bolsa Família. O Conselho Nacional de Segurança Alimentar (Consea), fechado no segundo governo FHC, foi reinstituído e densificado com a promoção de Conselhos a nível municipal, tornando-se o foco de aglutinação das ONGs e movimentos sociais mobilizados sobre esse tema. Em contraste com o movimento de "Betinho", nos anos 1990, o Consea focava em políticas públicas e o reconhecimento jurídico dos direitos em torno da segurança alimentar, consagrado em lei em 2006. Ao repetir a sua atuação nos novos movimentos sociais em torno dos alimentos, o Brasil se tornou referência para as políticas de segurança alimentar sobretudo com a eleição de Graziano da Silva, um dos idealizadores dessas políticas, primeiro como diretor da Organização de Alimentos e Agricultura das Nações Unidas (FAO), na América Latina, e depois como diretor-geral da FAO em Roma.

O Consea inovou ao incluir o tema nutricional na sua definição de segurança alimentar. Mesmo que inicialmente isso se situasse no contexto das discussões tradicionais sobre má nutrição e subnutrição, essa ampliação da definição permitiu estabelecer conexões com os debates novos tipicamente urbanos sobre o consumo alimentar (MALUF; ZIMMERMAN; JOMALINS, 2021). O Instituto da Defesa do Consumidor (Idec) foi criado em 1987 e, desde o seu início, deu grande atenção à questão de consumo alimentar, e, em 1997, o Governo Federal regulamentou o Sistema Nacional de Defesa do Consumidor. No mundo acadêmico, o Encontro Nacional de Estudos de Consumo (Enec) foi lançado em 2004 e criou uma rede nacional em torno dos seus encontros bianuais em que o tema alimentar se tornou central (BARBOSA *et al.*, 2021; PORTILHO, 2005).

A campanha de "Betinho" tinha revelado a prevalência da fome nos grandes centros urbanos, mas igualmente preocupante foram as altas taxas de obesidade, de diabetes, e de problemas cardiovasculares, sobretudo entre os setores urbanos mais pobres que foram sendo associadas ao consumo maior dos produtos da indústria alimentar. No *Guia para uma Dieta Saudável*, lançado em 2006 pelo Governo Federal, o Brasil, como muitos outros países, priorizava o consumo de produtos frescos bem como uma redução no consumo de proteína animal, sem referências específicas à indústria alimentar. Em 2010, Carlos Monteiro e a sua equipe da USP correlacionavam essas novas doenças diretamente com a indústria alimentar, não focando tanto o conteúdo nutricional, mas apontando como critério de classificação o grau do processamento dos seus produtos e identificando os alimentos "ultraprocessados" como os vilões a serem evitados. Na segunda edição do *Guia*, em 2014, o Brasil adotava essa classificação chamada *Nova*, e mais tarde em 2019 uma publicação da FAO respaldava essa abordagem internacionalmente. Vários países têm adotado essa classificação, e a identificação de alimentos ultraprocessados como responsável principal pelas novas doenças não transmissíveis e tipicamente urbanas tem sido amplamente acolhida entre formadores de opinião e tem pautado os debates no meio acadêmico em âmbito internacional (BORTOLETTO *et al.*, 2013; FAO, 2019).

Já nos anos 1970, a abertura da fronteira agropecuária no Centro-Oeste do país recebeu um forte estímulo do programa de cooperação entre o Brasil e um Japão ansioso por criar uma fonte nova de abastecimento de grãos (WILKINSON; RAMA, 2012). A sua ocupação efetiva, no entanto, devia-se mais ao crescimento da demanda doméstica para carnes e rações decorrente da transição para uma dieta de proteína animal, resultado do forte ritmo de urbanização e do deslocamento da fronteira agrícola de grãos para o Centro e o Norte do país. Projetos de colonização e sucessivas migrações do Sul transformaram agricultores familiares em médios e grandes produtores especializados em grãos e pecuária. A agricultura familiar do Sul renasce como um segmento cada vez mais forte dos agronegócios do Centro-Oeste e mais autônomo em relação aos agronegócios "modelo paulista". A adaptação de variedades de soja às latitudes do Centro-Oeste, um trunfo da pesquisa nacional, e a legalização dos transgênicos em 2005 consolidavam o modelo de plantio direto, facilitando o gerenciamento de propriedades cada vez maiores (WILKINSON; PEREIRA, 2018).

Na primeira década dos anos 2000, iniciou-se um novo ciclo de boom nas commodities agrícolas puxado pela demanda chinesa, por um lado, e pela promoção de biocombustíveis, seja de cana-de-açúcar no Brasil ou de milho nos Estados Unidos, por outro. As políticas de segurança alimentar e de fortalecimentos da agricultura familiar conviviam com a celebração dos agronegócios brasileiros como celeiro do mundo e promessa de desenvolvimento energético verde. Nesse âmbito, a cana-de-açúcar paulista e a soja do Centro-Oeste encontraram uma voz comum na pessoa de Roberto Rodrigues, líder da Abag e ministro de Agricultura do primeiro governo Lula, e nas suas respectivas associações, a Unica (União da Indústria de Cana-de-Açúcar) e a Icone (Estudos de Comércio e das Negociações Internacionais), no lado paulista, ou a Abiove (Associação Brasileiro da Indústria de Óleos Vegetais) e a Aprosoja (Associação dos Produtores da Soja), no Centro-Oeste (WILKINSON, 2013).

Até a crise financeira de 2008, o setor da cana-de-açúcar e a sua promessa geopolítica de biocombustíveis tomaram a dianteira, inclusive avançando nas áreas de pecuária e da soja no Centro-Oeste. Entretanto, com a crise financeira, a cana se tornou um dos setores mais atingidos. Novos investimentos foram congelados, o que provocou um nível elevado de endividamento, precursor de uma forte onda de aquisições e concentração no setor (WILKINSON; HERRERA, 2010). Com o apoio do BNDES, as empresas líderes de carnes brancas, Perdigão e Sadia, encontraram uma saída da crise, que tinha deixado a Sadia fortemente endividada, na sua fusão, criando a Brazil Foods (BRF). O setor da soja, em forte contraste, expandiu com exuberância sob o impacto da crescente e aparentemente inesgotável demanda da China, tornando-se a locomotiva dos agronegócios brasileiros.

Roberto Rodrigues se manteve no Ministério da Agricultura quase até o final do primeiro governo Lula quando foi sucedido em 2006 por Reinhold Stephanes, do Paraná, também representando os agronegócios do Sudeste. Depois dele, porém, os agronegócios do Centro-Oeste tomaram as rédeas com uma sucessão de ministros todos ligados à região — Blairo Maggi, Katia Abreu, Teresa Cristina. Nos anos 1980, as novas faces dos agronegócios foram as indústrias de insumos/maquinário e as *traders*/processadoras em que empresas nacionais e cooperativas se destacaram — Agroceres, nas sementes, cooperativas, como Cotrijuí (que inclusive era pioneira na abertura da fronteira do Centro-Oeste), e a Ceval, que foi a maior processadora de grãos não apenas no Brasil, mas na América Latina. A partir dos anos 1990, por vários motivos — endividamento, a nova base genética da pesquisa, a desregulamentação dos mercados —, as empresas líderes nesses setores cederam para as transnacionais e apenas mantinham a sua liderança no segmento de carnes, inclusive com uma nova geração de empresas surgindo no setor de carne bovina (WILKINSON, 2000)

A combinação da legislação da Lei Kandir, em 1996, incentivando a exportação da soja em grão e as novas escalas de produção com as suas rotas logísticas próprias, permitiu o fortalecimento de uma nova classe de médios e grandes produtores capazes de acumular capital e investir, se não como concorrentes, pelo menos como parceiros juniores às grandes *traders*, em segmentos a montante e a jusante da atividade agrícola. O Grupo Maggi, cujo fundador foi um clássico emigrante do Sul, com 250 mil hectares e forte envolvimento na logística de exportação, integra-se no espírito da Abag e nas iniciativas das global *traders* como a Moratória da Soja. Milhares de outros médios produtores, por outro lado, são fortes suficientes para não precisarem do amparo do cooperativismo e de ter voz própria, mas se sentem acuados pela capacidade dos grandes grupos de controlar os preços tanto dos insumos quanto dos produtos em si. Muitos se rebelam contra as restrições sociais e ambientais à sua expansão e são alvos fáceis de um governo como o de Bolsonaro que, a partir de 2018, identificou e atiçou esses sentimentos, ressuscitando os piores momentos das mobilizações da UDR. Não se trata apenas de um movimento de classe que mobiliza os sojicultores, por meio da Aprosoja, contra a Abag e a Abiove, mas assume também contornos de afirmação regional e cultural que aprofundam o potencial de conflitos (WILKINSON; ESCHER; GARCIA, 2022).

À medida que a soja/milho sobe para o Nordeste e o Norte do Brasil a financeirização da ocupação se faz mais presente com um papel mais destacado de empresas fundiárias, especializadas na compra e preparo da terra para cultivação, e empresas agrícolas cotadas em bolsa. A China, na sua estratégia de estabelecer maior controle sobre essas cadeias de grãos, tentou investir diretamente em terras agrícolas brasileiras, até ser barrada pela decisão da AGU, em 2010, de reafirmar os impedimentos à aquisição de terras por parte de estrangeiros contidos na Lei nº 5.709, de 1971. Desde 2015 existem esforços de flexibilizar esse acesso, e um projeto nesse sentido foi aprovado no Senado. Face a esse impedimento, as principais estratégias de controle por parte dos atores chineses têm sido a aquisição de empresas no Brasil, a entrada das grandes empresas chinesas nas cadeias de grãos e investimentos associados em logística e transporte. A Cofco, com seus novos investimentos no Porto de Santos previstos para entrar em operação em 2025, terá condições de exportar até 14 milhões de toneladas de soja ou mais de 15% do total das exportações brasileiras (WILKINSON; WESZ JÚNIOR; LOPANE, 2017).

As três abordagens sobre a modernização da agricultura brasileira que descrevemos pecam por não situar as suas análises numa visão da grande transição, em que o Brasil passava de uma sociedade rural para uma sociedade urbano-industrial num período de apenas 50 anos, a metade do tempo que esse processo tomou nos países do Norte. Trinta anos mais tarde, a partir dos anos 1980, a China passou pela mesma transição na metade do tempo que tomou o Brasil, com uma população cinco vezes maior, o que está mudando a dinâmica do sistema agroalimentar global em maneiras inesperadas e inéditas (WILKINSON; WESZ JÚNIOR, 2013).

A economia do café em São Paulo, baseada em mão de obra assalariada e na imigração em massa, sobretudo de italianos e japoneses, levou a uma rápida urbanização no início do século XX e viu o surgimento de indústrias de base ligadas ao escoamento do café e, também de uma indústria de bens de consumo básico com destaque para a indústria têxtil e a indústria alimentar que, durante uma grande parte do século XX, correspondia em torno de 20% do PIB brasileiro (RAMA; WILKINSON, 2019). A indústria alimentar tem sido estudada por pesquisadores como Walter Belik (1998), da Unicamp e sobretudo Elizabeth Farina (1988) e os seus orientandos do Programa Pensa, mas infelizmente nunca foi integrada nas principais abordagens sobre o sistema agroalimentar discutidas. Pelo contrário, tem sido analisada a partir da ótica da economia industrial, com ênfase nas dinâmicas de investimentos diretos estrangeiros (IED), à la Dunning, um exemplo notável sendo a tese de Claudia Assunção dos Santos Viegas (2005).

Ao simplificar, podemos identificar quatro momentos no desenvolvimento da indústria alimentar brasileira. Um primeiro surto de industrialização que acompanhou a grande imigração europeia e japonesa na virada do século XX. Num segundo momento, a partir dos anos 1950, houve a consolidação de uma indústria alimentar no contexto da política industrial de substituição de importações e da consequente aceleração da urbanização. Mesmo com a presença de multinacionais, houve uma predominância de empresas nacionais nesse período. A estabilização da inflação, a desregulamentação dos mercados domésticos e a abertura do comércio internacional a partir dos anos 1990 levaram a uma reestruturação da indústria alimentar agora sob a liderança de empresas transnacionais, mas com fortes empresas nacionais em setores-chaves, como proteína animal. A partir da segunda década dos anos 2000, podemos identificar o surgimento de uma nova geração de empresas brasileiras em torno das pautas de consumo que valorizam produtos "naturais" e "saudáveis", com destaque para produtos de origem brasileira (WILKINSON, 2021).

Durante toda essa trajetória, houve pouca reflexão sobre a indústria alimentar como parte integrante do sistema agroalimentar e uma certa naturalização do seu papel como simples adaptadora da oferta agrícola às condições da vida urbana pela transformação em escala de práticas artesanais. Assim, dentro da ótica da economia industrial, a indústria alimentar sempre foi tratada (com a notável exceção da Ruth Rama *et al.*, (2008)), como um ramo tradicional, ao máximo um receptor de inovações advindas de outros setores dinâmicos e inovadores. No Brasil, a indústria alimentar se organiza separadamente na Associação Brasileira da Indústria Alimentar (Abia).

Mostramos nos primeiros capítulos que estratégias de segmentação dos mercados e diferenciação dos produtos a partir dos anos 1980, mesmo sendo dominadas inicialmente pelas empresas líderes, abriram espaço para uma nova geração de *startups* que apostavam numa identificação mais clara com valores associados à saúde, ao bem-estar e à preservação do meio ambiente. Um exemplo precoce nessa direção no Brasil foi a criação da empresa Natura no final dos anos 1960, que assumiu a bandeira do meio ambiente e respeito aos povos tradicionais na criação de linhas de cosméticos a partir de produtos naturais (http://www.natura.com.br). A Rio 92 estabeleceu o tema do meio ambiente como uma preocupação central no Brasil e viu o surgimento de uma variedade de institutos, fundações e ONGs, como desdobramentos de empresas (Grupo Orsa), ou orientados a promover a sustentabilidade e a responsabilidade social entre o mundo empresarial (Instituto Ethos, Amigos da Terra, Imaflora, Imazon). Essas organizações foram fundamentais em mobilizar os frigoríficos e as grandes redes de supermercados a favor do Pacto da Pecuária em torno da Amazonas mencionado no início deste capítulo (ARAUJO; SOUZA; PIMENTA, 2015). Com a criação do Instituto Akatu, um filhote do Instituto Ethos, o foco se direciona para a noção de consumo consciente, e o Instituto recebe apoio de empresas alimentares líderes, como Unilever e Nestlé (AKATU, 2001).

Mais tarde, mas não tanto, do que nos países do Norte, a segunda década dos anos 2000 viu o surgimento de uma nova geração de empresas alimentares no Brasil, tipo *startup*. Em 2019, a Liga Insights já contabiliza 322 novas empresas no conjunto do sistema alimentar brasileiro com 43 delas dedicadas a novos produtos alimentares. O relatório de 2020-2021 da *startup* Scanner, da Liga Ventures, apresenta o perfil de 40 dessas *startups*, todas, menos uma, criadas a partir de 2015 e todas declaradamente "*mission-oriented*" em torno da saudabilidade ou do clima/meio ambiente. Vinte e cinco por cento dessas firmas se definem como *plant based*, 20% de bebidas naturais, com derivados de cacau, sorvetes, e *snacks*, somando mais 20%. Em relação ao conteúdo tecnológico, duas firmas produzem nutrientes microencapsulados, uma aplica um sistema de pressão avançado, outra utiliza inteligência artificial, e a Sustineri Piscis cultiva carne de pescado a partir de células (FOODTECHS, 2022).

No seu relatório sobre *startups* alimentares no Brasil, a Forbes destaca seis firmas — de novo, todos explicitamente "*mission-oriented*" — a Liv Up, Raízs, Foodz, Pratí, Beleaf Saúde e BeGreen. Trata-se de *startups* em várias posições na cadeia alimentar — entrega de alimentos saudáveis, contratos diretos com produtores orgânicos, modelo "*Community assisted agriculture*", produtos de conveniência com saudabilidade, receitas saudáveis e a agricultura vertical (CARMEN, 2021).

O mapeamento das *startups* do setor agrobrasileiro para 2020-2021, feito pela Radar Agtech Brasil, por sua vez, identificou 275 *startups* na categoria de "alimentos inovadores e novas tendências alimentares". Ao identificar as *startups* que se beneficiaram de rodadas de investimento, porém, constam apenas 13 para o segmento de "alimentos inovadores", sugerindo que as empresas com maior densidade tecnológica ainda são uma minoria, o que coincide com os dados apresentados nos outros levantamentos (RADAR..., 2022).

O Radar inclui um perfil dos investidores, das incubadoras e das aceleradoras que mostra um ecossistema de inovação já consolidado no Brasil, embora fortemente concentrado no estado de São Paulo. Foram identificadas 337 rodadas de investimento beneficiando 223 agritechs, a maioria orientada à agricultura, com destaque para a Agtech Valley, de Piracicaba, mais um reflexo do poder econômico dos agronegócios no Brasil. Por outro lado, o alto número de novas empresas alimentares corresponde aos resultados de um levantamento do Sebrae que apontou a "alimentação alternativa" como "um dos negócios mais promissores do país", com crescimento de 20% ao ano (ALIMENTAÇÃO SAUDÁVEL..., 2015).

No capítulo 1, tratamos do surgimento explosivo das microcervejarias na Europa e nos Estados Unidos, desafiando as grandes empresas globais de cerveja que se destacam pela rejeição dos produtos estandardizados das grandes marcas e pelo prazer de uma atividade artesanal e do localismo que promove. O Brasil não se mostra tão diferente e em 2010 já contava com 266 microcervejarias, um número que subiu para 679 em 2017 segundo a associação do setor, Abracerva. As possibilidades de articulação com as novas *foodtechs* brasileiras estão sendo exploradas pela Gran Moar, criada em 2017, que usa o bagaço do malte de uma cervejaria artesanal para produzir uma farinha de alto teor proteico (LUCAS, 2021).

Nos capítulos anteriores, mostramos que o fenômeno das novas *startups* alimentares corresponde à crescente centralidade de uma série de valores dos consumidores que as *heritage firms* não estavam em condições, ou não queriam, inicialmente atender. O Brasil também está experimentando um forte aumento de vegetarianismo/veganismo bem como a busca de produtos saudáveis, naturais, e ambientalmente amigáveis. Uma pesquisa da Euromonitor em 2018 calculou que 14% da população, algo em torno de 30 milhões de pessoas, declararam-se vegetarianos ou veganos (KURZWEIL, 2019). Em 2020, a pesquisa do Instituto QualiBest e Galunion concluiu que 75% dos consumidores priorizaram saudabilidade e que 68% levam em conta preocupações em torno do meio ambiente. Boas intenções, é claro, não necessariamente levam a novas práticas alimentares, mas essa pesquisa mostra que existe um ambiente favorável à adoção de novos produtos (ALIMENTAÇÃO NA..., 2022).

Inicialmente, a resposta das empresas alimentares líderes no Brasil, como nos países do Norte, foi adquirir as *startups* bem-sucedidas. Um caso emblemático no Brasil foi a compra em 2016 da empresa Do Bem de sucos naturais pela Ambev. A Do Bem, criada em 2007, tinha se consolidado nos mercados do centro-sul, mas faltava escala para expandir, enquanto a AmBev sentiu a necessidade de reforçar a sua presença no segmento de sucos naturais em forte crescimento. Em reconhecimento ao perfil diferenciado desse mercado, no entanto, a AmBev manteve o gerenciamento da marca sob o controle dos antigos donos, uma prática consolidada internacionalmente (CALDAS, 2017).

Embora aquisições possam ser um dos resultados, a amplitude desse novo ecossistema de inovação no sistema alimentar faz com que as empresas líderes estejam se tornando investidoras e promotoras das *startups*. Nas palavras da Daniela Pizzolatto, da Danone no Brasil, "as *startups* estão trazendo inovações com uma velocidade que o setor nunca traria sem elas". Eduardo Gil, da Mondelez, ecoa este sentimento: "as corporações não têm a velocidade necessária para pivotar, o que torna essencial a colaboração com as *startups*" (AUGUSTO; COUTINHO, 2022).

No ranking estabelecido pelo site 100 Open *Startups* (RANKING..., 2022), empresas líderes alimentares se encontram entre as cem corporações que mais investem nesse ecossistema no Brasil — AmBev, Nestlé, BRF, Unilever, Danone, Burger King, Cargill e Magazine Luiza (que investe em suplementos alimentares e *food delivery* e foi responsável por três aquisições nesse setor em 2021).

As pesquisas de marketing, da Abia e do Euromonitor, apontam o Brasil como o quarto ou o sexto maior mercado para produtos "saudáveis", e a conquista do mercado brasileiro se tornou o objetivo, inclusive, de *food tech startups* dos países vizinhos. A NotCo, o primeiro unicórnio chileno que recebeu US$ 30 milhões do fundo de investimento de Bezos da Amazon e se beneficia de um financiamento total de US$ 115 milhões, lançou o seu leite vegetal no Brasil e agora se esforça para estabelecer a sua presença no mercado norte-americano. A NotCo utiliza um sistema próprio de inteligência artificial para rastrear as propriedades de plantas (LIMA, 2022). A Tomorrow Foods, da Argentina, que vê a NotCo como seu concorrente mais próximo, também planeja entrar no mercado brasileiro com os seus produtos que incluem: maionese, ovos, leite e burgers vegetais (STUCCHI, 2022).

Apesar do seu consumo per capita de carnes estar entre os maiores do mundo, o Brasil entrou com força no mercado de proteínas *plant-based* cujo início foi a criação da Fazenda Futuro, em 2019, no Rio de Janeiro, que lançou os seus produtos (destaque para Futuro Burger) para o *mainstream* (os "flexitarianos") e não para os nichos de vegetarianos ou veganos. Nas palavras do seu fundador, Marco Leta: "[a] gente criou a Fazenda do Futuro para competir com os frigoríficos, não com as empresas que fabricam produtos vegetarianos ou veganos" (FONSECA, 2021). Trata-se, nesse caso, nitidamente, de uma estratégia de inovação de produto baseada em tendências de consumo no Brasil urbano, que chocam com a visão do Brasil dos agronegócios.

No mesmo ano, o vegano Bruno Fonseca, que já tinha a empresa Eat Clean, de pasta de amendoim, castanha e amêndoas, lançou a The New Butchers, que produz salmão e frango a partir de ervilha (100%) e não usa soja por ser identificada com os OGMs e com o uso de glifosato, além de a ervilha não conter glúten. No início, importou 80% dos seus ingredientes, mas foram rapidamente reduzidos a 10%. As ervilhas ainda são importadas, mas a empresa planeja desenvolver uma cadeia de suprimento brasileira. Ela iniciou com 1,2 mil pontos de venda em parceria com as redes de supermercados Pão de Açúcar, Carrefour, Angeloni e a rede de hortifruti Oba, aumentando para 8 mil pontos em 16 estados da Federação em 2021. Mesmo sendo vegano, o foco do mercado, como no caso da Fazenda Futuro, é no *mainstream* com os concorrentes sendo os grandes frigoríficos. Em 2021, ela recebeu *funding* da Lever VC, investidor global em proteínas alternativas, e também do Paulo Veras, CEO da 99, único unicórnio brasileiro, que permitiria a construção de uma nova fábrica, elevando a produção para 80 toneladas/mês (FLEISCHMANN, 2020, s/p).

A Fazenda Futuro teve um crescimento fulminante e agora opera em 24 países em 10 mil pontos de venda. Desde 2019, já levantou US$ 89 milhões em financiamento (apoio BTG) e é avaliada em US$ 400 milhões. Seguindo as tendências mundiais, todas as *global players* brasileiras de carnes estão agora investindo fortemente nesse setor.

Em 2019, a Marfrig lançou o seu burger Rebel Whopper, em parceria com ADM, para ser vendido nas redes da Burger King. No mesmo ano, lançou também o burger Revolution Line, em parceria agora com a Outback Steakhouse. Junto com a ADM, a Marfrig já criou a empresa Plant Plus Foods para entrar no mercado norte-americano. A BRF e a JBS, separadamente, lançaram toda uma linha de produtos — burgers (carne e frango), *nuggets*, salsichas e quibes. A empresa paulista Superbom, tradicional produtor de comida vegana/vegetariana, também lançou o seu burger gourmet, que levou um ano para ser desenvolvido com investimentos de R$ 9 milhões em 2019. Esse burger não usa soja e a sua base de proteína é ervilha, que está se tornando uma proteína favorita para opções *plant-based* (AZEVEDO, 2021). A linha Incrível, da Seara (JBS), já domina o mercado brasileiro de carnes *plant-based* com mais de 60%, seguida por Veg&Tal, da BRF, e é a única empresa a lançar produtos inteiros de tipo filé, tanto de carne quanto de frango. A JBS, por sua vez, adquiriu a Vivera por EUR 341 milhões, a terceira maior produtora de proteínas *plant-based* na Europa, com três fábricas e um centro de P&D. Adquiriu, também, a Biotech Foods, da Espanha, especializada em carne cultivada. Nos Estados Unidos, a companhia criou a empresa Planterra Foods, para vender os produtos da linha Incrível, da Seara (SEARA..., 2021).[22] O investimento mais notável da JBS, porém, é a construção de um Centro de Pesquisa, Desenvolvimento e Inovação de Biotecnologia de Alimentos e de Proteína Cultivada no Brasil (em Santa Catarina, onde a Seara surgiu) num valor de US$ 60 milhões, retribuindo o apoio público que recebeu para se tornar uma empresa líder mundial.

A BRF, além da sua participação nesse segmento de proteínas *plant-based*, com a Veg&Tal, inclusive em parceria com as mencionadas *startups* LiveUp e Prati, da *food delivery*, firmou uma parceria com a Aleph Lab, empresa israelense de carne cultivada, o que indica a sua disposição de encarar uma ruptura ainda mais radical com a tradicional cadeia de carnes (BRF..., 2021).

A importância global do mercado brasileiro de carne vegetal se tornou clara com a entrada da empresa norte-americana Beyond Meat, líder da nova geração de empresas *startups*, contestando a hegemonia dos grandes

[22] A JBS fechou este negócio em 2022 devida à queda de vendas.

frigoríficos. Ao entrar, porém, precisava reconhecer que não estava mais desbravando um mercado novo, mas entrando num segmento já dominado por *players* nacionais e globais. Assim, adotou uma estratégia de nicho entrando no segmento prêmio em São Paulo em parceria com a rede St. Marche. O seu burger de 226 gramas custa R$ 65,90, contra R$ 19,99 para o burger da Seara de 310 gramas, e o da Fazenda Futuro de R$ 17,99 de 230 gramas (ALTERNATIVE..., 2020).

O mercado no Brasil já oferta 93 marcas de alternativas vegetais, e, mesmo que "carnes" predominem, encontra-se também alternativas para peixes, ovos, leite e produtos lácteos (GFI'S..., 2022). Uma incerteza que paira sobre o setor, sobretudo no caso de avançar com carnes celulares, é a indefinição do quadro regulatório, que persiste também nos Estados Unidos, mas que na Europa pode ser mais facilmente negociada na regulação sobre "*novel foods*" já em operação. No Brasil, o Ministério de Agricultura iniciou discussões sobre a regulamentação do mercado de alternativas *plant-based* em 2021. Assustados com os avanços desse mercado, vários deputados da "bancada ruralista" iniciaram projetos de lei, que ainda tramitam no Congresso, para proibir o uso dos termos "carne" e "leite" no caso de produtos *plant-based* (ARIOCH, 2021).

Apesar da sua imagem, dominada pela vastidão dos seus campos, dos seus rios e das suas florestas, o Brasil tem uma taxa de urbanização entre as mais altas do mundo, em torno de 85%, que prevalece mesmo nas regiões da fronteira agrícola. O crescimento vigoroso no Brasil dos mercados *plant-based* e o aumento não menos vigoroso de um consumo pautado em preocupações de saúde e do meio ambiente podem se tornar, inclusive, fatores decisivos na medida em que a cidade dá as costas às práticas mais predatórias das cadeias da soja e da pecuária.

Como vimos no capítulo 3, as empresas globais dos agronegócios — Cargill, ADM, Tyson —, entre as quais se incluem as empresas de carnes brasileiras — Marfrig, Minerva e JBS — bem como as empresas alimentares globais — Nestlé, Unilever —, não apenas se adaptam ao, mas ativamente promovem o mercado de proteínas alternativas com os seus próprios produtos, apoio às *startups* e investimento próprio em PD&I. Mais do que empresas de carnes, Tyson, Marfrig, Minerva e JBS se veem como empresas de proteínas, o que afrouxa a sua identificação com um setor específico de rações (a soja, sobretudo) e com a pecuária. As tensões nos agronegócios brasileiros entre o elo agrícola (sojicultores e pecuaristas) e os componentes industriais são atiçadas por polarizações políticas, mas podem se acirrar também economicamente à medida que os vários mercados de proteínas alternativas alcancem maturidade.

# CAPÍTULO 7

## CAMPO-CIDADE REVISITADO

No capítulo anterior, mostramos como as transformações em curso no sistema agroalimentar brasileiro só podem ser adequadamente entendidas uma vez que a dinâmica urbana esteja integrada na análise. Ao longo do livro, chamamos atenção, também, para as implicações radicais das inovações em curso na redefinição do lugar do urbano na organização do sistema alimentar.

Independentemente dessas considerações, o tema da agricultura urbana já tinha se imposto pelo surgimento de grupos urbanos, a partir dos anos 1970, reivindicando o direito de cultivar alimentos para a sua subsistência. No Norte, a combinação da desindustrialização e o fenômeno de "desertos alimentares", bairros que só dispõem de lojas de fast-food, levou grupos comunitários e religiosos a estimularem a produção de alimentos e pequenas criações em terrenos baldios e abandonados. Criou-se o *Food Justice Movement* que tem gerado uma importante literatura acadêmica de análise e avaliação (COCKRALL-KING, 2012; LADNER, 2011; MCCLINTOCK, 2010), bem como de políticas públicas para a sua promoção e regulamentação, como no caso de Paris onde contratos temporários permitem uma agricultura "nômada" de curto prazo (DEMAILLY; DARLY, 2017).

Nos países em desenvolvimento e sobretudo no continente africano, a aceleração da emigração do campo para as cidades não tem sido associada à integração no mercado de trabalho urbano, o que tem pressionado populações recém-chegadas às cidades a desenvolver formas de agricultura urbana para a sua própria sobrevivência. Organismos internacionais, como a FAO, têm ressaltado esse fenômeno, e os cálculos sobre o número global de agricultores urbanos que geram uma renda a partir das vendas dessa atividade variam entre 100 milhões e 200 milhões (ORSINI *et al.*, 2013; UNDP, 1996).

Ao mesmo tempo, governos locais e planejadores urbanos estão se tornando mais sensibilizados acerca de questões do meio ambiente e da segurança alimentar. Um exemplo foi o Congresso de Cidades Resilientes em Bonn, Alemanha, em 2013, que apelou para "o desenvolvimento e implementação de um enfoque holístico ao desenvolvimento de sistemas alimentares urbanos para assegurar a segurança alimentar e estimular a biodiversidade local" (ICLEI DECLARAÇÃO, 2013). Outro seria a rede criada em torno do Milan Urban Food Policy Pact, em 2015, a partir da qual mais de 200 cidades têm se comprometido a reexaminar os seus sistemas de abastecimento e de distribuição de alimentos, (LOCAL..., 2022). Um debate animado em torno do conceito de *smart cities* (cidades inteligentes), muitas vezes visto como propondo soluções apenas tecnológicas sem integrar a ação social associada aos movimentos em torno de agricultura urbana, faz parte das discussões dessa rede (DEAKIN; DIAMENTINI; BORRELLI, 2018; MAYE, 2019).

Uma nova geração de arquitetos, para quem a cidade não se trata de "tijolos e concreto", mas de um organismo biológico, está respondendo a concursos e elaborando projetos para visualizar *smart cities*, onde energias renováveis, o meio ambiente e a produção de alimentos estão integrados no dia a dia da vida urbana. O arquiteto belga, Vincent Callebout, e a sua equipe se dedicam a projetos de *smart cities*, entre os quais uma visão de Paris em 2050 onde todos esses elementos são integrados a partir do princípio de biomimetismo (*biomimicry*), que pode ser apreciado no seu site, (CALLEBAUT *et al.*, 2022). Mesmo que não sejam concretizados, esses projetos criam imaginários e inspiram um sem-número de outras iniciativas no mesmo espírito.

Um personagem icônico nesse sentido é C. J. Lim, professor na Bartlet School of Architecture, em Londres, e diretor do Studio 8 Architects, dedicado a repensar a arquitetura e o planejamento urbano a partir de uma visão da integração entre a natureza e os espaços construídos onde os seus sistemas alimentares são centrais, como pode ser visto no título do seu livro publicado em 2014, *Food City*. Numa outra publicação comissionada pelo Governo chinês e pelo Governo da Coreia do Sul, *Smart Cities Resilient Landscapes and Eco-Warriers*, Lim e Liu (2013) coordenaram uma série de estudos internacionais em que a cidade é pensada a partir das necessidades dos seus cidadãos com foco central na reintegração da produção de alimentos no ambiente urbano. Num olhar lúdico satírico, Lim idealizou um *Food Government* (Governo Alimentar), pairando acima de Londres e mais precisamente das suas *Houses of Parliament* (Casas de Parlamento), onde todas as atividades de governança bem como a organização social e espacial da cidade são decididas em função da prioridade dada à alimentação (LIM *et al.*, 2015).[23]

---

[23] Um dos exemplos mais destacado por Lim são os restaurantes populares criados por governos municipais no Brasil e, sobretudo, a experiência das políticas públicas de alimentos na cidade de Belo Horizonte, que já virou uma referência internacional e será discutida posteriormente.

A reavaliação do lugar dos alimentos no contexto urbano contemporâneo está sendo acompanhada por uma interrogação histórica e pré-histórica das relações cidade-campo. Por um lado, a narrativa sobre as cidades que predomina é aquela que privilegia uma visão a partir da revolução industrial que estabelece uma polarização entre o rural e o urbano, entre agricultura e indústria, produção e consumo, recursos e dejetos, uma relação que combina conflitos sociais e econômicos com antagonismos ecológicos. Nessa ótica, perde-se de vista a enorme heterogeneidade dos processos de urbanização e o grau em que as cidades internalizaram uma parte importante das suas necessidades alimentares, tema que será discutido a seguir.

Por outro, os trabalhos clássicos de Gordon Childe (1950) e Lewis Mumford, (1961) consagraram uma interpretação do surgimento das cidades como sendo decorrente de uma "revolução agrícola", em que a domesticação de plantas e animais levou à geração de excedentes alimentares, permitindo uma divisão de trabalho e a emergência de grupos dedicados a atividades não agrícolas. Livres das restrições espaciais da terra, essas atividades se concentraram em núcleos urbanos e novas classes sociais que sujeitaram o campo às suas necessidades. Interpretações alternativas questionam essa visão ao destacar motivos culturais, religiosos e do comércio mais do que a existência de um excedente agrícola para explicar a ruptura da vida de clãs em favor de uma sociabilidade simultaneamente mais abrangente e de maior proximidade cotidiana (ASLAN, 2018).

A urbanista Jane Jacobs foi talvez a primeira a colocar em questão a ortodoxia sobre a origem da agricultura ao desenvolver uma ousada hipótese invertendo a causalidade entre campo e cidade. Jacobs se inspirou nas escavações do site de Çatal Hüyük na Turquia que testemunham o surgimento de cidades 7 mil anos antes da era comum, 3,5 anos antes das grandes civilizações do Crescente Fértil que começaram com os Sumérios (COLLINS, 2021; MELLAART, 1967). Na época neolítica, o bem mais precioso foi a pedra vulcânica, obsidiana, que servia como arma, ornamento, espelho e, também, para caça, o que estimulou o comércio, inclusive a longa distância nessa mesma época (RENFREW; DIXON; CANN; 1968; SHERRATT, 2021). O assentamento urbano da cidade imaginada por Jacobs teria surgido precisamente para defender o acesso às jazidas de obsidiana. Os povos, que foram atraídos à cidade para acessar a obsidiana, normalmente trariam couros, animais e/ou sementes como base da troca. Seria nesse ambiente urbano, com a chegada e convivência de uma multiplicidade de variedades de sementes e de animais que o processo de seleção e domesticação teria acontecido. Assim, a agricultura e a pecuária seriam um subproduto urbano do comércio a longa distância e apenas numa fase subsequente seriam "terceirizadas" fora da cidade, criando a especialidade da agricultura (JACOBS, 1969).[24]

Em 2021, Graeber e Wengrow publicaram um livro com o título nada modesto de *O amanhecer de tudo. Uma nova história da humanidade*, em que eles não apenas contestam frontalmente a noção clássica da "revolução agrícola", mas também enfrentam a sua interpretação mais negativa nos trabalhos de Yval Harrari (2014) e Jared Diamond (1987). Como Jacobs, Graeber e Wengrow se inspiram nas lições a serem tiradas das escavações de Çatal Hüyük. Para eles, também os assentamentos urbanos surgem num momento em que esses povos combinavam uma certa agricultura com a continuação da caça e das suas atividades forrageiras. Contrariando a visão de Harrari, que argumenta que foi o trigo que domesticou os humanos, sujeitando-os às suas demandas, e de Diamond, para quem a agricultura foi "o pior erro na história da raça humana", Graeber e Wengrow (2021) destacam o caráter lúdico das primeiras formas de integrar a agricultura num estilo de vida ainda caçador e forrageiro. Segundo os autores, essa agricultura foi desenvolvida nas margens de lagos e rios que ficaram periodicamente inundadas deixando o terreno fértil onde só se precisava espalhar as sementes.

Contra a noção de uma revolução agrícola, esses autores chamam atenção pelo fato dessa modesta agricultura pouco exigente, que se combinou com a manutenção das práticas de caça/pesca e coleta, durar nada menos de 3,5 mil anos e só então cedeu à agricultura em escala. Esse tipo de agricultura exigia pouco em termos de gerenciamento e foi pouco compatível com o estabelecimento de propriedades agrícolas fixas e a apropriação privada de excedentes dada a variabilidade sazonal e locacional das enchentes. Tão ou mais importante que os grãos foram os talos usados para várias finalidades não alimentares e para serem misturados na argila na construção das suas casas. Mais do que a agricultura, os autores argumentam, tratavam-se de jardins que requeriam um olhar mais botânico do que agrícola e onde, eles acrescentam, a presença da mulher predominava.

Assim, segundo Graeber e Wengrow (2021, p. 236), não houve uma revolução agrícola. Durante 3,5 mil anos uma agricultura rudimentar coexistia com assentamentos urbanos cuja razão de ser não foi a agricultura, mas "a caça, a coleta, a pesca, o comércio e mais coisas".

[24] Neil Brenner (2014) desenvolveu o conceito de "urbanização planetária" para captar a maneira como o "rural" foi refeito pela dinâmica urbana.

Calcula-se que a cidade de Çatal Hüyük tinha entre 5 mil e 7 mil habitantes e persistiu durante 1,5 mil anos com as casas sendo periodicamente demolidas e reconstruídas. Algumas casas parecem ter acumulado mais artefatos, mas não existem indícios de casas maiores nem de bairros separados. Tampouco existe evidência de uma autoridade central, o que leva os autores a concluir que a cidade se organizava em forma igualitária em torno de cada unidade doméstica. A proliferação de estátuas de mulheres nas casas sugere uma deferência especial para as mulheres mais velhas. Análises dos restos de comida e dos esqueletos apontam para uma paridade entre todos em termos de dieta e de saúde. Embora a maior parte da dieta já adviesse de agricultura, todas as pinturas nas casas celebraram a caça de animais selvagens por parte dos homens. Nas terras mais altas, não tão longe de Çatal Hüyük, os enormes monumentos de pedra de Göbekli Tepe com suas esculturas de animais machos ferozes e crânios humanos sugerem visões de mundo e formas de organização radicalmente diferentes. Esses dois grupos sociais que coexistiam em ecossistemas próximos e se conheciam por meio de comércio parecem ter optado por modelos de vida coletiva diferentes e, na hipótese dos autores, talvez conscientemente tenham escolhidos caminhos opostos.

O contraste entre Çatal Hüyük e Göbekli Tepe é apenas um pequeno exemplo de um argumento mais abrangente desenvolvido ao longo de mais de 600 páginas sobre dinâmicas de urbanização e a relação campo-cidade. Graeber e Wengrow (2021) apresentam dados de todos os continentes para defender a tese que os processos de urbanização ao longo da história foram dos mais variados. A depender das estações, os mesmos grupos poderiam adotar formas diferentes de sedentarismo. Por séculos, senão por milênios, os mesmos grupos sociais, morando em grandes concentrações, combinaram pesca, caça e coleta com a agricultura e conviviam sem uma administração central. Numa posição similar a Jane Jacobs, os autores especulam que a agricultura extensiva poderia ter sido adotada para abastecer cidades já consolidadas. E muitas vezes, segundo esses autores, sociedades optaram por formas de vida urbana que se diferenciavam conscientemente dos seus vizinhos, num processo que eles definem como sismo gênesis.

O importante para a nossa análise é o questionamento das interpretações clássicas sobre a revolução agrícola. Os autores mostram, com rico material empírico, que por milhares de anos a agricultura permanecia um componente menor e/ou sazonal lado a lado à caça, à coleta, à pesca e às hortas. A urbanização se consolidou nesse contexto e por milênio se reproduziu sem indícios do surgimento de um Estado, na forma de uma administração central.

A expansão e a crescente importância da agricultura podem, por sua vez, ser interpretadas como o resultado das decisões de sociedades já urbanizadas. Trata-se não apenas de abastecimento alimentar, mas do fornecimento de insumos para atividades urbanas — bebida alcoólica, têxteis e produtos da culinária e da protoindústria urbana — pão, queijos, e iogurtes, todas inovações neolíticas.

Para Graeber e Wengrow (2021, p. 285), a segunda grande fase de urbanização, por volta de 5 mil a.C., deve-se à crescente estabilização dos fluxos dos rios e dos níveis dos mares que criaram grandes áreas férteis, os deltas, integrando rios e mares. De novo eles identificam importantes variações nos processos de urbanização e chamam atenção para o fato de as maiores cidades nessa época se localizarem não na Eurásia, mas na Mesoamerica, uma região tecnologicamente muito mais atrasada, sem transporte de rodas, sem animais de tração e com uma metalurgia muito menos desenvolvida.

Não precisamos seguir toda a análise dos autores, que continua por mais 400 páginas. O importante para nós é a sua demonstração da variabilidade das formas de urbanização, da autonomia dessa urbanização em relação à agricultura e da possível inversão das relações de causalidade, bem como da centralidade dos rios e dos mares para a localização das cidades. Eles argumentam que essa segunda onda de urbanização consistia, sobretudo, em redes de cidades situadas ao longo dos rios, especializadas em distintas atividades artesanais, o que estimulava o comércio, bem como o desenvolvimento de sistemas de contagem e de contabilidade. Tudo isso, eles argumentam, antecedeu o surgimento das grandes civilizações urbanas com as suas administrações centralizadas e hierárquicas.

A localização dessas cidades nos rios e nas áreas costeiras decorre da antiguidade das técnicas de navegação, o que, por sua vez, estimulava o comércio entre redes de cidades e explica, também, o peso de proteína da pesca nas dietas urbanas. Com o aprimoramento das técnicas de navegação, a vida urbana podia se viabilizar a partir de circuitos longos de abastecimento. Subsequentemente as cidades gregas desenvolveram estratégias de colonização, onde grupos selecionados dos seus cidadãos foram enviados para criar assentamentos, sobretudo na Sicília, para desenvolver uma agricultura dirigida especificamente às necessidades das cidades (BENJAMIN, 2006). O império romano, onde no seu auge Roma tinha mais de um milhão de habitantes, dependia totalmente das regiões agrícolas das suas províncias, sobretudo Egito e Espanha. Temin (2013), com base numa análise meticulosa do comércio de trigo no império romano, calcula que o abastecimento de Roma precisava de 4 mil embarcações de trigo por ano. Durante a época medieval, Braudel (1998) chama atenção para a total dependência das "cidades-Estados" da Europa, como Veneza, do abastecimento alimentar de regiões distantes. Assim, desde a antiguidade grandes cidades sempre dependiam de circuitos longos de abastecimento.

Enfatizamos a heterogeneidade das formas de urbanização que não se limita apenas às considerações geográficas e tecnológicas. Max Weber (1958) mostrou que a dinâmica da cidade podia variar, também, ao depender da sua estrutura político-social, fosse ela organizada em torno do templo, de uma guarnição militar, do poder político, do comércio à distância ou de mercados locais. Com a consolidação da "economia mundo" à lá Braudel e Wallerstein, relações coloniais imprimiam características muito específicas à urbanização e às dinâmicas de abastecimento alimentar, como no caso brasileiro, em que a urbanização foi reduzida a funções administrativas essenciais e subordinada ao ritmo da economia rural, que, por sua vez, surgiu para atender à demanda urbana da Europa (FREIRE, 2002).

Com a consolidação dos sistemas coloniais e, mais ainda, com a revolução industrial, são os Estados, mais do que as cidades, que na Europa assumem responsabilidade para o abastecimento alimentar. A industrialização trouxe consigo uma aceleração da urbanização em novas escalas que se generalizou com a apropriação industrial de atividades anteriormente conduzidas no campo e em vilarejos, bem como no desenvolvimento de novas atividades industriais que a própria vida urbana estimulava. A questão que se colocava, a partir da segunda metade do século XVIII, sobretudo na Inglaterra, foi a capacidade de a agricultura acompanhar a nova demanda alimentar, levando em conta as restrições aos aumentos de produtividade identificados por Malthus e Ricardo. Na Inglaterra, o campo e a cidade foram vistos como realidades antagônicas expressas politicamente na demanda pela abertura dos portos para importar grãos. Foi o renomado químico Liebig (1840) que reposicionou o debate ao definir a produtividade da terra em função dos seus componentes químicos — nitrogênio, fósforo e potássio —, abrindo a possibilidade de melhorar a produtividade com insumos externos à propriedade que eventualmente seriam produzidos industrialmente.

Inicialmente entusiasmado com essa possibilidade de melhorar a produtividade, Liebig se tornou cada vez mais crítico do que ele via como o inevitável esgotamento do solo. O antagonismo entre campo e cidade passou a ser visto em termos de uma polarização entre a produção no campo, por um lado, e o consumo na cidade por outro, em que os recursos e os nutrientes gerados no campo são transformados em dejetos na cidade e despejados nos rios e nos mares longe das áreas de produção. Assim, ao antagonismo social de fazendeiros versus industrialistas, acrescentou-se a noção de um antagonismo ambiental entre campo e cidade, que Marx teorizou e Bellamy-Foster (1999) batizou de "uma ruptura metabólica", uma linha de análise que se renova hoje no contexto das crises em torno do meio ambiente e do clima.

A noção de ruptura metabólica enfatiza a polarização campo-cidade, mas os estudos históricos mostram uma presença importante da produção agrícola e da criação de animais no contexto urbano. Num trabalho clássico, Von Thünen (1966), estabeleceu uma tipologia ideal das relações entre campo-cidade em que ele via a produção do campo organizada em círculos concêntricos em torno da cidade com a relativa proximidade dos produtos sendo determinada por critérios de perecibilidade e transportabilidade. Fica claro que isso vale apenas para um dos vários tipos de cidade que identificamos, e corresponde ao que Raymond Williams (1973) chamava de *market town* no seu estudo, também clássico: *The Country and the City*. Mesmo que haja muitos críticos a esse modelo abstrato, as duas variáveis de perecibilidade e meios de transporte oferecem *insights* importantes. Com base nesses critérios, Von Thünen coloca produtos lácteos e a horticultura no primeiro círculo, que corresponde ao periurbano, o que hoje chamaríamos de cinturão verde.

A convivência da horticultura com a vida urbana, mesmo em constante tensão face às pressões do setor imobiliário, evidencia-se ao longo desse período, iniciando pela promoção de *garden plots* na Alemanha, para reforçar a dieta da classe operária, uma política que se generalizava pela Europa e assumiu um papel importante durante as duas guerras mundiais (GOGL, 2016). Calcula-se que os "jardins da vitória", nos Estados Unidos, respondiam por 40% da produção nacional da horticultura durante a Segunda Guerra Mundial (MCCLINTOCK, 2010). No final do século XIX, Paris dispunha de um forte setor comercial de horticultura no bairro do Marais, inclusive exportando os seus produtos para o mercado londrino. O que viabilizou essa produção no coração da capital francesa foi a presença de não menos de 90 mil cavalos, segundo o censo de 1890, cujo esterco era coletado e aplicado na produção hortícola. De fato, desde tempos imemoriais, e, também, ao longo do século XIX produtos altamente perecíveis, como leite e carnes, foram produzidos no meio urbano (ATKINS, 2012).

Transformações nas duas variáveis identificados por Von Thünen — perecibilidade e transporte — modificaram definitivamente tanto o esquema dele quanto a relação entre a produção de alimentos e a cidade. Em primeiro lugar, veio a inovação radical do sistema ferroviário, rapidamente adotado mundo afora, que permitiu a chegada de produtos perecíveis de distâncias cada vez maiores. Mais tarde, novas técnicas de refrigeração combinadas com o navio a vapor viabilizaram a importação de carne fresca para a Europa até da Argentina. O golpe fatal, porém, foi o desaparecimento do cavalo das cidades com a invenção do carro e do bonde elétrico, que eliminou uma fonte preciosa de fertilizante, e aí sim radicalizou a ruptura metabólica entre cidade e campo.

Tão importantes quanto as inovações em transporte e refrigeração foram as medidas de saúde pública adotadas desde o início do século XIX (DAVIRON *et al.*, 2017). A transmissão de doenças que assolaram os habitantes das cidades nesse século foi identificada com os cheiros nauseabundos dos animais nelas criados e abatidos. Regulações foram introduzidas que levaram ao fechamento de laticínios e abatedouros e à proibição da criação de pequenos animais nas casas e quintais. Foi, portanto, apenas a partir do século XX que os animais, fontes de carnes e de produtos lácteos, foram finalmente expulsos das cidades nos países da Europa e nos Estados Unidos.[25] Os únicos animais urbanos permitidos a partir daí seriam os de estimação, que, ao longo desse século, adquiriram cada vez mais direitos de cidadania, sendo nutridos inclusive pela indústria alimentícia e não mais das sobras da mesa.

No livro organizado por Daviron *et al.* (2017), vemos como, no caso europeu ao longo da época medieval, as cidades tinham um protagonismo na organização dos seus sistemas alimentares. Com a consolidação dos Estados-Nações e mais ainda a partir da expansão colonial e da revolução industrial, a questão alimentar se tornou nacional, sujeita a políticas de abastecimento alimentar, o que perdura por grande parte do século XX.

[25] Steele (2013, p. 23) cita o seguinte relato de George Dodd, de 1856: "[o] bairro de Kensington, Londres, tem uma população entre 1000-1200 pessoas, todas ocupadas com a criação de porcos cujo número chega a mais de 3.000. Os sítios dos porcos misturam com as residências e alguns dos porcos vivem nas casas, inclusive embaixo das camas...".

Como indicamos, a partir dos anos 1980, as cidades voltam a ter uma atuação mais intervencionista nas questões alimentares. Podemos identificar uma série de fatores que convergem para que isso aconteça.

Já mencionamos a desindustrialização e o consequente desemprego em muitas cidades do Norte, o que levou ao surgimento do *Food Justice Movement*. A promoção de agricultura em terrenos baldios urbanos desafia os padrões de uso do solo urbano exatamente quando essas cidades são confrontadas com a necessidade de repensar os seus modelos urbanos. A desindustrialização foi apenas um componente de uma mudança mais geral para a desregulamentação de atividades econômicas e uma intervenção menor do Estado, o que colocou mais responsabilidade nos governos locais. É a partir desse período que as críticas ao sistema alimentar dominante se agudizam, tanto em relação aos seus padrões de produção como às implicações para o consumo. Assim, noções de circuitos curtos e *farmers markets*, as críticas aos produtos ultraprocessados, sobretudo para crianças, as pressões para que os governos locais valorizassem os produtos de *fair trade*, todas essas questões pressionaram para respostas a nível local. Um foco central são os mercados institucionais que se tornam instrumentos para defender movimentos sociais e para promover os novos valores em torno dos alimentos e sua identificação com questões de saúde e do meio ambiente. Centenas de cidades na Inglaterra abraçaram produtos do comércio justo nos seus eventos públicos, e os movimentos em torno de comida nas escolas foram descritos como a *School Food Revolution*, por Morgan e Sonnino (2010).

No caso do Brasil e da China, os dois países que identificamos ao longo deste livro como constituindo o novo eixo do sistema agroalimentar global, um protagonismo similar das cidades pode ser identificado. Numa outra publicação (WILKINSON, 2021), destacamos a atuação dos governos municipais no Brasil, estimulados mais ainda pela renovação social a partir da redemocratização e da consagração de uma nova Constituição. O exemplo do governo local de Belo Horizonte, como já mencionamos, tornou-se uma referência mundial (SONNINO, 2009). Notável nas suas políticas foi o foco no sistema alimentar como um todo a partir da perspectiva do consumo, tanto do acesso como da qualidade, visando à população urbana mais pobre. Assim, cantinas a baixo preço e de acesso universal foram criadas em pontos centrais da cidade para atender às milhares de pessoas que antes iam trabalhar sem comer. Um programa complementar para famílias registradas como de baixa renda subsidiava o acesso a uma cesta básica de produtos não perecíveis. As crianças foram atendidas não apenas por meio do programa de "merenda escola" que, em 2007, servia 40 milhões de refeições para 155 mil alunos em 218 escolas públicas, mas, por um programa específico de combate à desnutrição entre crianças abaixo de cinco anos. Um "banco de alimentos" completava essas políticas de acesso que distribuía 600 toneladas de sobras de alimentos frescos tratadas por meio de 108 instituições de caridade (ROCHA; LESSA, 2009).

O programa também intervinha nos mecanismos do mercado para assegurar a chegada de alimentos frescos a bairros mal servidos (os *food deserts*), pelo setor privado. Comerciantes foram licenciados para vender os seus produtos em bairros de maior poder aquisitivo na condição de também atender os bairros pobres a partir de uma lista de produtos com preços acordados com a prefeitura. Vendas diretas de agricultores familiares periurbanos foram viabilizadas por feiras organizadas pela prefeitura com os preços monitorados (ROCHA; LESSA, 2009). Essa política sistêmica a partir das necessidades alimentares urbanas tornou o exemplo de Belo Horizonte uma referência internacional difundida tanto por organismos, como a FAO, quanto por figuras notáveis, como o mencionado C. J. Lim.

O Grande Canal, que liga Beijing a Hangzhou (1.776 quilômetros) e integra as terras agrícolas do sul ao centro político do norte, é testemunha da centralidade da segurança alimentar para o Estado chinês. A sua construção foi iniciada no século V a.C., mas a interconexão das suas várias partes tinha que esperar até a dinastia Sui, mil anos mais tarde. No entanto, as regiões administrativas das cidades municipais na China tradicionalmente abrangiam as áreas agrícolas no seu entorno, e historicamente as autoridades locais e regionais foram responsáveis pela segurança alimentar das suas localidades. Uma pesquisa sobre Shanghai nos anos 1990 calculou que 41% da força de trabalho estava ocupada na agricultura, 80% dos quais em tempo parcial. Cem por cento das aves, dos ovos e do leite e 80% dos vegetais e pesca de água doce foram produzidos num raio de 10 quilômetros do centro da cidade (CAI; ZHENG, 1999). Assim, mesmo que os grãos essenciais fossem organizados a nível nacional desde a antiguidade, o grosso dos produtos perecíveis na China ainda foram produzidos nos entornos das cidades.

Shanghai, como o resto da China, está tendo a sua área de agricultura diminuída drasticamente com o crescimento urbano. Para contornar isso, a Sasaki, uma empresa norte-americana de arquitetura, foi contratada para desenvolver um projeto agriurbano numa área de mais de cem hectares na cidade, o distrito chamado Sunqiao, entre o aeroporto e a região central da cidade, visando ao desenvolvimento de granjas verticais integradas com áreas residenciais, de lazer, de cultura e de ensino. Sunqiao foi uma área tradicional de agricultura em Shanghai. Assim, o projeto trata de manter a vocação agrícola da região numa maneira compatível com a evolução da cidade onde a aquapônica, granjas de alga, estufas flutuantes, paredes verdes, bancos de sementes e agricultura vertical convivem com as áreas residenciais, comerciais e de lazer (ADJIE; SRINAGA; MENSANA, 2021).

Inicialmente, os governos locais nos países do Norte foram forçados a repensar a vocação das suas cidades como resultado dos variados impactos da desindustrialização. Rapidamente, porém, os novos temas de energia, meio ambiente, clima e qualidade de vida foram sendo incorporados, exigindo visões mais holísticas que foram se tornando mais factíveis a partir da onda de inovações que atingiram os setores de transporte, construção e de energia. Os projetos urbanos foram revolucionados pela digitalização e convergiram em torno da noção de *smart cities*, avançaram para a noção de *green cities* e se estendem agora à noção do *food cities*, como vimos nos exemplos de Vincent Callebout e J. C. Lim.

À luz dessas tendências, elaboramos o que podia ser uma tipologia inicial das diferentes forças sociais e recursos tecnológicas, impulsionando a integração da produção e da distribuição de alimentos no interior do espaço urbano (WILKINSON; LOPANE, 2018):[26]

1. a agricultura periurbana ou o cinturão verde;
2. respostas à marginalização pelas transformações na vida urbana — *Food Justice Movement*;
3. iniciativas individuais ou coletivas, fruto das novas subjetividades em torno da saúde e do bem-estar individual e planetário;
4. políticas e planejamento públicos, estilo Belo Horizonte e Shanghai;
5. surgimento de "agritectura" e a integração de alimentos nos projetos e no imaginário das cidades;
6. iniciativas a partir da nova fronteira tecnológica dos alimentos.

Discutimos a agricultura periurbana ao apresentar o modelo de Von Thünen. Trata-se de um componente tradicional da vida urbana constantemente ameaçado pela expansão imobiliária apesar dos esforços contínuos de regular esses espaços em forma de "cinturões verdes" como nas "cidades

[26] Na formulação original, juntamos os pontos 4 e 5, mas o novo imaginário sendo criado em torno da noção de *smart cities* se torna uma influência cada vez mais importante.

jardins", promovidas por Ebenezer Howard (1902), no Reino Unido. A pluriatividade caracteriza esse setor, tanto pelas oportunidades de emprego urbano quanto pela necessidade de gerar rendas compatíveis com a vida urbana. Hoje, esse segmento urbano tradicional se tornou um lócus privilegiado para a promoção de circuitos curtos, e para uma agricultura diretamente apoiada por grupos urbanos (*Community supported agriculture).* Está se tornando, também, uma fonte importante de abastecimento de mercados institucionais, bem como de contratos entre produtores e restaurantes com um crescente protagonismo de chefes ecológicos (CURTIS; COWEE, 2009).

Já discutimos o surgimento de movimentos de agricultura urbana promovidos por grupos marginalizados nos processos de desindustrialização nos países do Norte e pelas necessidades de subsistência de migrantes recém-chegados nas cidades do Sul global. Essas iniciativas podem ser acolhidas por políticas públicas (como no caso das hortas cariocas no Rio de Janeiro) e viabilizadas pelo reconhecimento de contratos temporários (como no caso de Paris mencionado anteriormente), ou ser mantidas com o apoio de grupos comunitários. Além da sua importância econômica, as avaliações dessas iniciativas destacam o seu valor social para comunidades e indivíduos vulneráveis (LIEVA, et al, 2022).

Ao longo deste livro, destacamos a importância dos novos padrões de consumo alimentar que estão sendo acompanhados por um interesse em estabelecer maior controle sobre a alimentação. Os lotes urbanos promovidos para a classe operária em tempos anteriores estão sendo agora reivindicados pela classe média, visando à produção própria de hortifrutigranjeiros (ELLIS, 2022). No capítulo 3, enfatizamos o caráter modular dos equipamentos de agricultura de clima controlado, o que permite a sua inserção em muitos contextos diferentes da vida cotidiana urbana — em apartamentos, nas varandas, em equipamentos coletivos (cantinas, condomínios) — e em contêineres para fins comerciais ou integrados ao varejo. Os insumos e as informações para essas atividades, bem como os próprios equipamentos estão disponíveis online.

O exemplo de Belo Horizonte mostrou como políticas públicas locais focadas no acesso à alimentação transformam as cidades em poderosos ambientes para a promoção de circuitos curtos de produção e consumo. Esses mercados institucionais — refeições escolares, hospitalares e carcerárias — apresentam, ao mesmo tempo, grandes desafios tanto de escala quanto de qualidade, o que pode abrir oportunidades para os sistemas modernos de agricultura de clima controlado.

A quinta categoria se constitui na geração de arquitetos e desenhistas urbanos mencionada no início deste capítulo, que elabora novas visões de uma vida urbana sustentável a partir das possibilidades abertas pelas fronteiras científica e tecnológica. Nesse sentido, eles se tornam um input precioso para políticas públicas que muitas vezes são presas a opções setoriais dentro dos limites das estruturas urbanas existentes. Ao mesmo tempo, eles apresentam uma perspectiva nova sobre as maneiras de integrar a agricultura de clima controlado e as proteínas alternativas na vida urbana cotidiana.

A última categoria trata fundamentalmente das novas empresas de proteínas alternativas e de agricultura de clima controlado. Nos dois capítulos dedicados a esses desenvolvimentos, focalizamos, sobretudo, a compatibilidade desses empreendimentos com a realidade econômica da vida urbana. Nesse sentido, mostramos como a produção vertical é compatível com o modelo de renda urbana, bem como a estratégia do uso de prédios sucateados pela desindustrialização ou áreas portuárias igualmente abandonadas para compensar custos ainda não equacionados, sobretudo de energia. No caso de proteínas alternativas, mostramos, igualmente, que essas atividades se assemelham a qualquer empresa de fermentação, como uma fábrica de cerveja. A nova planta da *Upside Foods* que visa à carne cultivada, enfatiza a sua compatibilidade com o ambiente urbano e propositadamente optou por uma arquitetura transparente que permite que visitantes acompanhem o processo produtivo. Ao mesmo tempo, a matéria-prima para as plantas de fermentação pode vir dos restos alimentares urbanos, constituindo uma economia circular, como no exemplo da planta de insetos na China mencionado no capítulo 4 e da microcervejaria discutida no capítulo 5.

Apesar disso, esses empreendimentos também adotam um padrão industrial tradicional com plantas dedicadas, visando maximizar a escala de operações. Da mesma maneira que os projetos dos arquitetos e desenhistas ampliam a visão para a definição de políticas públicas, aqui também eles permitem imaginar formas de integrar as novas possibilidades de produzir alimentos no dia a dia da vida urbana. Podemos pensar, assim, numa apropriação cada vez maior dessas inovações por parte de iniciativas individuais e coletivas, ao reintegrar a produção e o consumo alimentar em forma decentralizada nos diversos equipamentos do espaço urbano. Descrevemos firmas que se baseiam nessas estratégias no terceiro capítulo.

A nossa tipologia destaca a diversidade dos atores e interesses em jogo na promoção de sistemas alimentares urbanos que certamente reproduzirão todos os conflitos já mapeados no mundo dos agronegócios — uso ou não de insumos químicos, transgênicos, concentração da produção, poder econômico, impactos sociais e ambientais, bem como a regulação dessas atividades — e muito provavelmente novas, algumas das quais já são evidentes: agricultura sem o uso do solo pode ser aceita como orgânica? As proteínas alternativas podem ser chamadas de carnes e de peixes?

Além das questões éticas e de saúde, o impacto benéfico para o meio ambiente tem levado muitas pessoas a apoiar soluções radicais para a produção de proteína animal. Calcula-se que quase 80% das terras da agropecuária são dedicadas ao pasto para os animais e que 40% dos grãos mundiais se dirigem a rações. A agricultura já ocupa quase 40% das terras mundiais. O cultivo de apenas poucas plantas e animais pela agricultura com métodos de produção danosos a outras espécies está levando a um ritmo de extinção mil vezes maior do que acontece em ambientes intocados (MONBIOT, 2022). Os mesmos métodos agrícolas são responsáveis pelo desmatamento das florestas tropicais, bem como pela poluição das terras e das águas. Danos iguais são, também, evidentes na pesca em grande escala nos rios e nos mares

Com a mudança para proteínas alternativas, pode-se esperar uma diminuição drástica da pressão sobre os ecossistemas vulneráveis. O declínio dos mercados de rações e o aumento do consumo direto de grãos e oleaginosos vão acelerar a demanda para produtos proteicos orgânicos, e não OMG e para outras fontes proteicas, prevendo o fim do monopólio da soja. Um levantamento da Proveg de 20 associações que representam mais de 300 mil agricultores na Europa indica uma disposição de apoiar uma transição para proteínas alternativas contanto que seja financeiramente viável (MAIS..., 2022).

Além dessas transformações na agricultura, o declínio no consumo de proteína animal abre a perspectiva para políticas de recuperação dos ecossistemas ameaçados. Alguns protagonistas da agricultura de clima controlado, como Despommier e o CEO da Nordic Harvest, veem nisso a possibilidade de um processo de *rewilding*, em que os ecossistemas se recompõem em forma autônoma. Outros defendem um modelo no qual a agricultura convive com áreas mantidas intocadas. Na Europa, nos Estados Unidos e outros países existem políticas públicas de promoção de áreas dedicadas a *rewilding*, e o tema já ocupa o *mainstream* de debates acadêmicos (KREMEN, 2015; MONDIÈRE *et al.*, 2021; PRIOR; WARD, 2016; VOGT, 2021). Políticas de *rewilding* estão sendo adotadas igualmente no contexto urbano (COUGHLAN, 2021). As várias crises que estão afetando a organização global de abastecimento alimentar e que chegaram ao ponto de ruptura no mundo dominado por covid-19, por tensões geopolíticas e pela invasão da Ucrânia pela Rússia podem também diminuir o ritmo de *rewilding* à medida que todos os países buscam maiores níveis de autossuficiência alimentar.

Muitos fatores convergem para estimular novas reflexões sobre as relações campo-cidade. Descobertas arqueológicas e avanços tecnológicos de pesquisa têm trazido os Sumérios da sombra e identificado ondas de urbanização antes das grandes civilizações de Mesopotâmia, na América Latina, na civilização Caral-Supe no Peru (SOLIS, 2006), na própria Mesopotâmia, nos megassítios de 4 mil anos BCE de Trypillia na Ucrânia e em outras regiões da Europa central (MÜLLER; RASSMAN; VIDEIKO, 2016), e indicações de urbanização coincidindo com a adoção de agricultura, como no exemplo de Çatal Hüyük. Assentamentos urbanos em sociedades ainda de caçadores, formas de organização urbana menos centralizadas, e mesmo indícios de contagem e de contabilidade sustentando comércio em redes de cidades menores, apontam para uma variabilidade nas relações campo-cidade, às vezes ofuscada pelo modelo das grandes civilizações de Mesopotâmia.

O desemprego trazido pela desindustrialização nas cidades do Norte, combinado com a falta de emprego para as novas levas de migração urbana em países do Sul, reintroduziu a produção de alimentos no contexto urbano, uma prática cotidiana das cidades até o fim do século XIX. Essa agricultura de subsistência e de pequenas vendas locais foi estimulada por organizações comunitárias e depois respaldada por políticas públicas e organizações internacionais como um componente essencial da segurança alimentar de milhões de cidadãos urbanos. Para muitos analistas, a agricultura urbana é tão importante para a saúde e o bem-estar na vida urbana quanto para a sua contribuição direta à segurança alimentar e como fonte de renda.

A globalização afrouxou os padrões da regulação nacional do "pós-guerra", dando mais importância às cidades como foco de políticas precisamente quando novas questões, como o clima, estimularam visões radicalmente novas de urbanização, tornadas possíveis pela revolução digital e captadas na noção de "*smart cities*" e cidades verdes. O questionamento da dependência de circuitos longos de abastecimento alimentar nas cidades do Norte, bem como a rápida urbanização em regiões pouco dotadas de terras agriculturáveis, está colocando a questão alimentar ao centro das preocupações urbanas. A noção de "*food cities*" (cidades alimentares) hoje se integra nas visões de cidades verdes e cidades inteligentes, e nesse contexto as inovações de agricultura de clima controlado e as cadeias alternativas de proteína animal se encaixam como luvas.

# CONCLUSÕES

O biênio 2019-2020 viu um crescimento acelerado dos ecossistemas de inovação tanto da agricultura de clima controlado quanto das proteínas alternativas. O número de novas *startups*, o volume dos investimentos e o crescimento do consumo criaram um ambiente de euforia em relação às suas possibilidades disruptivas. O ponto alto foi o lançamento público na Bolsa de Nova York, em maio de 2019, da empresa líder do setor de proteínas alternativas, Beyond Meat. A oferta inicial de US$ 25 por ação foi rapidamente ultrapassada e na hora de fechamento as ações tinham subido para US$ 65. Um ano depois, com altos e baixos, as ações valiam US$ 91.53, e a Beyond Meat, com valor estimado em US$ 14 bilhões, tinha se tornado *mainstream*, presente em 50 países e distribuída pelas grandes marcas — McDonald's, Starbucks, Kentucky Fried Chicken — tanto nos países do Norte quanto na Ásia.

Contrariando as expectativas, o ano 2021 não repetiu o desempenho dos anos anteriores, e um artigo influente do Financial Times, em janeiro de 2022, soou o alarme ao sugerir que os mercados de proteínas alternativas talvez já tivessem atingido o seu pico. Uma explicação aventada pelos autores, Terazono e Evans (2022), que já mencionamos, recorre ao ciclo Gartner de novas tecnologias desenvolvido pela consultoria do mesmo nome. Esse ciclo identifica cinco fases, todas portando nomes fantasiosos: "gatilho de inovação"; "pico de expectativas infladas"; "vale de desilusão"; "inclinação de iluminação"; "platô de produtividade". Segunda essa interpretação, o início do ano 2022 correspondia ao "vale de desilusão". Numa visão otimista, isso abriria caminho para um período de consolidação e subsequente aumento de eficiência que levaria a uma retomada de crescimento. A ver, no início de 2022, a Beyond Meat valeu menos de US$ 4 bilhões. As vendas de carnes baseadas em plantas que tinham aumentado 46% em 2020 em relação ao ano anterior estagnaram nos Estados Unidos em 2021, com um aumento de apenas 0,5%. Por outro lado, os investimentos no setor em 2021 chegaram a US$ 4,8 bilhões segundo o relatório da Ag Funder 2022, o dobro do ano anterior, o que respalda uma visão otimista.

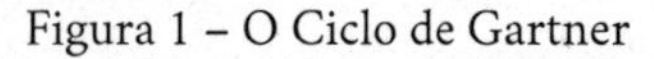

Figura 1 – O Ciclo de Gartner

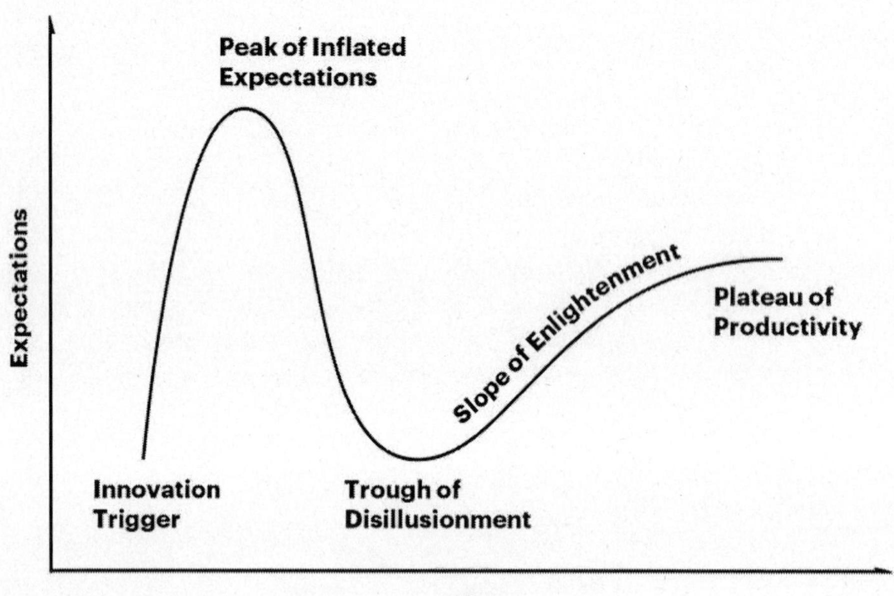


Fonte: Gartner. *The Gartner Hype Cycle,* 2021 (https://www.google.com/search?q=Ciclo+de+Gartner)

Um mês antes do artigo no Financial Times, Henry Gordon-Smith, da consultoria Agritecture, tinha desenvolvido uma análise similar do setor de agricultura de clima controlado, recorrendo igualmente ao ciclo de Gartner. Nesse caso também houve decepções em torno de lançamentos públicos em 2021 (AeroFarms e App Harvest), mas o problema central identificado foi a dificuldade de alcançar rentabilidade nas operações, dados os altos custos dos investimentos iniciais. Em forma similar às proteínas alternativas, Gordon-Smith concluiu que embora estejamos ainda no "vale da desilusão", podemos esperar uma retomada após um período de reestruturação (GORDON-SMITH, 2021).

Ambas as avaliações enfatizam a persistência dos "fundamentos" tanto ao lado da demanda (demografia, urbanização) quanto da oferta (impactos negativos do clima) para justificar o otimismo em relação ao avanço desses setores pós-*hype*. Por outro lado, a conjuntura mudou dramaticamente. A combinação da covid-19 com a invasão da Ucrânia pela Rússia está levando ao perigo de uma recessão global e coloca em questão um modelo de inovação que depende da grande disponibilidade de capital de risco. Os mesmos fatores, porém, aumentam os riscos de uma dependência estrutural em cadeias longas de importação, o que pode acelerar investimentos nessas inovações por Estados "ricos em capital e pobres em recursos naturais", com destaque para a China.[27]

Mas não são apenas fatores econômicos e geopolíticos que vão influenciar a abrangência e a velocidade de difusão das inovações que examinamos neste livro. Mostramos no capítulo 1 como a incorporação das "novas biotecnologias" nos anos 1980 foi rejeitada quando implicava a sua presença nos alimentos finais e terminou sendo restringido às suas aplicações agrícolas na forma de variedades transgênicas. Essa rejeição já apontava para a crescente hegemonia dos interesses em torno da demanda alimentar das indústrias de alimentos finais, das redes do grande varejo, das políticas de saúde pública, do mundo científico ou das mudanças nos valores dos próprios consumidores, expressos nos mercados de orgânicos, comércio justo, produtos de origem e produtos "naturais".

Hoje, as primeiras indicações sugerem respostas mais variadas do que no caso dos transgênicos. Na chamada imprensa cinza que reúne publicações de organizações engajadas, mesmo que sejam produzidas crescentemente por acadêmicos com rigor analítico cada vez maior, as novas inovações são criticadas por vários motivos: por aumentar a concentração e o poder econômicos, por representar a continuação da produção de *junk food,* por levar à cooptação das *startups* pelos líderes incumbentes (ETC GROUP, 2019; IPES, 2022).[28] Por outro lado, o movimento contra a crueldade dos animais (Peta), como já indicado, ativamente promove o desenvolvimento de proteína animal celular. Talvez a mais eloquente defesa da adoção de tecnologias de ponta para produzir proteínas alternativas seja do colunista do *Guardian,* na Inglaterra, Georges Monbiot (2022), cujo livro *Regenesis* vê a sua adoção como a única possibilidade de abrir o caminho para uma política de *rewilding* — a entrega de volta de terras agrícolas para que a natureza se recomponha a seu bel-prazer, levando a uma regeneração da biodiversidade e mitigando os efeitos dos gases de estufa.

Mesmo com apenas uma década desde a sua saída do laboratório, as proteínas alternativas já estão gerando vibrantes debates no mundo acadêmico. O foco de dois grupos de pesquisadores, um na Califórnia em torno de

[27] O bloqueio das exportações de grãos da Ucrânia por parte da Rússia dramatizou a vulnerabilidade de muito países dependentes de circuitos longos de comércio.

[28] Georges Monbiot (2022) discute essa literatura no seu livro *Regenesis*, mas, em vez de abordar a questão de concentração do ângulo do poder econômico que resulta, ele se apoia na teoria de sistemas complexos para chamar atenção pela perda de resiliência à medida que a concentração reduz o sistema a alguns poucos atores fortemente interligados e que agem em sincronia, altamente vulneráveis, portanto, a crises. Veja o capítulo 2.

Julie Guthman e outro na Inglaterra, com destaque para Alexandra Sexton, visa ao modelo Silicon Valley de inovação. Para Guthman *et al.* o interesse são os mecanismos discursivos (o *hype* e os processos de definição e enquadramento do problema a ser resolvido), que mobilizam os investimentos, especialmente o que elas chamam de "a promessa de desmaterialização", projetando a ideia de que tudo fosse criado em condições laboratoriais sem "pegada" material. O que seria dessa pegada em termos de energia e de carbono no momento de organizar a produção em escala? (GUTHMAN; BITEKOFF, 2021). Sexton examina com mais detalhe o caráter supostamente "disruptivo" desse modelo de inovação e chama atenção para a padronização dos objetivos e dos passos a serem seguidos, o que excluiu outras opções, como o modelo de *open source,* que aposta na noção de inovação como um processo coletivo que não deve ser sujeito a patentes exclusivas. O tema dos microrganismos como um novo *"commons"* que não deve ser cercado de patentes é tema também de Dutkiewicz (2019). Em vários períodos de pesquisa *in situ* Sexton, (2020) explorou outros temas, como a maneira em que esses alimentos assumem a forma de um software que pode ser continuamente melhorado, por se tratar de combinações de moléculas. Em outra pesquisa, Sexton (2018) adota o que chama de uma etnografia visceral para testar e refletir sobre as reivindicações/contestações de que as proteínas alternativas sejam caracterizadas como carne.

O grupo de pesquisadores em torno de Jönsson (2016) adota a abordagem da política ontológica associada com os trabalhos de Mol (1999) e explora a maneira em que práticas, definições, regulações, e legislações constroem novas realidades em que "muitos leites e muitas carnes" surgem (JÖNSSON; LINNÉ; MCCROW-YOUNG, 2018). Stephens e Ruivenkamp (2016) também analisam essa "ambiguidade ontológica" que as novas proteínas provocam.

Outro tema de destaque são as implicações éticas das proteínas alternativas e, sobretudo, das proteínas celulares. Já identificamos que esse tema divide os movimentos sociais: se podemos produzir carnes a partir de uma simples biopsia, é possível continuar justificando o abate em massa de animais dos sistemas industriais de carnes? O título de uma das contribuições a esse debate é revelador: *"The Sadism of eating real meat over lab meat"* (DUTKIEWICZ, 2019). Os pesquisadores brasileiros da Universidade Federal do Paraná desenvolvem reflexões similares sobre o "desacoplamento" do consumo da carne do abate dos animais (HEIDEMANN *et al.*, 2020).

Alguns autores questionam se os mercados que emergem dessas novas tecnologias inevitavelmente levam a maiores níveis de concentração e centralização. Várias análises sugerem que os investimentos no caso de proteínas alternativas se direcionam nesse sentido, sobretudo com a entrada das empresas líderes incumbentes (ETC GROUP, 2019; IPES, 2022). Numa reflexão na contramão, van der Weele e Tramper (2014), no entanto, vislumbram as possibilidades para a sua produção decentralizada ao aproveitar a matéria-prima específica de cada local — *"Cultured meat: Every village its own factory"*.

No caso da agricultura de clima controlado e da agricultura vertical, a literatura acadêmica focaliza, sobretudo, questões da sua viabilidade técnica e econômica dentro de uma perspectiva da sua sustentabilidade (JÜRKENBECK *et al.*, 2019). Existem também vários estudos sobre as percepções dos consumidores, mas a pouca difusão ainda da agricultura vertical os tornam bastantes especulativos (SPECHT *et al.*, 2016). A associação Global Partnership in Sustainable Urban Agricultura (Ruaf), que agrupa grande parte dos movimentos em torno de agricultura urbana, emitiu um *Policy Brief* em 2021, apelando para investimentos e inovação para a agricultura de clima controlado, que é colocada como um complemento e não um substituto à agricultura tradicional "capaz de fornecer produtos frescos e mercadorias de nicho para consumidores tanto de alta como de baixa renda" (RUAF, 2021, p. 9). O tema ocupa pouco espaço no seu jornal e, quando mencionado, enfatiza as possibilidades de opções de baixa intensidade tecnológica e sistemas modulares (*The Minimally Structured and Modular Vertical Farm* — MSM-VF), (CUELLO & LIU 2014, p. 61), visando, sobretudo, a comunidades em bairros urbanos populares da Ásia e da África.

Mencionamos Henry Gordon-Smith e o conceito de "agritectura", que trata da integração da produção de alimentos no dia a dia da vida urbana, no âmbito residencial, na escola, no trabalho e nos lugares de varejo. No capítulo sobre a agricultura vertical, mencionamos os esforços de *urban designers* de repensar as cidades a partir de sistemas decentralizados de energia e de produção de alimentos. Numa dinâmica oposta, vimos os grandes investimentos na produção da agricultura vertical em escala em que poucas fábricas e empresas podem suprir a demanda nacional para o leque de produtos frescos que compõem as nossas saladas, articuladas diretamente aos grandes supermercados. Nesse contexto, à medida que os entraves da "natureza" (terra, espaço, sol) sejam progressivamente contornados, a concentração econômica se estende até a própria produção de alimentos e se assemelha a outras atividades econômicas.

Aqui, parece-me que a análise de Monbiot (vide nota nº 27) sobre os perigos sistêmicos da concentração e a importância de afrouxar as interdependências por via de sistemas modulares e mecanismos de apoio emergencial (backup e *circuit breakers*), mais pertinente, sobretudo no caso de alimentos, do que a crítica, mesmo válida, das suas implicações para o poder econômico que rapidamente se transforma em poder político.

Ao terminar este livro, em meados de 2022, as perspectivas, tanto em relação à evolução dos respetivos mercados de proteínas alternativas e de agricultura de clima controlado quanto ao posicionamento dos vários movimentos sociais e das suas organizações, são ainda indefinidas. Na nossa interpretação da evolução do sistema agroalimentar a partir dos anos 1970 no capítulo 1, destacamos a centralidade dos movimentos de contestação ao modelo dominante. As primeiras indicações na imprensa "cinza" e na produção acadêmica sugerem respostas mais matizadas às proteínas alternativas e à agricultura de clima controlado do que no caso dos transgênicos. Hoje, a dinâmica de inovação ultrapassa o controle das empresas líderes tradicionais e mesmo os mercados do Norte. Isso se expressa, sobretudo, na mudança do eixo do sistema agroalimentar globalmente para o "Sul-Ásia", com destaque para os papéis complementares do Brasil e da China. A onda de inovação iniciada fundamentalmente no Norte e por atores privados está sendo rapidamente complementada por *hubs* de inovação nas regiões do mundo onde uma maior densidade populacional enfrenta maior escassez de recursos naturais. Nesse contexto, Estados e políticas públicas combinam com os ecossistemas privados de inovação para ampliar, acelerar e adaptar as inovações às condições dos seus mercados. Essa difusão das fontes de inovação, combinada com a exacerbação das relações geopolíticas ameaçando as cadeias globais de suprimentos, bem como a aceleração e amplificação dos efeitos climáticos, cria condições favoráveis para o avanço dessas inovações que implica, ao mesmo tempo, um repensar das relações milenares entre o campo e a cidade consolidadas a partir da nossa primeira domesticação de algumas poucas plantas e animais.

# REFERÊNCIAS


2015 DIETARY Guidelines for Americans. *Tufts*, 22 set. 2022. Disponível em: https://hnrca.tufts.edu/myplate/tips-extra-info/2015-dietary-guidelines-americans. Acesso em: 7 out. 2022.

2020 FoodTech 500 finalists: Forward Fooding announces the ranked list. *Forward Fooding*, 15 fev. 2021. Disponível em: https://forwardfooding.com/blog/foodtech500/2020-foodtech-500-finalists-forward-fooding-announces-the-ranked-list. Acesso em: 5 out. 2022.

A REVOLUTIONARY Story. *Quorn*, 1 jun. 2022. Disponível em: https:// www.quorn.co.uk/company. Acesso em: 7 out. 2022.

A VERTICAL farm made from recycled materials for indonesia's migrant farmers. *Agritecture*, 29 set. 2022. Disponível em: https://www.agritecture.com/blog/2017/9/26/a-vertical-farm-made-from-recycled-materials-for-indonesias-migrant-farmers. Acesso em: 6 out. 2022.

ABRAMOVAY, R. *Paradigmas do capitalismo agrário em questão.* São Paulo: Unicamp, 1992.

ADDED and free sugars should be as low as possible. *Efsa*, 28 fev. 2022. Disponível em: https://www.efsa.europa.eu/en/news/added-and-free-sugars-should-be-low-possible. Acesso em: 5 out. 2022.

ADJIE, K. R. P., SRINAGA, F.; MENSANA, A. Building-integrated agriculture´s role in supporting urban food cycle. *Earth Environment Science*, v. 881, 2021.

ADM. *Emerging trends that will shape the alternative proteins market.* [*S. l.*]: [*s. n.*], 2020. Disponível em: https://www.adm.com/globalassets/news/adm-stories/final-adm-story-alternative-protein-outlo ok-020122.pdf. Acesso em: 21. set. 2021.

AEROFARMS. On a mission: to grow the best plants possible for the betterment of humanity. *Aerofarms*, 20 set. 2022. Disponível em: https://www.aerofarms.com/. Acesso em: 6 out. 2022.

AGFUNDER. Agrifood Tech Investment Report. *Agfunder*, 2021. Disponível em: https://agfunder.com/ research/2022-agfunder-agrifoodtech-investment-report/. Acesso em: 10 ag. 2022 2022.

AGLIETTA, M.; BAI, G. *China's development*: capitalism and empire. Abingdon, UK: Routledge, 2013.

AGRITECH Startups in Singapore. *Tracxn,* 8 out. 2022. Disponível em: https://tracxn.com/explore/AgriTech-Startups-in-Singapore. Acesso em: 9 out. 2022.

AGUILAR, J. C (ed.). *Sovereign Wealth Funds.* Segóvia, ES: IE Univ, 2021.

AKATU, (ed.). https://akatu.org.br.

ALBRECHT, C. Miele Acquires Consumer Indoor Vertical Farm Company Agrilution. *The Spoon,* 9 dez. 2019. Disponível em: https://thespoon.tech/miele-acquires-consumer-indoor-vertical-farm-company-agrilution/. Acesso em: 7 out. 2022.

ALFRANCA, O.; RAMA, R.; TUNZELMANN, N. von. Innovation in Food and Beverage Multinationals. *In*: RAMA, R. (ed.). *Multinational Agribusiness.* [*S. l.*]: Food Products Press, 2005.

ALIMENTAÇÃO NA Pandemia: Como a Covid-19 impacta os consumidores e os negócios em alimentação. *Galunion,* 20 set. 2022. Disponível em: https://www.galunion.com.br/artigo-alimentacao-na-pandemia/. Acesso em: 10 out. 2022.

ALIMENTAÇÃO SAUDÁVEL cria ótimas oportunidades de negócio. *Sebrae,* 23 jul. 2015. Disponível em: https://www.sebrae.com.br/sites/PortalSebrae/artigos/artigosMercado/segmento-de-alimentacao-saudavel-apresenta-oportunidades--de-negocio,f48da82a39bbe410VgnVCM1000003b74010aRCRD. Acesso em: 10 out. 2022.

ALLAIRE, G.; BOYER, R. *La Grande Transformation de l'Agriculture.* Paris, FR: INRA, 1995.

ALONSO, I. The environmental impacts of greenhouse agriculture in Almería, Spain. *Foodunfolded,* 23 set. 2021. Disponível em: https://www.foodunfolded.com/article/the-environmental-impacts-of-greenhouse-agriculture-in-almeria-spain. Acesso em: 6 out. 2022.

ALTERNATIVE Protein: Beyond Meat Playing Catch-Up As It Enters Brazilian Market. *FichSolutions,* 31 jul. 2020. Disponível em: https://www.fitchsolutions.com/consumer-retail/alternative-protein-beyond-meat-playing-catch-it-enters--brazilian-market-31-07-2020. Acesso em: 10 out. 2022.

ANTOS, M. Kalera Acquires Vindara to Unlock the "Power of the Seed" and Drive Explosive Growth in the Vertical Farming Industry. *GlobeNewswire,*

24 fev. 2021. Disponível em: https://www.globenewswire.com/news-release/2021/02/24/2181084/0/en/Kalera-Acquires-Vindara-to-Unlock-the-Power--of-the-Seed-and-Drive-Explosive-Growth-in-the-Vertical-Farming-Industry.html. Acesso em: 6 out. 2022.

ARAÚJO, G. C. de; SOUZA, M. T. S. de; PIMENTA, A. dos S. Cadeia de suprimentos verdes e as ações do pacto da pecuária do programa conexões sustentáveis, São Paulo – Amazonas, *Revista em Agronegócios e Meio-Ambiente*, Maringá, v. 8, n. Especial, p. 137-157, 2015.

ARCHAMBEAU, E. JBS enters cell-based meat with BioTech Foods acquisition and $100M investment. *Crunchbase*, 15 nov. 2021. Disponível em: https://www.crunchbase.com/person/eric-archambeau. Acesso em: 5 out. 2022.

ARIOCH, D. Para Deputado, PL que proíbe termo "carne vegetal" já deveria ter sido aprovado. *Vegazeta*, 19 abr. 2021. Disponível em: https://vegazeta.com.br/para-deputado-pl-que-proibe-termo-carne-vegetal-ja-deveria-ter-sido-aprovado/. Acesso em: 10 out. 2022.

ARP, D. 'Like sending bees to war': the deadly truth behind your almond milk obsession. *The Guardian*, 8 maio 2019. Disponível em: https://www.theguardian.com/environment/2020/jan/07/honeybees-deaths-almonds-hives-aoe. Acesso em: 7 out. 2022.

ARROYO, G.; RAMA, R.; RELLO, F. *Agricultura y Alimentos en América Latina*. Cidade do México, MX: Universidad Nacional Autonoma de Mexico, 1985.

ASLAN, R. *Deus*: uma história humana. Rio de Janeiro: Zahar, 2018.

ATKINS, P. Animal waste and nuisance in nineteenth century London. *In*: ATKINS, P. (ed.). *Animal Cities*, Farnham, UK: Ashgate, 2012.

AUGUSTO, R.; COUTINHO, C. *A evolução das startups no setor de Food Techs*: Análise 2021 2022. [*S. l.*]: [*s. n.*], 31 ago. 2022. Disponível em: https://www.pwc.com.br/pt/estudos/setores-atividades/produtos-consumo-varejo/2022/a-evolucao-das-startups-no-setor-de-food-2021-22.pdf. Acesso em: 10 out. 2022.

AXWORTHY, N. This Startup is Disrupting the $89 Billion Cheese Industry with the Same Technology as Perfect Day. *VegNews*, 12 maio 2022. Disponível em: https://vegnews.com/2022/5/change-foods-cheese-industry-casein-technology. Acesso em: 7 out. 2022.

AZEVEDO, D. Brazilian giants invest in alternative proteins. *Poultry World,* 3 maio 2021. Disponível em: https://www.poultryworld.net/poultry/brazilian-giants-invest-in-alternative-proteins/. Acesso em: 10 out. 2022.

BANCO MUNDIAL. *Insect & Hydroponic Farming in Agriculture*: the new circular food economy, [*S. l.*]: [*s. n.*], 2021.

BARBOSA, L.; PORTILHO, F.; GALINDA, F.; BORGES, S. (org.). *Histórias e Memórias dos encontros nacionais dos estudos de consumo (ENEC).* Rio de Janeiro: E-Papers, 2021.

BAYER lança programa para captura de carbono na agricultura brasileira. *Exame,* 27 maio 2021. Disponível em: https://exame.com/agro/bayer-lanca-programa-para-captura-de-carbono-na-agricultura-brasileira/. Acesso em: 5 out. 2022.

BELIK, W. *O novo panorama competitivo da indústria de alimentos no Brasil,* Caderno-PUCSP, vol. 6. 1998.

BEN & JERRY'S. *Wikipedia,* 16 jul. 2022. Disponível em: https://pt.wikipedia.org/wiki/ Ben_%26_Jerry%27s. Acesso em: 5 out. 2022.

BENJAMIN, S. *Sicily*: Three Thousand Years of History. [*S. l.*]: Steerforth Press, 2006.

BERMAN, A. Major Agriculture Companies Partner to Use Blockchain in Grain Trading. *Cointelegraph,* 25 out. 2018. Disponível em: https://cointelegraph.com/news/major-agriculture-companies-partner-to-use-blockchain-in-grain-trading. Acesso em: 5 out. 2022.

BERNARDI, P. de; AZUCAR, D. *Innovation in Food Ecosystems*: Entrepreneur for a Sustainable Future. Berlim, DE: Springer, 2020.

BETINHO. Nossa História. *Ação da Cidadania,* 3 ago. 2021. Disponível em: https://www.acaodacidadania.org.br/nossa-historia. Acesso em: 9 out. 2022.

BEUC ANNUAL REPORT 2015. https://wwwbeuc.eu. Acesso em 19 feb. 2022.

BIJMAN, W. J. J. How Biotechnology is changing the structure of the seed industry. *International Journal of Biotechnology,* v. 3, n. 1/2, 2001.

BITTENCOURT DE ARAÚJO. *Segurança alimentar:* uma abordagem de agribusiness. São Paulo: Abag, 1993.

BOEKHOUT, R. When will vertical farming become profitable? *Verticalfarm Daily,* 14 maio 2021. Disponível em: https://www.verticalfarmdaily.com/article/9321424/. Acesso em: 6 out. 2022.

BOLTANSKI, L.; CHIAPELLO, E. *Le Nouvel Esprit du Capitalisme.* Paris, FR : Gallimard, 1999.

BONANI, B. Beyond Meat (BYND): O Melhor IPO De 2019 e Você Ficou De Fora? *Investing.com,* 7 dez. 2019. Disponível em: https://br.investing.com/analysis/beyond-meat-bynd-o-melhor-ipo-de-2019-e-voce-ficou-de-fora-200432695. Acesso em: 7 out. 2022.

BOND, C. UPSIDE Foods Develops Animal-Free Cell Growth Medium. *The Spoon,* 15 dez. 2021. Disponível em: https://thespoon.tech/upside-foods-develops-animal-free-cell-growth-medium/. Acesso em: 7 out. 2022.

BORTOLETTO, M. A. P.; LEVY, R. B.; CLARO, R. M.; MOUBARAC, J. C.; MONTEIRO, C. A. Participação crescente de produtos ultraprocessados na dieta brasileira. (1987-2009). *Revista de Saúde Pública,* v. 47, n. 4, p. 656-665, 2013.

BOURASSA, L. What is the New Impossible Burger 2.0 Recipe? All Your Questions Answered. *Plant Proteins.CO,* 24 jun. 2019. Disponível em: https://www.plantproteins.co/what-is-the-impossible-burger-2-0-your-questions-answered/. Acesso em: 7 out. 2022.

BRAUDEL, F. *The Wheels of Commerce.* [*S. l.*]: Harper Row, 1986.

BRENNER, N. (ed.). *Implosions/Explosions:* towards a study of planetary urbanization. Jovis. [*S. l.*]: Berln, 2014.

BRF consolida a inovação como pilar de transformação e desenvolvimento sustentável. *Suinocultura,* 20 abr. 2021. Disponível em: https://www.suinoculturaindustrial.com.br/imprensa/brf-consolida-a-inovacao-como-pilar-de-transformacao-e-desenvolvimento/20210420-163857-h820. Acesso em: 10 out. 2022.

BRINEY, A. History and Overview of the Green Revolution. *ThoughtCo.,* 2020. Disponível em: http://www.thoughtco.com. Acesso em: 22 jan. 2020.

BROWN, L. R. *The Seeds of Change*: the green revolution and development in the 1970s. Nova York, US: Praeger, 1970.

BRUNO, R. *Senhores da terra, senhores de guerra.* Rio de Janeiro: Forense Universitária: UFRRJ, 1997.

CAFÉ, S. L. *et al. Cadeia produtiva do trigo,* BNDES SETORIAL n. 18, Rio de Janeiro 2003.

CAI, Y. Z.; ZHANG, Z. Shanghai: *Trends towards specialised capital-intensive urban agriculture. City Case Study, Shanghai,* FAO, Roma 1999.

CALDAS, E. Do Bem depois da Ambev. *Época Negócios,* 19 jun. 2017. Disponível em: https://epocanegocios.globo.com/Empresa/noticia/2017/06/do-bem-depois--da-ambev.html. Acesso em: 10 out. 2022.

CALLEBAUT, V. Paris smart city 2050. *Vincent CalleBaut Architectures,* 4 out. 2022. Disponível em: https://vincent.callebaut.org/object/150105_parissmartcity2050/parissmartcity2050/projects. Acesso em: 10 out. 2022.

CALLON, M. *The Laws of the Market.* Oxford, UK: Blackwell, 1998.

CARMEN, G. del. 6 foodtechs brasileiras que estão revolucionando o mercado de refeições saudáveis. *Forbes,* 12 ago. 2021. Disponível em: https://forbes.com.br/forbes-tech/2021/08/6-foodtechs-brasileiras-que-estao-revolucionando-o--mercado-de-refeicoes-saudaveis/. Acesso em: 10 out. 2022.

CASTRO, A. B.; SOUZA, F. E. P. *A economia brasileira em marcha forçada.* São Paulo: Paz e Terra, 1985.

CATTELAN, R.; MORAES, M. L.; ROSSONI, R. A. A reforma agrária nos ciclos políticos do Brasil, 1995-2019. *Revista NERA,* v. 23, n. 55, 2020.

CCICED. *China´s role in Greening Global Value Chains*: China Council for International Cooperation on Environment and Development. Beijing, CN: [*s. n.*], 2016.

CHARLTON, E. This is why Denmark, Sweden and Germany are considering a meat tax. *World Economic Forum,* 28 ago. 2019. Disponível em: https://www.weforum.org/agenda/2019/08/meat-tax-denmark-sweden-and-germany/. Acesso em: 7 out. 2022.

CHARNLEY, B.; RADICK, G. *Intellectual Property, Plant Breeding and the Marketing of Mendelian Genetics.* New York, US: Mimeo, 2012.

CHARVATOVA, V. A brief history of plant milks. *Food & Living Vegan,* 23 abr. 2018. Disponível em: https://www.veganfoodandliving.com/features/a-brief--history-of-plant-milks/. Acesso em: 7 out. 2022.

CHATZKY, A.; MCBRIDE, J. China's Massive Belt and Road Initiative. *Council on Foreign Relations,* 28 jan. 2020. Disponível em: https://www.cfr.org/backgrounder/chinas-massive-belt-and-road-initiative. Acesso em: 7 out. 2022.

CHE, C. Does plant-based meat have a future in China? *The China Project*, 25 maio 2021. Disponível em: https://thechinaproject.com/2021/06/25/does-plant-based-meat-have-a-future-in-china/. Acesso em: 9 out. 2022.

CHILDE, V. G. The Urban Revolution. *The Town Planning Review*, v. 21, n. 1, 1950.

CHINA FOOD Products Imports by country in US$ Thousand 2020. *WITS*, 9 mar. 2021. Disponível em: https://wits.worldbank.org/CountryProfile/en/Country/CHN/Year/2020/TradeFlow/Import/Partner/by-country/Product/16-24_FoodProd/Show/PartnerName;MPRT-TRD-VL;MPRT-PRDCT-SHR;AHS-WGHTD-AVRG;MFN-WGHTD-AVRG;/Sort/MPRT-TRD-VL/Chart/top10. Acesso em: 8 out. 2022.

CHINA LANÇA campanha para reduzir em 50% o consumo de carne vermelha. *Conexão Planeta*, 27 jun. 2016. Disponível em: https://conexaoplaneta.com.br/blog/china-lanca-campanha-para-reduzir-em-50-o-consu mo-de-carne-vermelha/. Acesso em: 8 out. 2022.

CHINA LAUNCHES 'Clean Plate' campaign against food waste. *BBC*, 13 ago. 2020. Disponível em: https://www.bbc.com/news/world-asia-china-53761295. Acesso em: 8 out. 2022.

CHOBANI. *Wikipedia*, 28 set. 2022. Disponível em: https://en.wikipedia.org/wiki/Chobani. Acesso em: 5 out. 2022.

CHOBANI: *For small food startups with big missions*. https://www.chobani.com.

COCKRALL-KING, J. *Food and the City*. Buffalo, US: Prometheus Books, 2012.

COLLER, J. Alternative Proteins Framework. *FAIRR*, 22 set. 2022. Disponível em: https://www.fairr.org/research/alternative-proteins-framework/. Acesso em: 7 out. 2022.

COLLINS. P. *The Sumerians*. London, UK: Reaktion Books, 2021.

CONRAD, D. China in Copenhagen: Reconciling the Beijing Climate Revolution and the Copenhagen Climate Obstinacy, *The China Quartely*, v. 210, 2012.

COSTA, L. F. C.; SANTOS, R. *Políticas e Reforma Agrária*. Rio de Janeiro: Mauad, 1998.

COSTA, M. The State of Food Manufacturing in 2022. *Food Engineering*, 6 jul. 2022. Disponível em: https://www.foodengineeringmag.com/articles/100394--the-state-of-food-manufacturing-in-2022. Acesso em: 5 out. 2022.

COUGHLAN, A. Urban rewilding: a solution to the world´s ecological and mental health crises? *Earth.org*, 8 fev. 2021. Disponível em: http://www.earth.org/urban--rewilding. Acesso em: 14 nov. 2022.

COYNE, A. Big Food´s stake in the future-in-house-venture-capital funds. *Just Food*, 5 jan. 2021. Disponível em: http://www.just-food.com/features/big-foods. Acesso em: 20 nov. 2022.

COYNE, A. Big Food's stake in the future: in-house venture-capital funds' investments. *Just Food*, 27 jun. 2022a. Disponível em: https://www.just-food.com/analysis/big-foods-stake-in-the-future-in-house-venture-capital-funds/. Acesso em: 5 out. 2022.

COYNE, A. Eyeing alternatives – meat companies with stakes in meat-free and cell-based meat. *Just Food*, 7 out. 2022b. Disponível em: https://www.just-food.com/analysis/eyeing-alternatives-meat-companies-with-stakes-in-meat-free-and-cell-based-meat/. Acesso em: 9 out. 2022.

CRUMPACKER, M. A Look Back at the Amazing History of Greenhouses. *Medium*, 27 jun. 2019. Disponível em: https://medium.com/@MarkCrumpacker/a--look-back-at-the-amazing-history-of-greenhouses-adf301162a7b. Acesso em: 6 out. 2022.

CRUNCHBASE NEWS. *Lab grown meat is coming and has billions in VC backing.* www.news:crunchbase.com

CUELLO, J. L; LIU, X. Re-Ímagineering the Vertical Farm, *Urban Agriculture*, no. 28, 2014.

CURTIS, K. R.; COWEE, M. Direct marketing local food to Chefs: Chef´s preferences and perceived obstacles. *Journal of Distribution Research*, v. 40, n. 2, 2009.

DABHADE, A. What is making flexitarians in the US and UK shift towards a meatless diet. *YouGov*, 31 maio 2021. Disponível em: https://yougov.co.uk/topics/consumer/articles-reports/2021/05/31/what-making-flexitarians-us-and-uk--shift-towards-m. Acesso em: 7 out. 2022.

DAGEVOS, H. Finding Flexitarians: current studies on meat eaters and meat reducers, Trends in Food Science and Technology. *Trends in Food Science & Technology*, v. 114, p. 530-539, 2021.

DANONE compra a WhiteWave Foods com o objetivo de liderar setor de alimentação orgânica. *Isto É Dinheiro*, 7 jul. 2016. Disponível em: https://www.

istoedinheiro.com.br/danone-compra-a-whitewave-foods-com-o-objetivo-de--liderar-setor-de-alimentacao-organica/. Acesso em: 7 out. 2022.

DANSTRUP, L. Novozymes is combining cutting-edge science and business expertise to help feed the world sustainably. *Novozymes,* 21 set. 2021. Disponível em: https://www.novozymes.com/en/news/news-archive/2021/9/novozymes-is--combining-cutting-edge-science-and-business-expertise. Acesso em: 7 out. 2022.

DAVIRON, B.; PERRIN, C; SOULARD, C-T. History of Urban Food Policy in Europe from the Ancient City to the Industrial City, pp27-52. In BRAND, C.; + 6 *Designing Urban Food Policies,* Springer, 2017.

DAVIS, J. H.; GOLDBERG, R. A. *A Concept of Agribusiness,* Harvard University Press, 1957.

DE MARIA, M.; ROBINSON, E. J. Z.; KANGILE, J. R.; KADIGI, R.; DREONI, I.; COUTO, M.; HOWAI, N.; PECI, J.; FIENNES, S. *Global Soybean Trade*: The Geopolitics of a Bean. [*S. l.*: *s. n.*], 26 out. 2020. Disponível em: https://tradehub.earth/wp-content/uploads/2020/10/Global-Soybean-Trade-The-Geopolitcs-of--a-Bean-1.pdf. Acesso em: 7 out. 2022.

DEAKIN, M.; DIAMENTINI, D.; BORRELLI, N. (ed.). *The Governance of City Food Systems*: case studies from around the world. Milano, IT: Feltrini, 2018.

DEININGER, K.; NIZALOV, D.; SINGH, S. *Are Mega Farms the Future of Global Agriculture?* Washington D.C., US: World Bank, 2013.

DELGADO, G. C. *Do capital financeiro na agricultura*: A economia dos agronegócios. [Porto Alegre]: UFRGS, 2012.

DELGADO, N. G.; LEITE, S. P.; WESZ JÚNIOR, V. J. *Produção Agrícola.* [Rio de Janeiro]: CPDA/UFRRJ, 2010.

DEMAILLEY, K. E.; DARLY, S. Urban agriculture on the move in Paris: the routes of temporary gardening in the neoliberal city. *ACME*, v. 16, n. 2, 2017.

DESPOMMIER, D. *The vertical farm: feeding the world in the 21st century:* Thomas Dunne Books, 2010.

DIAMOND, J. The worst mistake in the history of the human race. *Discover Magazine*, p. 95-98, maio 1987.

DIAMOND, J. *How Societies choose to fail or succeed.* Viking Press, 2005.

DOMINGUES, M. S.; BERMANN, C.; MANFREDINI, S. A produção da soja no Brasil, *Presença Geográfica*, v. 1, n. 1, 2014.

DONLEY, A. China proposes 'soybean alliance' with Russia. *World-grain.com*, 27 ago. 2020. Disponível em: https://www.world-grain.com/articles/14152-china-proposes-soybean-alliance-with-russia. Acesso em: 7 out. 2022.

DRIVER, E. East Africa wants to be the continent´s maggot protein hub. *Quartz*, 16 abr. 2021. Disponível em: https://qz.com.africa. Acesso em: 5 nov. 2021.

DUMALAON, J. A shining solution? *DW*, 25 ago. 2015. Disponível em: https://www.dw.com/en/golden-rice-a-shining-solution-or-an-impending-danger/a-18670353. Acesso em: 5 out. 2022.

DUNN, K. Impossible Foods Pork China Hong Kong. *Fortune*, 11 nov. 2021. Disponível em: https://fortune.com/2021/11/11/impossible-foods-pork-china-hong-kong/. Acesso em: 8 out. 2022.

DUTKIEWICZ, J. Socialize Lab Meat. *Jacobin*, 2019. Disponível em: https://jacobin.com/2019/08/lab-meat-socialism-green-new-deal. Acesso em: 21.ag. 2022.

DUTKIEWICZ, J. The sadism of eating real meat over lab meat. *TNR*, 23 fev. 2021. Disponível em: https://newrepublic.com/article/161452/sadism-eating-real-meat-lab-meat. Acesso em: 14 nov. 2022.

EAT Just. *Wikipédia*, 17 ago. 2022. Disponível em: https://en.wikipedia.org/wiki/Eat_Just. Acesso em: 5 out. 2022.

EDIBLE Insects Market by Product (Whole Insect, Insect Powder, Insect Meal, Insect Oil), Insect Type (Crickets, Black Soldier Fly, Mealworms), Application (Animal Feed, Protein Bar & Shakes, Bakery, Confectionery, Beverages), and Geography: Forecast to 2030. *Meticulous Research*, 25 maio 2022. Disponível em: https://www.meticulousresearch.com/product/edible-insects-market-5156. Acesso em: 7 out. 2022.

ELLIS, J. Cargill unveils PlantEver plant-based brand for Chinese consumers, expands B2B offering. *AFN*, 4 maio 2020a. Disponível em: https://agfundernews.com/cargill-unveils-plantever-plant-based-protein-brand-for-chinese-consumers-expands-b2b-offering. Acesso em: 9 out. 2022.

ELLIS, J. Nestlé enters Asian plant-based protein market with $103m China investment. *AFN*, 27 maio 2020b. Disponível em: https://agfundernews.com/

nestle-enters-asian-plant-based-protein-market-with-103m-china-investment. Acesso em: 9 out. 2022.

EMERGING Startups 2022: Top Food Tech Startups. *Tracxn*, 4 jan. 2022. Disponível em: https://tracxn.com/d/emerging-startups/top-food-tech-startups-2022. Acesso em: 5 out. 2022.

ENGSTRÖM, A. The Eating insects startups: Here is the list of Entopreneurs around the world! *Bug Burger*, 4 fev. 2019. Disponível em: https://www.bugburger.se/foretag/the-eating-insects-startups-here-is-the-list-of-entopreneurs-around-the-world/. Acesso em: 7 out. 2022.

ERS/USDA. US Mexico Sweetener Trade mired in Dispute. [*S. l.*]: *Agricultural Outlook*, 1999.

ESCHER, F. *Agricultura, alimentação e desenvolvimento rural na China e no Brasil.* Curitiba: Appris. 2020.

ESCHER, F; WILKINSON, J. A Economia Política do Complexo Soja-Carne-China-Brasil. *Revista de Economia e Sociologia Rural*, v. 57 (4). 2019.

ESSICK, K. Shiru Closes $17M Series A to Develop Novel Plant-Based Food Ingredients. *Cision*, 27 out. 2021. Disponível em: https://www.prnewswire.com/news-releases/shiru-closes-17m-series-a-to-develop-novel-plant-based-food-ingredients-301409247.html. Acesso em: 7 out. 2022.

ETC GROUP. *Lab-grown meat and other Petri-protein industries.* [*S. l.*: *s. n.*], 2019.

ETC GROUP: OLIGOPOLY Inc – Communiqué 91. *ETC Group*, 2005. Disponível em: www.etcgroup.org/ upload/publication/pdf_file42. Acesso em: 23 ag. 2022.

FAO-WAGENINGEN. Food and Agriculture Organization of the United Nations. *Edible Insects.* Rome, IT: FAO, 2013.

FAO. Food and Agriculture Organization of the United Nations. *Ultra-processed foods, diet quality and health using the NOVA classification system.* Rome, IT: FAO, 2019.

FARINA, E. M. M. Q. O Sistema Agroindustrial de Alimentos. *In*: ENCONTRO NACIONAL DE ECONOMIA, 16., São Paulo,1988.

FEEDING the Problem: the dangerous intensification of animal farming in Europe. *Greenpeace*, 12 fev. 2019. Disponível em: https://www.greenpeace.org/eu-unit/issues/nature-food/1803/feeding-problem-dangerous-intensification-animal-farming/. Acesso em: 5 out. 2022.

FEINGOLD, S. Field of machines: Researchers grow crop using only automation. *CNN*, 7 out. 2017. Disponível em: https://edition.cnn.com/2017/10/07/world/automated-farm-harvest-england/index.html. Acesso em: 5 out. 2022.

FERRER, B. Davos 2020: DuPont discusses "seismic shifts" in the protein revolution. *Food Ingredients 1st*, 23 jan. 2020. Disponível em: https://www.foodingredientsfirst.com/news/davos-2020-dupont-discusses-seismic-shifts-in-the-protein-revolution.html. Acesso em: 9 out. 2022.

FINNERTY, K. Could veganism be the solution to the climate crisis? *Ipsos*, 15 jan. 2020. Disponível em: https://www.ipsos.com/en-uk/could-veganism-be-solution-climate-crisis. Acesso em: 7 out. 2022.

FLEISCHHACKER, S. E. Food Fight: The battle over redefining competitive foods. *Journal of School Health*, v. 77, n. 3, 2007.

FLEISCHMANN, I. A plant-based que "chegou de fininho" e quer construir a categoria no Brasil: The New Butchers. *LABS*, 16 dez. 2020. Disponível em: https://labsnews.com/pt-br/artigos/negocios/a-plant-based-que-chegou-de-fininho-e-quer-construir-a-categoria-no-brasil-the-new-butchers/. Acesso em: 10 out. 2022.

FLIGSTEIN, N. *The Architecture of Markets.* Princeton University Press. 2001.

FLYNN, K. Fischer Farms breaks ground on world's largest vertical farm. *Fischer Farms*, 1 jul. 2021. Disponível em: https://www.fischerfarms.co.uk/fischer-farms-breaks-ground-on-worlds-largest-vertical-farm. Acesso em: 6 out. 2022.

FONSECA, F. *A institucionalização dos mercados de orgânicos no mundo e no Brasil.* [*S. l.*]: CPDA/UFRRJ, 2005.

FONSECA, M. Fazenda Futuro: como a startup que aposta em carne de planta para superar frigoríficos já vale R$ 715 milhões. *InfoMoney*, 21 jul. 2021. Disponível em: https://www.infomoney.com.br/do-zero-ao-topo/fazenda-futuro-como-a-startup-que-aposta-em-carne-de-planta-para-superar-frigorificos-ja-vale-r-715-milhoes/. Acesso em: 10 out. 2022.

FOOD Techs: As startups que atuam na alimentação. *Liga Insights*, 9 out. 2022. Disponível em: https://insights.liga.ventures/estudos-completos/foodtechs/. Acesso em: 10 out. 2022.

FOODANDWINE. [2022]. Resultados da pesquisa "History vegetarianismo". Disponível em: https://www.foodandwine.com/search?q=History+vegetarianism. Acesso em: 10 out. 2022.

FOOD-BASED dietary guidelines. *FAO*, 24 mar. 2022. Disponível em: https://www.fao.org/nutrition/education/food-based-dietary-guidelines. Acesso em: 5 out. 2022.

FOR SMALL food startups with big missions. *Chobani*, 5 out. 2022. Disponível em: https://www.chobani.com/impact/chobani-incubator/. Acesso em: 5 out. 2022.

FORWARD FOODING. *FoodTech Report, 2021.* https://wwwforwardfooding.com. Acesso em 20 out. 2022.

FOSTER, J. B. Marx´s theory of metabolic rift: classical foundations for environmental sociology. *American Journal of Sociology*, v. 105, n. 2, 1999.

FRANÇA, C. G.; DEL GROSSI, M. D.; MARQUE, V. P. M. *O censo agropecuário de 2006 e a agricultura familiar no Brasil.* [*S. l.*]: NEAD/MDA, 2009.

FREIRE, G. *Casa grande & senzala.* [*S. l.*]: ALLCA XX, 2002. Obra originalmente publicada em 1933.

FRIEDMANN, H. From Colonialism to Green Capitalism. Social movements and the emergence of food regimes. *In*: BUTTEL, F.; MCMICHAEL, P. (ed.). *New Directions in the Sociology of Global Development*. Rio de Janeiro: Elsevier, 2005.

FROM FARMERS, microbiologists and environmentalists to engineers, AI experts, food scientists and fermentation alchemists, meet the change-makers who are shaping the food system of tomorrow. *Astanor*, 29 set 2022. Disponível em: https://astanor.com/entrepreneurs/. Acesso em: 5 out. 2022.

FUKUDA-PARR, S. *The Gene Revolution: GM Crops and Unequal Development.* Earthscan, 2007

FUTURE Meat Technologies' Cultured Meat Production Facility, Rehovot, Israel. *Food Processing Technology*, 5 jun. 2022. Disponível em: https://www.foodprocessing-technology.com/projects/future-meat-technologies-cultured-meat-production-facility-israel/. Acesso em: 7 out. 2022.

GARAVAGLIA, C.; SWINNEN, J. The Craft Beer Revolution: an international perspective. *Choices*, v. 32, n. 3, 2017.

GARTNER. *The Gartner Hype Cycle* https://www.gartner.com/en/research/methodologies/gartner-hype-cycle. Acesso em 20 jun. 2022

GELLER, M. 'Food Revolution': megabrands turn to small startups for big ideas. *Reuters,* 24 maio 2017. Disponível em: http://www.reuters.com/article. Acesso em 02 jun. 2021.

GEREFFI, G.; BARRIENTOS, S. *Capturing the Gains*. [*S. l.*: *s. n.*], 2013.

GFI'S 2022 State of the Industry Reports Reveal Record Global Investment in Alt Seafood. *Vegconomist,* 15 abr. 2022. Disponível em: https://vegconomist.com/cultivated-cell-cultured-biotechnology/gfi-state-of-industry-2022-record-seafood/. Acesso em: 16 nov. 2022.

GILCHRIST, K. This multibillion-dollar company is selling lab-grown chicken in a world-first. *Make It,* 1 mar. 2021. Disponível em: https://www.cnbc.com/2021/03/01/eat-just-good-meat-sells-lab-grown-cultured-chicken-in-world-first.html. Acesso em: 7 out. 2022.

GLAESER, B. (ed.). *The Green Revolution Revisited.* Abingdon, UK: Routledge, 2013.

GLENN, E.; YAO, K. China loosens land transfer rules to spur larger, more efficient farms. *Reuters,* 3 nov. 2016. Disponível em: https://www.reuters.com/article/us-china-economy-landrights-idUSKBN12Y09F. Acesso em: 8 out. 2022.

GLOBAL ACTION Plan for the Prevention and Control of NCDs 2013-2020. *WHO,* 14 nov. 2013. Disponível em: https://www.who.int/publications/i/item/9789241506236. Acesso em: 5 out. 2022.

GONÇALVES, J. S.; RAMOS, S. F. A. Algodão Brasileiro 1985-2005. *Informes Econômicos.* v. 38, 2008.

GOOD, K. 2021 U.S. retail sales data for the plant-based foods industry. *Plant Based,* 12 maio 2022. Disponível em: https://www.plantbasedfoods.org/2021-u-s-r. Acesso em: 16 nov. 2022.

GOODMAN, D. The quality "turn" and alternative food practices: reflections and agenda. *Journal of Rural Studies,* v. 19 issue. 1, 2003

GOODMAN, D.; SORJ, B; WILKINSON, J. *Da lavoura às biotecnologias.* Rio de Janeiro: Campus, 1990.

GOODMAN, D.; DUPUIS, M.; GOODMAN, M. K. *Alternative Food Networks.* Abingdon, UK: Routledge, 2014.

GOODMAN, D.; SORJ, B.; WILKINSON, J. *From Farming to Biotechnology.* New York, US: Blackwell, 1987.

GORDON, E. Bye-bye Firefly. *London Review of Books*, v. 44, n. 9, 12 maio 2022.

GORDON-SMITH, H. Vertical farming is headed for the 'trough of disillusionment.' Here's why that's a good thing. *AFN*, 14 dez. 2021. Disponível em: https://agfundernews.com/vertical-farming-is-headed-for-the-trough-of-disillusionment-heres-why-thats-a-good-thing. Acesso em: 7 out. 2022.

GOTTLIEB, R.; JOSHI, A. *Food Justice*. Massachusetts, US: MIT Press, 2010.

GRAEBER, D.; WENGROW, D. *The Dawn of Everything*. [*S. l.*]: Farrar, Straus e Giroux, 2021.

GRANT, T. Explorando a produção de café na China. *Perfect Daily Grind*, 3 maio 2021. Disponível em: https://perfectdailygrind.com/pt/2021/05/03/explorando-a-producao-de-cafe-na-china/. Acesso em: 8 out. 2022.

GRAS, C; HERNANDEZ, V. (coord). *El Agro como Negócio*. Editorial Biblos. 2013

GRAZIANO DA SILVA, J. *A modernização dolorosa:* estrutura agrária, fronteira agrícola e trabalhadores rurais no Brasil. Rio de Janeiro: Zahar, 1982.

GREENPEACE. *Cooking the Climate*. [*S. l.: s. n.*], 2007. Disponível em: https://wayback.archive-it.org/9650/20200515210042/http://p3-raw.greenpeace.org/international/Global/international/planet-2/report/2007/11/cooking-the-climate-full.pdf. Acesso em: 16 nov. 2022.

GREENPEACE. *Still Cooking the Climate*. www.greenpeace.org. Acesso em 23 jun. 2022.

GRISA, C. Mudança nas políticas públicas para a agricultura familiar no Brasil. *Raizes*, v. 38, n. 1, 2018.

GRISA, C.; SCHNEIDER, S. Três gerações de políticas públicas para a agricultura familiar. *In*: GRISA, C.; SCHNEIDER, S. (org.). *Políticas públicas de desenvolvimento rural no Brasil*. [Porto Alegre]: PGDR, 2015.

GROVE, M. Sunqiao Urban Agricultural District. *Sasaki*, 20 set. 2022. Disponível em: https://www.sasaki.com/projects/sunqiao-urban-agricultural-district/. Acesso em: 7 out. 2022.

GROW your sales with all-in-one prospecting solutions powered by the leader in private-company data. *Crunchbase*, 28 set. 2022. Disponível em: https://www.crunchbase.com/. Acesso em: 5 out. 2022.

GROWING Vegetables in Extreme Conditions: Panasonic Technology Underpins a New Model for Plant Factory Systems. *Panasonic Group*, 27 maio 2021. Disponível em: https://news.panasonic.com/global/stories/969. Acesso em: 8 out. 2022.

GUANZIROLI, C.; ROMEIRO, A; BUAINAIN, A. M.; DI SABBATO, A.; BITTENCOURT, G. *Agricultura familiar e reforma agrária no século XXI*. Rio de Janeiro: Garamond, 2001.

GUIMARÃES, A. P. *Quatro séculos de latifúndio*. São Paulo: Paz e Terra, 1963.

GUTHMAN, J.; BITEKOFF, C. Magical disruption? Alternative protein and the promise of dematerialization. *EPE Nature and Space*, v. 4, n. 4, 2021.

HÄAGEN-DAZS. *Wikipédia*, 26 dez. 2021. Disponível em: https://pt.wikipedia.org/wiki/H%C3%A4agen-Dazs. Acesso em: 5 out. 2022.

HAIN Celestial Group. *Wikipédia*, 14 jul. 2022. Disponível em: https://en.wikipedia.org/wiki/Hain_Celestial_Group. Acesso em: 5 out. 2022.

HAITZ'S LAW. *Wikipédia*, 2020. Disponível em: https:/em.wikopedia.org/wiki/Haitz%27slaw#. Acesso em: 11 out. 2022.

HARDING, R. Vertical farming finally grows up in Japan. *Financial Times*, 23 jan. 2020. Disponível em: https://www.ft.com/content/f80ea9d0-21a8-11ea-b8a-1-584213ee7b2b. Acesso em: 7 out. 2022.

HARRARI, Y. *Sapiens*: a brief history of humankind. London, UK: Harvill Secker, 2014.

HEALTHY diet. *World Health Organization*, 29 abr. 2020. Disponível em: https://www.who.int/news-room/fact-sheets/detail/healthy-diet. Acesso em: 5 out. 2022.

HEIDEMANN, M. S.; MOLENTO, C. F. M.; REIS, G. G.; PHILLIPS, C. J. C. Uncoupling meat from animal slaughter and its impacts on human-animal relationships. *Frontiers in Psychology*, v. 11, 2020. Article 1824.

HENDERSON, R. Changing the purpose of the corporation to rebalance capitalism. *Oxford Review of Economic Policy*, v. 37, n. 4, 2021.

HENDERSON, R. *Reimagining Capitalism in a World on Fire*. [*S. l.*]: Public Affairs, 2020.

HENESY, D. Almond milk: A medieval obsession. *Seconds Food History*, 21 fev. 2021. Disponível em: https://www.secondshistory.com/home/almond-milk-medieval-obsession. Acesso em: 7 out. 2022.

HENZE, V. Plant-based Foods Market to Hit $162 Billion in Next Decade, Projects Bloomberg Intelligence. *Bloomberg*, 11 ago. 2021. Disponível em: https://www.bloomberg.com/company/press/plant-based-foods-market-to-hit-162-billion--in-next-decade-projects-bloomberg-intelligence/. Acesso em: 7 out. 2022.

HEREDIA, B; PALMEIRA, M; LEITE, S. P. Sociedade e Economia do "Agronegócio" no Brasil. *Revista Brasileira de Ciências Sociais* vol. 25 no. 74, 2010.

HEYNEN, N. Food Justice, Hunger and the City, *Geography Compass*, v. 6, p. 304-311, 2012.

HICKMAN, G. Cuesta Roble Greenhouse Vegetable Consulting. *Cuesta Roble (Oak Hill) Consulting*, 20 set. 2022. Disponível em: https://www.cuestaroble.com/. Acesso em: 6 out. 2022.

HINDY, S. *The Craft Beer Revolution.* London, UK: Palgrave Macmillan, 2014.

HLPE. *Biofuels and Food Security*. Rome: FAO, 2013.

HO, S. China Establishes Its First Voluntary Standard For Plant-Based Meat Products. *Green Queen*, 21 abr. 2021a. Disponível em: https://www.greenqueen.com.hk/china-establishes-its-first-voluntary-standard-for-plantbased-meat-products/. Acesso em: 9 out. 2022.

HO, S. Eat Just To Build First MENA Cell-Based Meat Facility In Qatar. *Green Queen*, 1 set. 2021b. Disponível em: https://www.greenqueen.com.hk/eat-just--qatar-cell-based-factory/. Acesso em: 7 out. 2022.

HO, S. OmniPork Slashes Retail Prices By Double-Digits & Announces Parity With Pork. *Green Queen*, 18 maio 2021c. Disponível em: https://www.greenqueen.com.hk/omnipork-slashes-retail-prices-by-double-digits-announces-parity-with-pork/. Acesso em: 9 out. 2022.

HO, S. U.S. Animal Agriculture Subsidies Soared In 2020 Despite Climate & Health Damage. *Green Queen*, 16 abr. 2021d. Disponível em: https://www.greenqueen.com.hk/us-animal-agriculture-subsidies-soared-in-2020-despite-climate-health-damage/. Acesso em: 7 out. 2022.

HOFFMAN, R. A Agricultura Familiar produz 70% dos Alimentos Consumidos no Brasil? *Segurança Alimentar e Nutricional*, v. 13, n. 1, 2015.

HOLM, L.; MOHL, M. The role of meat in everyday food culture. *Appetite*, v. 34, n. 3, 2000.

HOPE, A; AGYEMAN, J. *Cultivating Food Justice: race, class and sustainability.* MIT Press. 2011.

HOW DOES Netease Weiyang, a veritable "pig farm", play with "Internet + pig raising"?. *iMedia*, 10 set. 2022. Disponível em: https://min.news/en/economy/f8bcb1ed90e42c0e738c160a09f3b153.html. Acesso em: 8 out. 2022.

HOW TO show China's wine lovers a good time. *Style*, 22 set. 2018. Disponível em: https://www.scmp.com/magazines/style/travel-food/article/2164659/how--show-chinas-wine-lovers-good-time. Acesso em: 8 out. 2022.

HOWARD, E. *Garden Cities of Tomorrow.* [*S. l.*]: Swann Sonenschein & Co., 1902. Obra originalmente publicada em 1898.

HOWARD, P.; HENDERSON, M. The state of concentration in global food and agriculture industries. *In*: HERREN, H.; HAERLIN, B. *Transformation of our Food Systems*: the making of a paradigm shift. [*S. l.*]: IAASTD, 2020.

HSG Food Tech Lab. *(Can) alternative proteins take over – one way out of the grand food challenge.* University Saint Gallen, www.foodtechlab.ch, 2022.

HUANG, Y. *Capitalism with Chinese Characteristics*: Entrepreneurship and the State. New York, US: CUP, 2008.

Hung, P. New Age Small Farms and their Vertical Integration. *Modern China.* V37 (2). 2011

ICLEI, *Declaração de Solidariedade* https://americadosul.iclei.org/declaracao-de--solidariedade-a-bogota/, 2013.

IGNASZEWSKI, E. State of the Industry Report: Cultivated meat and seafood. *GFI*, 26 fev. 2022. Disponível em: https://gfi.org/resource/cultivated-meat-eggs--and-dairy-state-of-the-industry-report/. Acesso em: 7 out. 2022.

ILIEVA, R. T. + 12 autores. The Socio-Cultural Benefits of Urban Agriculture: a review of the literature., *Journal Land, MDPI,* vol. 11. No. 622, 2022.

INGREDION: "It Is the Dawn of a New Era, and We Are Helping Our Clients Lead the Way". *Vegconomist,* 16 nov. 2021. Disponível em: https://vegconomist.com/interviews/ingredion-it-is-the-dawn-of-a-new-era-and-we-are-helping--our-clients-lead-the-way/. Acesso em: 5 out. 2022.

INTERNATIONAL Science & Technology Innovation Program Chinese Academy of Agricultural Sciences. *CAAS.cn*, 6 jun. 2020. Disponível em: https://www.caas.cn/en/research/research_program/index.html. Acesso em: 8 out. 2022.

IPES. *The Politics of Protein*. [*S. l.*: *s. n.*], 2022. Disponível em: http://www.ipes-food.org. Acesso em: 22 ag. 2022

IPES. *Too Big to Feed*. [*S. l.*: *s. n.*], 2017. Disponível em: http://www.ipes-food.org. Acesso em 22 ag. 2022.

ISAKSON, S. R. Food and Finance: the financial transformation of agrofood supply chains. *Journal of Peasants Studies,* v.41 issue 5, 2014.

JACKSON, L. Leaders in insect farming have the future of aquaculture and the environment in mind. *Global Seafood*, 26 jul. 2021. Disponível em: https://www.globalseafood.org/advocate/france-has-become-innovation-nation-for-insect--production/. Acesso em: 7 out. 2022.

JACOBS, J. *The Economy of Cities*. New York, US: Knopf Doubleday, 1969.

JARDIM PINTO, C. R. A sociedade civil e a luta contra a fome no Brasil (1993-2003). *Sociedade e Estado*, v. 20, n. 1, 2005.

JENKINS, A. Resource sharing between vertical farms and the built environment. *TUDelft*, 1 jul. 2022. Disponível em: https://www.tudelft.nl/en/stories/articles/resource-sharing-between-vertical-farms-and-the-built-environment. Acesso em: 7 out. 2022.

JENSEN, K. O.; HOLM, L. Preferences, quantities and concerns: sociocultural perspectives on the gendered consumption of food. *European Journal of Clinical Nutrition*, v. 53, n. 5, 1999.

JENSEN, M. History of Hydroponics. *Grow Tomatoes Hidroponically*, 20 set. 2022. Disponível em: https://cals.arizona.edu/hydroponictomatoes/history.htm. Acesso em: 6 out. 2022.

JINSHAN, I. An orchard in Shanghai successfully grows bananas on water. *Weixin*, 31 out. 2021. Disponível em: https://mp.weixin.qq.com/s/oUf-JztJUOD1koSn-7vX1FA. Acesso em: 8 out. 2022.

JOLY, P.-B.; DUCOS, C. *Les Artifices du Vivant*. [*S. l.*]: QUAE, 1993.

JÖNSSON, E. Benevolent technotopias and hitherto unimaginable meats: tracing the promises of in vitro meat. *Social Studies of Science*, v. 46, n. 5, 2016.

JÖNSSON, E.; LINNÉ, T.; MCCROW-YOUNG, A. Many meats and many milks? The ontological politics of a proposed post-animal revolution. *Science as Culture*, v. 28, 2018. Disponível em: https://doi.org/10.1080/09505431.2018.1544232. Acesso em: 16 nov. 2022.

JUMA, K. *The Gene Hunters and the Scramble for Seeds*. Zed Books, 1989.

JÜRKENBECK, K.; HEUMANN, A.; SPILLER, A. Sustainability matters: consumer acceptance of different vertical farming systems. *Sustainability*, v. 11, n. 15, 2019.

KAGEYAMA, A. *et al.* O novo padrão agrícola brasileiro: do complexo rural aos complexos agroindustriais. *In*: DELGADO G. C. *et al.* (org.). *Agricultura e políticas públicas*. Brasília: [*s. n.*], 1990.

KAPLINSKI, R.; TIJALA, J.; TERHEGGEN, A. What happens when the market shifts to China? The Gabon Timber and the Thai Cassava Value Chain. *Policy Research Working Papers*: Banco Mundial, 2010.

KATEMAN, B. *The Reducitarian Solution*. New York, US: Tarcherpedigee, 2017.

KC, D. The Hostile Takeover Attempt That Prompted Unilever To Go Dutch. *medium*, 10 out. 2018. Disponível em: https://medium.com/@denishkc/the-hostile-takeover-attempt-that-prompted-unilever-to-go-dutch-731a8fbdb485. Acesso em: 6 out. 2022.

KENNEY, M. *Biotechnology: The University-Industry Complex*. Yale University Press, 1988.

KHO, G. Singapore Food Agency. *Giving.sg*, 20 set. 2022. Disponível em: https://www.giving.sg/web/_regorg_singapore-food-agency. Acesso em: 7 out. 2022.

KLEIN, J. AeroFarms is trying to cultivate the future of vertical farming. *GreenBiz*, 10 ago. 2021. Disponível em: https://www.greenbiz.com/article/aerofarms-trying-cultivate-future-vertical-farming. Acesso em: 7 out. 2022.

KLOPPENBERG, J. *First the Seed:* the political economy of plant biotechnology. Madison, US: University Wisconsin Press, 1988.

KNELL, M. The Digital Revolution and Digitalized Network Society. *Review of Evolutionary Political Economy*, v. 2, 2021.

KREMEN, C. Reframing the landsparing/landsharing debate for biodiversity conservation. *Annals*, v. 1355, issue 1, 2015.

KT, H. How does Netease Weiyang, a veritable "pig farm", play with "Internet + pig raising"? *iMedia*, 10 jul. 2022. Disponível em: https://min.news/en/economy/f8bcb1ed90e42c0e738c160a09f3b153.html. Acesso em: 6 out. 2022.

KURZWEIL, C. Consumidores Conscientes impulsionam vendas de produtos veganos. *Euromonitor International*, 15 fev. 2019. Disponível em: https://www.euromonitor.com/article/consumidores-conscientes-impulsionam-vendas-de--produtos-veganos. Acesso em: 10 out. 2022.

LADNER, P. *The Urban Food Revolution.* [*S. l.*]: New Society Publishers, 2011.

LAGNEAU, A.; BARRA, M.; LECUIR, G. *Agriculture Urbaine.* [*S. l.*] : Le Passager Clandestin, 2014.

LAING, R. US: "We're betting billions on the wrong farms". *Verticalfarm Daily*, 17 ago. 2021. Disponível em: https://www.verticalfarmdaily.com/article/9344738/us-we-re-betting-billions-on-the-wrong-farms/. Acesso em: 7 out. 2022.

LAPPE, F. M. *Diet for a Small Planet.* [*S. l.: s. n.*], 1971.

LAWRENCE, G.; DIXON, J. The Political Economy of Agrifood: supermarkets. *In*: BONANNO, A.; BUSCH, L. (ed.). *Handbook of the International Political Economy of Agriculture and Food.* [*S. l.*]: Elgar, 2015.

LEE, S.; HAM, S. Food Service Industry in the era of Covid-19: trends and research implications, *Nutrition Research and Practice*, v. 15, suppl. 1, p. S22-S33, 2021.

LERNER J.; NANDA, R.. Venture capital´s role in financing innovation. What we know and how much we still have to learn. *Journal of Economic Perspectives*, v. 34, n. 3, 2020.

LETTERMAN, J.; WHITE, T. U.S. Horticulture Operations Report $13.8 Billion in Sales. *USDA*, 8 dez. 2020. Disponível em: https://www.nass.usda.gov/Newsroom/archive/2020/12-08-2020.php. Acesso em: 7 out. 2022.

LEVKOE, C. Z. Learning democracy through food justice. *Agriculture & Human Values*, v. 23, p. 89-98, 2006.

LIEBIG. *Organic Chemistry and its Application to Agriculture and Physiology.* [*S. l.*]: Taylor & Walton, 1840.

LIM, C. J. et al. Why We Need A Food Parliament. *Building Centre*, 24 jul. 2015. Disponível em: https://www.buildingcentre.co.uk/news/articles/why-we-need--a-food-parliament. Acesso em: 10 out. 2022.

LIM, C. J. *Food City*. Abingdon, UK: Routledge, 2014.

LIM, C. J.; LIU, E. *Smart Cities, Resilient Landscapes and Eco-Warriers*. Abingdon, UK: Routledge, 2013.

LIMA, L. NotCo, de alimentos à base de planta, amplia linha de não-leite no Brasil. *Exame*, 7 abr. 2022. Disponível em: https://exame.com/marketing/notco-de-alimentos-a-base-de-planta-amplia-linha-de-nao-leite-no-brasil/. Acesso em: 10 out. 2022.

LIU, S.; ZHANG, M.; FENG, F.; TIAN, Z. Towards a "Green Revolution" for Soybean. *Molecular Plant*, v. 13, 2020.

LOCAL solutions for global issues. *Milan Urban Food Policy Pact*, 4 out. 2022. Disponível em: https://www.milanurbanfoodpolicypact.org/. Acesso em: 10 out. 2022.

LOHRBERG, F.; LICKA, L.; SCAZZOSI, L.; TEMPE, A. (ed.). *Urban Agriculture Europe*. [*S. l.*]: Jovis, 2020.

LORIA, K. Report: Smaller food brands outshine legacy competitors in innovation. *Fooddive*, 22 maio 2017. Disponível em: https://www.fooddive.com/news/report-smaller-food-brands-outshine-legacy-competitors-in-innovation/443192/. Acesso em: 5 out. 2022.

LU, M. The China Multinational Behind Oatly, the Hottest Oat Milk Brand in the US. *Nspirement*, 8 jun. 2021. Disponível em: https://www.nspirement.com/2021/06/08/china-multinational-behind-oatly.html#:~:text=While%20%20Oatly%20was%20set%20up,the%20brand%20is%20China%20Resources. Acesso em: 7 out. 2022.

LUCAS, A. Beyond Meat enters grocery stores in mainland China through Alibaba partnership. *CNBC*, 30 jun. 2020. Disponível em: https://www.cnbc.com/2020/07/01/beyond-meat-enters-grocery-stores-in-mainland-china-through-alibaba-partnership.html. Acesso em: 5 out. 2022.

LUCAS, D. É possível fazer delícias com farinha de malte? Sim!. *FIEMG*, 8 abr. 2021. Disponível em: https://m.fiemg.com.br/cit/noticias/detalhe/e-possivel-fazer-delicias-com-farinha-de-malte-sim. Acesso em: 7 jul. 2021.

LYSON, T. *Civic Agriculture*. [Medford]: Tufts, 2004.

LYU, J. Agriculture 5.0 in China: New Technology Frontiers and the Challenges to increase Productivity. *In*: JANK, M.; GUI, P.; MIRANDA. S. H. G. de. *China-Brazil*: Partnership in Agriculture and Food Security, [*S. l.*]: ESALQ, 2020.

MAGNIN, C. How Big Data will revolutionize the Global Food Chain. *McKinsey Digital*, 2016. Disponível em: https://www.mckinsey.com/business-functions/mckinsey-digital/our-insights/ how-big-data-will-revolutionize-the-global-food-chain. Acesso em: 16 nov. 2022.

MAGRINI, M. *et al.* Pulses for Sustainability: Breaking Agriculture and Food Sectors out of Lock-in". *Frontiers in Sustainable Food Systems*, v. 2, article 64, 2018.

MAIOR fazenda vertical do mundo para suínos está sendo concluída na China. *Olho no Araguaia*, 11 jul. 2021. Disponível em: https://olhonoaraguaia.com.br/negocios/maior-fazenda-vertical-do-mundo-para-suinos-esta-sendo-concluida-na-china/. Acesso em: 8 out. 2022.

MAIS Plantas: Menos Carne – Aproveite o desafio de 30 dias!. *Proveg*, 1 out. 2022. Disponível em: https://proveg.com/. Acesso em: 10 out. 2022.

MALKAN, S. Gates Foundation failing Green Revolution for Africa: New Report, *U. S. Right to* Know, 2020. Disponível em: https://usrtk.org. Acesso em: 20 ag. 2021.

MALKAN, S. Gates Foundation's Failing 'Green Revolution' for Africa: New Report. *U. S. Right to Know*, 29 jul. 2020. Disponível em: https://usrtk.org/our-investigations/gates-foundations-failing-green-revolution-in-africa-new-report/. Acesso em: 5 out. 2022.

MALUF, R.; ZIMMERMAN, S. A.; JOMALINS, E. Emergência e evolução da política nacional de segurança alimentar e nutricional no Brasil, 2003-2015. *Estudos Sociedade e Agricultura*, v. 29, n. 3, 2021.

MAPPED: Singapore's Plant-Based Meat B2B Ecosystem. *GFI*, 14 fev. 2022. Disponível em: https://gfi-apac.org/mapped-singapores-plant-based-meat-b2b-ecosystem/. Acesso em: 8 out. 2022.

MARKET ANALYSIS FREPORT 2021. www.grandviewresearch.com. Acesso em: 6 jan. 2022.

MARTINEZ, A. A. Borracha: São Paulo é o maior Produtor Nacional. *Infobibos*, 2004. Disponível em: infobibos.com/artigos/borracha/index.htm. Acesso em: 16 nov. 2022.

MARTINS, J. S. A Reforma Agrária no segundo mandato de Fernando Henrique Cardoso. *Tempo Social*, v. 15, n. 2, 2003.

MASCARENHAS, G. *O movimento de comércio justo e solidário no Brasil.* [Rio de Janeiro]: CPDA/UFRRJ, 2007.

MATTINSON, A.; NOTT, G. Ocado boosts stake in vertical farming specialist Jones Food Co. *The Grocer,* 28 ago. 2020. Disponível em: https://www.thegrocer.co.uk/mergers-and-acquisitions/ocado-boosts-stake-in-vertical-farming-specialist-jones-food-co/647817.article. Acesso em: 7 out. 2022.

MAY, P.; BOYD, E.; CHANG, M.; VEIGA, F. C. Incorporando o desenvolvimento sustentável em projetos de carbono florestal no Brasil e na Bolívia. *Estudos Sociedade e Agricultura,* v. 13, n. 1, 2005.

MAYE, D. "Smart food city": conceptual relations between smart city planning, urban food systems and innovation theory. *City, Culture & Society,* v. 16, p. 18-24, mar. 2019.

MCCLINTOCK, N. Why farm the city? : Theorizing urban agriculture through a lens of metabolic rift. *Cambridge Journal of Regional Economics and Sociology,* v. 3, n. 2, p. 191-207, jan., 2010.

MCKAY, B.; HALL, R.; LIU, J. (org.). *Rural Transformations and Agro-Food Systems*: the BRICS and agrarian change in the Global South. Abingdon, UK: Routledge, 2018.

MCMICHAEL, P. Global development and the corporate food regime. *In*: BUTTEL, F.; MCMICHAEL, P. (ed.). *New Directions in the Sociology of Global Development.* Amsterdã, NL: Elsevier, 2005.

MEDEIROS, J.; GRISA, C. O MDA e suas capacidades estatais na promoção de Desenvolvimento Rural. *Campo-Território*: Revista de Geografia Agrária, v. 14, n. 34, 2019.

MEDEIROS, L. S. de. Reforma Agrária de Mercado e Movimentos Sociais: aspectos da experiência brasileira. *ComCiência,* v. 44, 2003.

MEINHOLD, B. Aeroponic Vertical Farm: High-Yield Terraced Rice Paddies for the Philippines. *Inhabitat,* 18 mar. 2013. Disponível em: https://inhabitat.com/aeroponic-vertical-farm-high-yield-terraced-rice-paddies-for-the-philipines/. Acesso em: 6 out. 2022.

MELLAART, J. *Çatal Huyuk, a neolithic town in Anatolia.* New York, US: McGraw Hill, 1967.

MELLO, J. M. C. O capitalismo tardio. [*S. l.*]: Brasiliense, 1986.

MERGULHÃO, A. D. Circuitos de produção da Laranja no Brasil. *Estudos Geográficos*, v. 16, n. 2, 2018.

MEYERS, J. China's lucrative caffeine craze. *BBC*, 28 jun. 2016. Disponível em: https://www.bbc.com/worklife/article/20160628-yuan-more-coffee-chinas-lucrative-caffeine-craze. Acesso em: 8 out. 2022.

MILMAN, O.; LEAVENWORTH, S. China´s plan to cut consumption by 50% cheered by climate campaigners. *The Guardian*, 20 junho, 2016.

MITIDIERO JÚNIOR, M. A.; BARBOSA, H. J. N.; SÁ, T. H. de. Quem produz comida para os brasileiros: 1º Ano do Censo Agropecuário 2006. *Revista Pegadas*, v. 18, n. 3, 2017.

MOL, A. Ontological politics: A word and some questions. *The Sociological Review*, v. 47, 1999.

MOL, A.P.; CARTER, N. China´s Environmental Governance in Transition, *Environment Politics*, (15) 2. 2006.

MONBIOT, G. *Regenesis*. London, UK: Penguin, 2022.

MONDIERE, A.; CORSON, M. S.; MORELI, L.; VAN DER WERF, H. Agricultural rewilding: a prospect for livestock systems. *Rewilding Agriculture A*, v. 2, 2021.

MONTEIRO, C; CANNON, G. The impact of transnational "big food" companies on the South: a view from Brazil. *PLoS Med*. v. 9 (7), 2012.

MONTEIRO, A.; SANTOS, S.; GONÇALVES, P. Precision Agriculture for Crop and Livestock Farming. *Animals*, v. 11, 2021.

MORGAN K.; SONNINO, R. *The School Food Revolution*. Abingdon, UK: Routledge, 2010.

MOZAFFARIAN, D.; ANGELL, S. Y.; LANG, T.; RIVERA, J. A. Role of Government Policy Nutrition – barriers to and opportunities for heathier eating. *BMJ*, no. 361, 2018.

MÜLLER, J.; RASSMAN, K.; VIDEIKO, M. (ed.). *Trypillia-Megasites and European Prehistory 4100-3400 BCE*. Abingdon, UK: Routledge, 2016.

MUMFORD, L. *The City in History*. San Diego, US: Harcourt, Brace & World, 1961.

NASSAR, A. M. *et al. Cinco ensaios sobre a gestão de qualidade no agribusiness*. São Paulo: USP, 1999.

NATRAJAN, S. *Urban Agriculture, Food Security and Sustainable Urban Food Systems in China.* New Delhi: ICS, 2021.

NAUGHTON, B. *The Chinese Economy:* transitions and growth. Cambridge: MIT, 2007.

NAVARRO, Z. Por que não houve (e nunca haverá) reforma agrária no Brasil. *In*: BUAINAIN, A. M.; ALVES, E.; SILVEIRA, J. M. da; NAVARRO, Z. *O mundo rural no Brasil do século 21.* [Campinas]: Unicamp/Embrapa, 2014.

NEO, P. Healthier Milo: Nestlé Thailand invests US$6.6m in world first "no added sugar" beverage version. *FOOD,* 26 mar. 2019. Disponível em: www.foodnavigator-asia.com. Acesso em: 20 maio 2021.

NESLEN, A. Vertical farming's sky-high ambitions cut short by EU organic rules. *Politico,* 12 jan. 2021. Disponível em: https://www.politico.eu/article/vertical-farming-eu-organic-rules-startups/. Acesso em: 7 out. 2022.

NEW studies further the case for cultivated meat over conventional meat in the race to net-zero emissions. *New Hope,* 9 mar. 2021. Disponível em: https://www.newhope.com/market-data-and-analysis/new-studies-further-case-cultivated-meat-over-conventio nal-meat-race-net. Acesso em: 7 out. 2022.

NEWELL, R. Grow Your Patent Portfolio with Vertical Farming. *Whitmyer ip Group,* 9 ago. 2021. Disponível em: https://www.whipgroup.com/blog/grow-your-patent-portfolio-with-vertical-farming/. Acesso em: 6 out. 2022.

NEX, S. The 10 Biggest and Best Vertical Farms. *Maximum Yield,* 30 out. 2018. Disponível em: https://www.maximumyield.com/future-farming-the-biggest-and-best-vertical-farms/2/17389. Acesso em: 6 out. 2022.

OECD. Is Precision agriculture the start of a new revolution? *In*: OECD (ed.). *Farm Management Practices to Foster Green Growth.* Paris: OECD, 2016.

OLIVEIRA, D.; GRISA, C.; NIEDERLE, P. Inovações e novidades na construção de mercados para a agricultura familiar: os casos da Rede Ecovida da Agroecologia e da Rede Coop. *Redes,* Santa Cruz do Sul, v. 25, n. 1, 2020.

OLIVEIRA, G. *Chinese and Other foreign investments in the Brazilian soybean complex.* Haya, NL: BICAS Working Paper, 2015.

ORSINI, F.; KAHANE, R.; NONO-WOMDIN, R.; GIANQUINHO, G. Urban Agriculture in the Developing World: a review. *Agronomy, Sustainable Development,* v. 33, p. 695-720, oct. 2013.

ORZOLEK, M. D. *A Guide to the Manufacture, Performance & Potential of Plastic in Agriculture.* Amsterdã, NL: Elsevier, 2017.

OTERO, G.; PECHLANER, G.; GÜRAN, E. C. The Neoliberal Diet: fattening profits and people. *In*: HAYNES, S.; HAYNES, M. V. de; MILLER, R. (ed.). *The Routledge Handbook of Poverty in the US.* Abingdon, UK: Routledge, 2015.

OUR INTELLECTUAL Property. *Aerofarms*, 30 set. 2022. Disponível em: https://www.aerofarms.com/our-intellectual-property/. Acesso em: 6 out. 2022.

OUR ROAD to net zero. *Nestlé*, 22 ago. 2022. Disponível em: https://www.nestle.com/sustainability/climate-change/zero-environmental-impact. Acesso em: 6 out. 2022.

PAIVA, I.; MANDUCA, P. C. *Análise da Diplomacia do Etanol no Governo Lula e partir de uma Perspectiva Institucionalista.* [João Pessoa]: CCSA/UFPB, 2010.

PANASONIC introduces agricultural technology in Japan. *ANI*, 16 abr. 2021. Disponível em: https://www.aninews.in/news/world/asia/panasonic-introduces-agricultural-technology-in-japan20210416142427/. Acesso em: 6 out. 2022.

PARIS, H. S.; JANICK, J. What the Roman Emperor Tiberius grew in his greenhouse. *In*: EUCARPIA, 9., Avignon, FR, 2008. *Anais* [...] Paris, FR: INRA, 2008.

PATEL, R. The Long Green Revolution, *The Journal of Peasant Studies*, v. 40, issue 1, 2012.

PATTON, D. Flush with cash, Chinese hog producer builds world's largest pig farm. *Reuters*, 7 dez. 2020. Disponível em: https://www.reuters.com/article/us-china-swinefever-muyuanfoods-change-s-idUSKBN28H0MU. Acesso em: 8 out. 2022.

PEARSE, A. *Seeds of Plenty, seeds of want. Social and economic implications of the Green Revolution.* Oxford, UK: Clarendon Press, 1980.

PEPSICO to reduce sugar content in beverages across the EU. *Drinks Insight*, 2 jul. 2021. Disponível em: https://www.drinks-insight-network.com/news/pepsico-beverages-eu/. Acesso em: 5 out. 2022.

PEREZ-ALEMAN, P.; SANDILANDS, M. Building Value at the top and the bottom of the global supply chain. *California Management Review*, v. 51, n. 1, 2008.

PERRIN, C.; SOULARD, C. T. History of food policy in Europe from the ancient city to the industrial city. *In*: BRAND, C. *et al. Designing Urban Food Policies*. Berlim, DE: Springer, 2017.

PERSSON, J. Nordic Harvest: Danish-Taiwanese indoor farming collaboration. *ScandAsia*, 1 ago. 2021. Disponível em: https://scandasia.com/nordic-harvest-danish-taiwanese-indoor-farming-collaboration/. Acesso em: 6 out. 2022.

PESSANHA, L.; WILKINSON, J. *Transgênicos, recursos genéticos e segurança alimentar*. [*S. l.*]: Armazen do Ipê, 2005.

PETERS, A. If it looks like a steak and tastes like a steak, in this case, it's a mushroom. *Fast Company*, 29 out. 2019. Disponível em: https://www.fastcompany.com/90421889/if-it-looks-like-a-steak-and-tastes-like-a-steak-in-this-case-its-a-mushroom#:. Acesso em: 7 out. 2022.

PETERS, A. The world's largest vertical farm will have a secret ingredient: fish. *Fast Company*, 18 jan. 2021. Disponível em: https://www.fastcompany.com/90713239/the-worlds-largest-vertical-farm-will-have-a-secret-ingredient-fish. Acesso em: 6 out. 2022.

PIASECKA, D. Veganism 2.0: Animal-free food goes mainstream. *Fi Global Insights*, 4 set. 2019. Disponível em: https://insights.figlobal.com/trends/veganism-20-animal-free-food-goes-mainstream. Acesso em: 7 out. 2022.

PIPPINATO, L.; GASCO, L.; DI VITA, G.; MANCUSO, T. Current scenario in the European edible-insect industry: a preliminary study. *Journal of Insects as Food and Feed*, v. 6, n. 4, 2020.

PLANT BASED EATING and Alternative Proteins. *Euromonitor International*, jul. 2021. Disponível em: https://www.euromonitor.com/plant-based-eating-and-alternative-proteins/report. Acesso em: 14 nov. 2021.

PLANT BASED MEAT companies. *Golden*, 31 mar. 2022. Disponível em: https://golden.com/query/plant-based-meat-companies-RE9. Acesso em: 7 out. 2022.

PLENITUDE. *BBI JU*, 22 jul. 2019. Disponível em: https://www.bbi.europa.eu/projects/plenitude. Acesso em: 7 out. 2022.

POINSKI, M. How Temasek became a leading food tech investor. *Fooddive*, 20 abr. 2022. Disponível em: https://www.fooddive.com/news/temasek-food-tech-investor/622090/. Acesso em: 8 out. 2022.

POINSKI, M. JBS enters cell-based meat with BioTech Foods acquisition and $100M investment. *Fooddive*, 18 nov. 2021. Disponível em: https://www.fooddive.com/news/jbs-enters-cell-based-meat-with-biotech-foods-acquisition-and-100m-investm/610303/. Acesso em: 5 out. 2022.

POMPEIA, C. *Formação política do agronegócio.* São Paulo: Elefante, 2021.

PONTE, S. *Business, Power and Sustainability in a World of Global Value Chains.* London, UK: Zed Books, 2019.

PORTILHO, F. *Sustentabilidade ambiental, consumo e cidadania.* São Paulo: Cortez, 2005.

POYNTON, S. Failure of Indonesia's palm oil commitment 'not bad news' [commentary]. *Mongabay,* 27 jul. 2016. Disponível em: https://news.mongabay.com/2016/07/failure-of-indonesias-ipop-not-bad-news-commentary/. Acesso em: 6 out. 2022.

POZAS, N. Fermentation can help build a more efficient and sustainable food system: here's how. *World Economic Forum,* 19 nov. 2020. Disponível em: https://www.weforum.org/agenda/2020/11/fermentation-can-help-build-a-more-efficient-and-sustainable-food-system-here-s-how/. Acesso em: 7 out. 2022.

PRAUSE, L.; HACKFORT, S.; LINDGREN, M. Digitalisation and the Third Food Regime. *Agriculture and Human Values,* v. 38, 2021.

PRICE, C. SEO Cost Calculator: How Much Should You Budget for SEO Services. *SEJ,* 7 maio 2021. Disponível em: https://www.searchenginejournal.com/seo-cost-calculator/264305/. Acesso em: 5 out. 2022.

PRIOR, J.; WARD, K. J. Rethinking rewilding: A response to Jörgensen. *Geoforum,* v. 69, 2016.

RADAR Agtech Brasil 2020/2021. *Radar Agtech,* 5 out. 2022. Disponível em: https://radaragtech.com.br/dados-2020-2021/. Acesso em: 10 out. 2022.

RALPH, E. The State of Sugar and Health Taxes in 2021. *Kerry,* 8 fev. 2021. Disponível em: https://www.kerry.com/insights/kerrydigest/2018/the-state-of-sugar-and-health-taxes-around-the-world. Acesso em: 5 out. 2022.

RAMA, R. (ed.). *Handbook of Innovation in the Food and Drinks Industry*. Philadelphia, US: Haworth Press, 2008.

RAMA, R.; WILKINSON, J. Innovation and Disruptive Technologies in the Brazilian Agrofood Sector. *Systèmes Alimentaires/Food Systems,* v. 4, serie 1, 2019.

RANKING top 100 Open Corps. *TOP,* 26 fev. 2022. Disponível em: https://www.openstartups.net/site/ranking/rankings-categories-corps.html?cat=Top5Agronegócio2021. Acesso em: 10 out. 2022.

RAPHAELY, T.; MARINOVA, D. Flexitarianism: a more moral dietary option, *International Journal of Sustainable Society*, v. 6, n. 1/2, 2014.

RASTOIN, J.; GHERSI, G.; PEREZ, R.; TOZANLI, S. *Structures, performances et stra-tegies des groupes agroalimentaires multinationaux*. Montpellier, FR: Agrodata, 1998.

RAYNOLDS, L; MURRAY, D; WILKINSON, J. *The Challenges of Transforming Globalisation.* London. Routledge, 2007.

REARDON, T.; SWINNER, S.; VOS, R.; ZILBERMAN, D. *Digital Innovations accelerated by Covid-19 are revolutionizing food systems.* Washington, US: IFPRI, 2021.

REDUCING SALT, sugar and calories. *Unilever,* 4 out. 2022. Disponível em: https://www.unilever.com/planet-and-society/positive-nutrition/reducing-salt-sugar-and-calories/. Acesso em: 5 out. 2022.

REDUCING SUGARS, sodium and fat. *Nestlé,* 2022. Disponível em: http://www.nestle.com/cvs/impact/tastier-healthier/sugar-salt-fat. Acesso em: 20 set. 2022.

REECE, J. Seeking food justice and a just city through local action in food systems: opportunities, challenges and transformation. *Journal of Agriculture, Food Systems and Community,* v. 8, n. B, 2018.

REESE, J. *The End of Animal Farming.* Boston, US: Beacon Press, 2018.

REGALADO, A. Is Ginkgo's synthetic-biology story worth $15 billion?. *MIT Technology Review,* 24 ago. 2021. Disponível em: https://www.technologyreview.com/2021/08/24/1032308/is-ginkgos-synthetic-biology-story-worth-15-billion/. Acesso em: 5 out. 2022.

REGO, J. L. *Menino de engenho.* [*S. l.*: *s. n.*], 2020. Edição portuguesa. Obra originalmente publicada em 1932.

RENFREW, C.; DIXON, J. E.; CANN, J. R. Obsidian and the Origins of Trade. *Scientific American,* v. 218, n. 3, p. 38-47, 1968.

REPKO, M. Walmart makes an investment in vertical farming start-up Plenty. *CNBC,* 25 jan. 2022. Disponível em: https://www.cnbc.com/2022/01/25/walmart-makes-an-investment-in-vertical-farming-start-up-plenty.html. Acesso em: 6 out. 2022.

REPORTS. *Digital Food Lab,* 31 dez. 2020. Disponível em: https://www.digitalfoodlab.com/foodtech-reports/. Acesso em: 5 out. 2022.

RICH Products. *Wikipédia*, 29 ago. 2022. Disponível em: https://en.wikipedia.org/wiki/Rich_Products. Acesso em: 5 out. 2022.

RIDLER, G. Vertical farming venture secures £21m investment. *Food Manufacture*, 19 jan. 2022. Disponível em: https://www.foodmanufacture.co.uk/Article/2022/01/18/Vertical-farming-venture-secures-21m-investment. Acesso em: 6 out. 2022.

RITCHIE, H. Half of the world's habitable land is used for agriculture. *Our World in Data*, 11 nov. 2019. Disponível em: https://ourworldindata.org/global-land-for-agriculture. Acesso em: 7 out. 2022.

ROCHA, C.; LESSA, I. Urban governance for food security: the alternative food system in Belo Horizonte. *International Planning Studies*, v. 14, n. 4, 2009.

ROSENFIELD, K. 75 projetos avançam no concurso "Reinventer Paris". *Arch Daily*, 21 set. 2015. Disponível em: https://www.archdaily.com.br/br/773837/75-projetos-avancam-no-concurso-reinventer-paris. Acesso em: 7 out. 2022.

ROUSSET, P. Tastier and healthier food. *Nestlé*, 5 out. 2022. Disponível em: https://www.nestle.com/sustainability/nutrition-health/tasty-healthy-food. Acesso em: 5 out. 2022.

RUAF. *Policy brief*: Sustainable Urban Food Provisioning. [*S. l.*]: Ruaf, 2021. Disponível em: https://ruaf.org/document/policy-brief-sustainable-urban-food-provisioning/. Acesso em: 16 nov. 2022.

SALVIANO, P. *Evidências de práticas sustentáveis na produção da soja*. 2021. Tese (Doutorado em Ciências Sociais em Desenvolvimento, Agricultura e Sociedade) – Programa de Pós-Graduação de Ciências Sociais em Desenvolvimento, Agricultura e Sociedade, Universidade Federal Rural do Rio de Janeiro, Rio de Janeiro, 2021.

SANANBIO Announces the Availability of its Unmanned Vertical Farming System UPLIFT to Global Growers. Cision, 16 jul. 2020. Disponível em: https://www.newswire.ca/news-releases/sananbio-announces-the-availability-of-its-unmanned-vertical-farming-system-uplift-to-global-growers-832185351.html. Acesso em: 8 out. 2022.

SAUER, S. Reforma agrária de mercado: um sonho que se tornou dívida no Brasil. *Estudos Sociedade e Agricultura*, v. 18, n. 1, 2010.

SCALA, M. Customer success stories from our Freight Farmers worldwide. *Freight Farms*, 7 out. 2022. Disponível em: https://www.freightfarms.com/case-studies. Acesso em: 7 out. 2022.

SCHLOSSER, E. *Fast Food Nation*: the dark side of the all-American dream. [*S. l.*]: Houghton Miffli, 2001.

SCHNEIDER, M. Dragon Head Enterprises and the State of Agribusiness in China. *Journal of Agrarian Change*, v. 17, n. 1, 2017.

SCHNEIDER, M. Feeding China´s pigs: implications for the environment, China´s small holder farmers and food security. *IATP*, 2011. www.iatp.org/documents/. Acesso em 28 set. 2021.

SCHNEIDER, S.; CASSOL, A. *A agricultura familiar no Brasil.* Santiago, CL: Rimisp, 2013. (Série Documentos de Trabalho, 145).

SEARA eleva aposta no crescente mercado de proteínas plant based. *Beefpoint*, 15 out. 2021. Disponível em: https://www.beefpoint.com.br/seara-eleva-aposta-no-crescente-mercado-de-proteinas-plant-based/. Acesso em: 10 out. 2022.

SEMOUR, F. A Corporate Giant´s Role in Reducing Climate Change & Promoting Development, a Conversation with Unilever´s Paul Polman. *CGD*, 15 fev. 2017. Disponível em: http://www.cgdev.org/blog. Acesso em: Acesso em 21 ag. 2022.

SEXTON, A. Eating for the post-Anthropocene: alternative proteins and the biopolitics of edibility. *Trans. Inst. British Geography*, v. 4, 2018.

SEXTON, A. Food as software: place, protein and feeding the world Silicon Valley-style. *Economic Geography*, v. 96, n. 5, 2020.

SEYMOUR, F. *A Corporate Giant´s Role in Reducing Climate Change and promoting Development.* www.cgdev.org. Acesso em 26 jun. 2022.

SHAH, S. Global Innovation Policy for Alternative Proteins. *The Breakthrout Institute*, 20 set. 2021. Disponível em: https://thebreakthrough.org/blog/global--innovation-policy-for-alternative-proteins. Acesso em: 7 out. 2022.

SHAHBANDEH, M. Pork exports worldwide in 2022, by leading country. *Statista*, 13 abr. 2022. Disponível em: https://www.statista.com/statistics/237619/export-of-pork-in-2008/. Acesso em: 7 out. 2022.

SHAPIRO, P. *Clean Meat.* New York, US: Gallery Books, 2018.

SHARATHKUMER, M.; HEUVELINK, E.; MARCELIS, L. F. M. Vertical Farming: Moving from Genetic to Environmental Modification. *Trends in Plant Science*, v. 25, n. 8, 2020.

SHARMA, S. The Need for Feed: China´s demand for industrial meats and its impacts. IATP, 2014. www.iatp.org/documents/. Acesso em 20 jan. 2021

SHERRATT, A. He Obsidian Trade in the Near East, 14,000 to 6500 BC (Andrew Sherratt, 2005). *ArchAtlas 5.0*, 31 maio 2021. Disponível em: https://www.archatlas.org/journal/asherratt/obsidianroutes/. Acesso em: 10 out. 2022.

SHURMAN, R; KELSO, D. *Engineering Trouble: Biotechnology and its discontents.* University of California Press, 2003

SIJTSEMA, S. J.; DAGEVOS, H.; NASSAR, G.; M VAN HASTER DE WINTER; H. M. *Capabilities and Opportunities of Flexitarians to become food innovators for a healthy planet.* www.research.wur.nl/en/publications/

SILVA, B. Unilever quer comprar divisão da GSK, mas tem oferta bilionária recusada: entenda a guerra dos dois gigantes. *Isto É Dinheiro*, 21 jan. 2022. Disponível em: https://www.istoedinheiro.com.br/unilever-compra-uma-batalha/. Acesso em: 6 out. 2022.

SILVA, S. *Expansão cafeeira e origens da indústria no Brasil*. São Paulo: Alfa Omega, 1976.

SINCLAIR, U. *The Jungle*. New York, US: Double Day, 1906.

SINGER, P. *Animal Liberation*: towards an end to man´s inhumanity to animals. Melbourne, AU: Monash University, 1975.

SNOEK, H. Capabilities and opportunities of flexitarians to become food innovators for a healthy planet: two explorative studies. *Sustainability*, v. 13, 2021.

SOLIDARIDAD, *China´s crushing industry: impact on the global sustainability agenda.* 2016. Disponível em: http://www.solidariedadnetwork.org. Acesso em: 20 ag. 2021

SOLIS, R. S. America´s first city? *In*: ISBEL, W.; SILVERMAN, H. (ed.). *Andean Archaeology III*: North & South. [*S. l.*: *s. n.*], 2006.

SOMAIN, R.; DROULERS, M. A seringueira agora é paulista. *Confins*, v. 27, 2016.

SONNINO, R. Feeding the city: towards a new research and planning agenda. *International Planning Studies*, v. 14, n. 4, 2009.

SORJ, B. *Estados e classes socais no Brasil.* Rio de Janeiro: Zahar, 1980.

SOUTHEY, F. Cracking the 'world's first' animal-free egg white through fermentation. *Foodnavigator.com*, 9 fev. 2021. Disponível em: https://www.foodnavigator.com/Article/2021/02/09/Clara-Foods-on-cracking-the-world-s-first-animal-free-egg-white. Acesso em: 7 out. 2022.

SPECHT, K.; WEITH, T.; SWOBODA, K.; SIEBERT, R. Socially acceptable urban agriculture businesses. *Agronomy for Sustainable Development*, v. 36, n. 131, 2016.

SPENCER, C. *Vegetarianism*: a History. [*S. l.*]: Grub Street Cookery, 2016.

STANFORD, D. Cientistas começam corrida para melhorar refrigerantes diet. *Exame*, 19 mar. 2015. Disponível em: https://exame.com/ciencia/cientistas-comecam-corrida-para-melhorar-refrigerantes-diet/. Acesso em: 5 out. 2022.

STAROSTINETSKAYA, A. Perfect Day Raises $350 Million Ahead of IPO, Announces Dairy-Identical Cheese Label. *VegNews*, 1 out. 2021. Disponível em: https://vegnews.com/2021/10/perfect-day-cheese-label. Acesso em: 7 out. 2022.

STATE of the Industry Report: Plant-based meat, eggs, seafood, and dairy. *GFI*, 2021. Disponível em: https://gfi.org/resource/plant-based-meat-eggs-and-dairy-state-of-the-industry-report/. Acesso em: 16 nov. 2022.

STATISTICA. Vegetables: United States – USA. *Statistica*, 30 jul. 2022. Disponível em: https://www.statistica.com/outlook/cmo/food/vegetables/united-states. Acesso em: 6 out. 2022.

STEELE, C. *Hungry City:* how food shapes our lives. New York, US: Vintage, 2013.

STEFFEN, L. Singapore Aims to Lead the World in Lab-Grown Meat. *Intelligent Living*, 16 nov. 2021. Disponível em: https://www.intelligentliving.co/singapore-lead-world-in-lab-grown-meat/. Acesso em: 7 out. 2022.

STENGEL, G. How Snow Monkey is to Ice Cream What Chobani is to Yogurt. *Forbes*, 25 abr. 2018. Disponível em: https://www.forbes.com/sites/geristengel/2018/04/25/how-snow-monkey-is-to-ice-cream-what-chobani-is-to-yogurt/?sh=62cc625a6786. Acesso em: 5 out. 2022.

STEPHENS, N.; RUIVENKAMP, M. Promise and ontological ambiguity in the in vitro meat landscape: from laboratory myotubes to the cultured burger. *Science as Culture*, v. 25, n. 3, p. 327-355, 2016.

STUART, T. *The Bloodless Revolution.* New York, US: W.W. Norton & Co., 2008.

STUCCHI, A. Startup vegana levanta US$ 3 milhões e expandirá para o Brasil. *VeganBusiness*, 17 set. 2022. Disponível em: https://veganbusiness.com.br/startup-vegana/. Acesso em: 10 out. 2022.

SUN, L.; YE, L. T.; REED, M. R. The impact of income growth on the quality structure improvement of imported foods: evidence from China´s firm level data. *China Agricultural Economic Review*, v. 17, n. 1, 2020.

SUNNESS, B. Lab grown meat companies. *Cell Based Tech*, 26 fev. 2020. Disponível em: https://cellbasedtech.com/lab-grown-meat-companies. Acesso em: 7 out. 2022.

SUSTAINFI connects carbon projects to investors. *SustainFi*, 5 out. 2022. Disponível em: https://sustainfi.com/articles/investing/vertical-farming-stocks/. Acesso em: 6 out. 2022.

SZEN, NGWIL. *Reimagining the Future of Vertical Farming – using modular design as the sustainable solution*, Dissertação. University Sains Malaysia, 2017.

TAN, A. S'pore high-tech farms seek to export not just produce but their technology too. *Enterprise Singapore*, 18 mar. 2021. Disponível em: https://www.enterprisesg.gov.sg/media-centre/news/2021/march/singapore-high-tech-farms-seek-to-export-not-just-produce. Acesso em: 6 out. 2022.

TANGA, C. M. *et al.* Edible insect farming as an emerging and profitable enterprise in East Africa. *Current Opinion in Insect Science*, v. 48, 2021.

TANTALAKI, N.; SOURAVLES, S.; ROOMELIOTIS, M. Data driven decision making in precisions agriculture: the rise of big data in agricultural systems. *Journal of Agriculture and Food Information*, v. 20. Issue 4, 2019.

TAO, Q.; DING, H.; WANG, H.; CUI, X. Application Research: Big Data in the Food Industry. *Foods*, v. 10, n. 9, set. 2021.

TAVARES, M. C. *Acumulação de capital e industrialização no Brasil.* [Campinas]: Unicamp, 1998.

TEMIN, P. *The Roman Market Economy.* New Jersey, US: Princeton University Press, 2013.

TER BEEK, V. China's pig industry will rise like a phoenix. *Pig Progress*, 8 abr. 2020. Disponível em: https://www.pigprogress.net/health-nutrition/chinas-pig-industry-will-rise-like-a-phoenix/. Acesso em: 8 out. 2022.

TERÁN, A.; CESSNA, J. As the mix of cheese varieties changed from 2000 to 2019, the dairy components of the cheese category changed. *USDA*, 9 ago. 2021. Disponível em: https://www.ers.usda.gov/data-products/chart-gallery/gallery/chart-detail/?chartId=101758. Acesso em: 7 out. 2022.

TERAZONO, E.; EVANS, J. Has the appetite for plant-based meat already peaked?. *Financial Times,* jan. 2022.

TESTA, V. M. *et al. O desenvolvimento sustentável do oeste catarinense.* [Florianópolis]: Epagri, 1996.

THE BEST in agriculture and food-focused innovation. *Thrive,* 28 set. 2022. Disponível em: https://thriveagrifood.com/thrive-top-50/. Acesso em: 5 out. 2022.

THE FORTUNE 500 of agrifoodtech. *Forward Fooding,* [2021]. Disponível em: https://forwardfooding.com/foodtech500/#list500. Acesso 11 out. 2022

THE ROAD to Commercialization for Cultivated Meat with Amy Chen, UPSIDE Foods - CMS21. [*S. l.*: s. n.], 4 nov. 2021. 1 vídeo (34 min). Publicado pelo canal Cultured Meat and Future Food Show. Disponível em: https://www.youtube.com/watch?v=VQatZjpGvao. Acesso em: 7 out. 2022.

THESE 10 promising insect-focused food tech startups in Europe aim to redefine the food chain. *Silicon Canals,* 12 out. 2020. Disponível em: https://siliconcanals.com/news/startups/insect-focused-food-tech-startups-europe/. Acesso em: 7 out. 2022.

THOMPSON, F. M. L. The Second Agricultural Revolution. *Economic History Review,* v. 21, n. 1, 1968.

THORPE, D. K. How China Leads the World in Indoor Farming. *Smart Cities Dive,* 5 out. 2022. Disponível em: https://www.smartcitiesdive.com/ex/ sustainablecitiescollective/chinas -indoor-farming-research-feed-cities- leads-wor ld/409606/. Acesso em: 6 out. 2022.

TOP consumer companies' palm oil sustainability claims go up in flames. *Greenpeace,* 4 nov. 2019. Disponível em: https://www.greenpeace. org/international/press--release /25675/burningthehouse/. Acesso em: 6 out. 2022.

TRADITIONAL Chinese Plant-Based Companies Leap into 2.0 Protein Era. *GFI,* 14 set. 2022. Disponível em: https://gfi-apac. org/traditional-chinese-plant-based-companies -leap-into-2-0-protein-era/. Acesso em: 9 out. 2022.

TUBB, C.; SEBA, T. *Rethinking Food and Agriculture.* A RETHINK X Sector Disruption Report. 2019. Disponível em: https://www.rethinkx .com/food- and-agriculture. Acesso em: 5 feb. 2021

TUCKER, C. Berlin-based Infarm raises €144 million during pandemic to grow largest urban vertical farming network in the world. *EU-Startups*, 17 set. 2020. Disponível em: https:// www.eu-startups.com/2020/09/berlin-based-infarm--raises-e144- million-during-pandemic-to-grow-largest-urban-vertical-farming-network-in-the-world/. Acesso em: 7 out. 2022.

UK'S Jones Food Company Begins Construction on Huge New Vertical Farm. *Produce Business UK*, 17 out. 2021. Disponível em: https://www.producebusinessuk.com/uks-jones-food- company-begins-construction-on-huge-new- vertical-farm/. Acesso em: 6 out. 2022.

UNDP. United Nations Development Programme. *Precision Agriculture for Small Holders*. [*S. l.*]: UNDP, 2021.

UNILEVER VENTURES. *Crunchbase*, 28 set. 2022. Disponível em: https://www.crunchbase.com/organization/unilever-ventures/recent_investments. Acesso em: 5 out. 2022.

UNILEVER, Annual Report and Accounts 2020. Disponível em: https://assets.unilever.com/files/92ui5egz/production/e665693 f2bd2efbbde5658baf84043df-7937cfd7.pdf/annual-report-and-accounts-2020.pdf. Acesso: 11 out. 2022

VALCESCHINI, E.; NICOLAS, F. *L´Économie de la Qualité.* Paris, FR: INRA, 1995.

VAN DER WEELE, C.; TAMPER, J. Cultured meat: every village its own factory?. *Trends in Biotechnology*, v. 32, n. 6, p. 294-296, 2014.

VAN GERREWEY, T.; BOON, N.; GEELEN, D. Vertical Farming: the only way is up?. *Agronomy*, v. 12, n. 2, 2022.

VANDECRUYS, M. *We are at the Vertical Farming World.* Facebook, 27 ago. 2022. Disponível em: https://www.facebook.com/urbancropsolutions/. Acesso em: 6 out. 2022.

VEGECONOMIST. Dao announces second incubator cohort including cell--cultured lobster https://vegconomist.com/startups-accelerators-incubators/dao-foods-announces-second-incubator-cohort-including-cell-cultured-lobster Acesso em 03 out. 2021.

VEIGA, J. E. de. *O Desenvolvimento Agrícola; uma visão histórica.* Hucitec. São Paulo, 1991.

VERTICAL Farming Market by Structure (Building-based Structure and Container-based Structure), Growth Mechanism (Hydroponics, Aeroponics, and Aquaponics), and Component (Irrigation Component, Lighting, Sensor, Climate Control, Building Material, and Others): Global Opportunity Analysis and Industry Forecast, 2021-2030. *Allied Market Research*, 30 set. 2021. Disponível em: https://www.alliedmarketresearch.com/vertical-farming-market. Acesso em: 6 out. 2022.

VERTICALLY-GROWN Rice in Vietnam. *Verticalfarm Daily*, 9 nov. 2020. Disponível em: https://www.verticalfarmdaily.com/article/9266256/vertically-grown-rice-in-vietnam/. Acesso em: 6 out. 2022.

VIEGAS, C. A. dos S. *Fusões e aquisições na indústria de alimentos e bebidas no Brasil.* 2005. Tese (Doutorado em Teoria Econômica) – Faculdade de Economia, Administração e Contabilidade, Universidade de São Paulo, São Paulo, 2005.

VIGORITO, R. *Critérios metodológicos para el estúdio de complejos agroindustriales.* [*S. l.*]: Cepal, 1983.

VILJOEN, A.; BOHN, K. *Second Nature Urban Agriculture.* Abingdon, UK: Routledge, 2014.

VOGT, M. A. B. Agricultural wilding: rewilding for agricultural landscapes through an increase in wild productive systems. *Environmental Management*, v. 284, 2021.

VON THÜNEN. *The Isolated State.* Oxford, UK: Pergamon Press, 1966. Obra originalmente publicada em 1826.

WANG, E. Q&A w/ Eugene Wang of Sophie's Bionutrients: Why we Moved our Production from Singapore to the Netherlands. *Green Queen*, 12 nov. 2021. Disponível em: https://www.greenqueen.com.hk/sophies-bionutrients-eugene-wang/. Acesso em: 7 out. 2022.

WATROUS, M. Danone seals the deal with White Wave. *Food Business News*, 14 abr. 2017. *https://www.foodbusinessnews.net/articles/9197-danone-seals-the-deal-with-whitewave*

WATSON, E. Nature's Fynd to launch at Whole Foods, expects large-scale 'nutritional fungi protein' plant to be operational in 2023. *FOOD*, 16 mar. 2022a. Disponível em: https://www.foodnavigator-usa.com/Article/2022/03/16/Nature-s-Fynd-to-launch-at-Whole-Foods-expects-new-nutritional-fungi-protein-plant-to-be-operational-in-2023#. Acesso em: 7 out. 2022.

WATSON, E. 'Proudly genetically modified...' Moolec 'molecular farming' co gears up to launch meat proteins from GM crops. *FOOD*, 25 abr. 2022b. Disponível em: https://www.foodnavigator-usa.com/Article/2022/04/25/Proudly-genetically-modified-Moolec-molecular-farming-co-gears-up-to-launch-meat-proteins-from-GM-crops. Acesso em: 7 out. 2022.

WATSON, E. Pea-protein fueled Ripple Foods raises $60m in series E, plans move into overseas markets. *FOOD*, 23 set. 2021. Disponível em: https://www.foodnavigator-usa.com/Article/2021/09/23/Pea-protein-fueled-Ripple-Foods-raises-60m-in-series-E-plans-move-into-overseas-markets. Acesso em: 7 out. 2022.

WE amplify the capability of vertical farmers. *Unfold*, 20 set. 2022. Disponível em: https://unfold.ag/company. Acesso em: 6 out. 2022.

WEBER, M. *The City*. [*S. l.*]: The Free Press, 1958.

WESZ JÚNIOR, V. O mercado da soja no Brasil e na Argentina: semelhanças, diferenças e interconexões. *Século XXI*: Revista das Ciências Sociais, v. 4, n. 1, p. 114-161, 2014.

WHAT is Carrefour doing: to make the food transition possible? *Carrefour*, 29 set. 2018. Disponível em: https://www.carrefour.com/en/group/food-transition. Acesso em: 5 out. 2022.

WHITE, S. Manufacturers to withdraw soft drinks from EU schools from 2018. *Euractiv*, 2017. Disponível em: http://www.euroactive.com. Acesso em: 6 aug. 2021

WILLETT, W. *et al*. Food in the Anthropocene: the EAT-Lancet Commission on Healthy Diets for a Sustainable Food System, *Lancet Commission*, v. 393, issue 10170, p. 447-492, fev. 2019.

WILKINSON, J. Cidades e as suas estratégias alimentares em uma perspectiva histórica. *Futuribles*, n. 4, 2021.

WILKINSON, J. *Demandas tecnológicas, competitividade e inovação no sistema agroalimentar no Mercosul*. [*S. l.*]: Procisur/BID, 2000.

WILKINSON, J. *Estudo da competitividade da indústria brasileira*: o complexo agroindustrial brasileiro. [*S. l.*: *s. n.*], 1996.

WILKINSON, J. The Final Foods Industry and the Changing Face of the Global Agro-Food System. *Sociologia Ruralis*, v.42(4), 2002.

WILKINSON, J. From Fair Trade to Responsible Soy. Social Movements and the Qualification of Agrofood Markets. *Environment & Planning A*, v. 43, 2011.

WILKINSON, J. Mercosul e a Produção Familiar. *Estudos Sociedade e Agricultura*, v. 5, n. 1, 2013.

WILKINSON, J. *O sistema agroalimentar global e brasileira face à nova fronteira tecnológica e às novas dinâmicas geopolíticas e de demanda.* Rio de Janeiro: Fiocruz, 2022. Textos para Discussão 84.

WILKINSON, J. Perfis emergentes no setor agroalimentar. *In:* MALUF, R.; WILKINSON, J. (org.). *Restruturação do Sistema Agroalimentar.* [*S. l.*]: MAUAD, 1999.

WILKINSON, J. Recognition and Redistribution in the Renegotiation of Rural Space. *In:* GOODMAN, D.; GOODMAN, M.; REDCLIFT, M. *Consuming Space*: placing consumption in perspective. Farnham, UK: Ashgate, 2015.

WILKINSON, J; HERRERA, S. Biofuels in Brazil: debates and impacts. *Journal of Peasant Studies,* vol. 37 issue 4.

WILKINSON, J.; CERDAN, C.; DORIGON, C. Geographical Indications and Origin Products in Brazil. *World Development,* v. 98, 2015.

WILKINSON, J.; LOPANE, A. R. M. From Urban Agriculture to Urban and Metropolitan Food Systems, *3rd International Conference Food in an Urbanizing Society, (RUAF).* Porto Alegre, 2018.

WILKINSON, J.; ESCHER, F.; GARCIA, A. The Brazil-China Nexus in Agrofood: what is at stake in the future of the animal protein sector. *International Quarterly for Asian Studies,* v. 53, n. 2, 2022.

WILKINSON, J.; NIEDERLE, P.; MASCARENHAS, G. (org.). *O sabor da origem.* Porto Alegre: Escritos, 2016.

WILKINSON, J.; PEREIRA, P. Soja brasileña: Nuevos Patrones de Inversión, Financiamento y Regulación. *In*: RAMIREZ, M.; SCHMALZ, S. (ed.). *El Fin de la Bonanza.* [*S. l.*: *s. n.*], 2018.

WILKINSON, J.; RAMA, R. *Asian Agribusiness Investment in Latin America with Case studies from Brazil.* Santiago, CL: Cepal, 2012.

WILKINSON, J.; WESZ JÚNIOR, V. Underlying issues in the emergence of China and Brazil as major global players. *International Journal of Technology Management and Sustainable Development,* v. 12, n. 3, 2013.

WILKINSON, J.; WESZ JÚNIOR, V.; LOPANE, A. Brazil, the Southern Cone and China: the agribusiness connection. *Third World Thematics*, v. 1, 2013.

WILLIAMS, D. A. Feature: Europe's largest vertical farm opens in Denmark. *Xinhuanet*, 8 dez. 2020. Disponível em: http://www.xinhuanet.com/english/2020-12/08/c_139574002.htm. Acesso em: 6 out. 2022.

WILLIAMS, L. A. Making Sense of The Clean Label Concept. *Food Manufacturing*, 18 jun. 2018. Disponível em: https://www.foodmanufacturing.com/labeling/blog/13166825/making-sense-of-the-clean-label-concept. Acesso em: 5 out. 2022.

WILLIAMS, R. *The Country and the City*. Oxford, UK: OUP, 1973.

WILLIAMSON, M. UK Supermarkets united in opposition to GM foods ad ingredients. *IATP*, 2002. Disponível em: https://www.iatp.org/news/uk-supermarkets-united-in-continued-opposition-to-gm-foods-and-ingredients. Acesso em: 16 nov. 2022.

WILSON, B. The Irreplaceable. *London Review of Books*, v. 44, n. 12, 2022.

WINNE, M. *Food Cities USA*. Washington, D. C., US: Island Press, 2019.

WOLFERT, S.; GE, L.; VERDOUW, C.; BOGAARDT, M.-J. Big Data in Smart Farming: a review. *Agriculture Systems*, v. 153, 2017.

WUNSCH, N.-G. Share of consumers who consider themselves vegan or vegetarian in the United States as of June 2018, by age group. *Statista*, 27 jan. 2022. Disponível em: https://www.statista.com/statistics/738851/vegan-vegetarian-consumers-us/. Acesso em: 7 out. 2022.

XIAOSHENG, G. China´s evolving image in International Climate Negotiations. *China Quarterly of International Strategic Studies*, v. 4, n. 2, 2018.

XIE, J. *et al.* Gobi agriculture: an innovative farming system that increases energy and water use efficiencies: a review. *Agronomy for Sustainable Development*, v. 38, n. 62, 2018.

YACOWICZ, W. U.S. Cannabis Sales Hit Record $17.5 Billion As Americans Consume More Marijuana Than Ever Before. *Forbes*, 3 mar. 2021. Disponível em: https://www.forbes.com/sites/willyakowicz/2021/03/03/us-cannabis-sales-hit-record-175-billion-as-americans-consume-more-marijuana-than-ever=-before/?sh-3dcdc0d2bcf7. Acesso em: 7 out. 2022.

YEUNG, D. David Yeung: "This Crisis Creates a Great Window for the Plant-Based Food Industry". *Vegconomist*, 24 fev. 2020. Disponível em: https://vegconomist.com/interviews/david-yeung-this-crisis-creates-a-great-window-for-the-plant--based-food-industry/. Acesso em: 9 out. 2022.

YIMENG, Z. New protein can lessen reliance on imported soybeans. *English.gov.cn*, 1 nov. 2021. Disponível em: http://english.www.gov.cn/news/topnews/202111/01/content_WS617f3caac6d0df57f98e4596.html. Acesso em: 9 out. 2022.

YOON, S. J.; WOUDSTRA, J. Advanced Horticultural Techniques in Korea: The earliest documented greenhouse. *Garden History*, v. 35, n. 1, 2007.

ZARASKA, M. *Meathooked*: the history and science of our 2.5 million obsessions with meat. New York, US: Basic Books, 2016.

ZHAN, S. H. *The Land Question in China*. Abingdon, UK: Routledge, 2019.

ZHANG, T. *China's "Rice Bowl"*: China and Global Food Security. London, UK: Palgrave MacMillan, 2018.

ZHANG, T. What Starfield's $100 Million Funding Round Says About China's Plant-Based Market. *Vegconomist*, 14 fev. 2022. Disponível em: https://vegconomist.com/business-insiders/what-starfields-100-million-funding-round-says-about--chinas-plant-based-market/. Acesso em: 8 out. 2022.

ZHANG, T. Xi's remarks are encouraging but alternative protein a long game in China. *Just Food*, 23 abr. 2020. Disponível em: https://just-food.nridigital.com/just_food_apr22/china_alternative_protein_market. Acesso em: 9 out. 2022.

ZHENMEAT. Meat is one of the most important staples in the Chinese diet. However, the meat industry has many problems, including food safety, expensive prices, environmental degradation, and animal rights. Zhenmeat is solving these problems by providing delicious, unique, and localized plant-based meat alternatives. *Zhenmeat*, 9 out. 2022. Disponível em: https://zhenmeat.com/en/. Acesso em: 9 out. 2022.

ZIMBEROFF, L. *Technically Food*: Inside Silicon Valley´s Mission to Change what we Eat. New York, US: Abrams Press, 2021.

ZINK, K. D.; LIEBERMAND, D. E. Impact of meat and lower Palaeolithic food processing techniques on chewing in humans. *Nature*, v. 16990, 2016.

ZYLBERSTAJN, D.; NEVES, M. F. *Gestão de Qualidade no Agribusiness.* São Paulo: Atlas, 2003.